高等院校信息技术系列教材

Python语言程序设计

（第2版）（微课版）

孙玉胜 曹洁 编著

U0228510

清华大学出版社

北京

内 容 简 介

Python 是一门简单易学、功能强大的优雅编程语言。它内建了高效的数据结构,且具有丰富的第三方开发库,能够用简单而高效的方式编程。本书由浅入深、步步引导、循序渐进地讲述 Python 语言的基础知识、基本语法。本书用 12 章的篇幅来介绍 Python 语言,包括 Python 语言概述、Python 语言基础、程序流程控制、函数、正则表达式、文件与文件夹操作、面向对象程序设计、模块和包、算法与数据结构基础、错误和异常处理、图形用户界面、用 matplotlib 实现数据可视化。

本书可作为高等院校各专业的 Python 语言教材,也可作为软件开发人员的参考资料,还可作为 Python 语言自学者的参考书。

图书在版编目(CIP)数据

Python 语言程序设计:微课版/孙玉胜,曹洁编著. —2 版. —北京:清华大学出版社,2021.5
(2022.7重印)
高等院校信息技术系列教材
ISBN 978-7-302-58018-8

Ⅰ. ①P… Ⅱ. ①孙… ②曹… Ⅲ. ①软件工具-程序设计-高等学校-教材 Ⅳ. ①TP311.561

中国版本图书馆 CIP 数据核字(2021)第 070843 号

责任编辑:白立军
封面设计:常雪影
责任校对:郝美丽
责任印制:刘海龙

出版发行:清华大学出版社
  网 址:http://www.tup.com.cn, http://www.wqbook.com
  地 址:北京清华大学学研大厦 A 座   邮 编:100084
  社 总 机:010-83470000   邮 购:010-62786544
  投稿与读者服务:010-62776969, c-service@tup.tsinghua.edu.cn
  质量反馈:010-62772015, zhiliang@tup.tsinghua.edu.cn
  课件下载:http://www.tup.com.cn,010-83470236
印 装 者:三河市铭诚印务有限公司
经 销:全国新华书店
开 本:185mm×260mm 印 张:22.25 字 数:515 千字
版 次:2019 年 8 月第 1 版 2021 年 6 月第 2 版 印 次:2022 年 7 月第 3 次印刷
定 价:69.00 元

产品编号:092215-01

在 IEEE Spectrum 发布的 2020 年编程语言排行榜中,Python 排名第一。Python 的语法非常接近英语,被称为最优雅的编程语言之一。阅读 Python 代码就像阅读一篇优美的文章。Python 语法简洁清晰,代码可读性强,编程模式非常符合人的思维方式,易学易用。对于同样的功能,用 Python 写的代码更短、更简洁。Python 拥有很多面向不同应用的开源扩展库,你能想到的功能基本上都已经开发了,你只需要把想要的程序代码拿来进行组装便可构建个性化的应用。Python 支持命令式编程、函数式编程,支持面向对象程序设计。Python 是一门很受人们青睐的编程语言,被广泛用于数据分析、Web 开发、科学计算、人工智能、云计算、系统运维、数据可视化和图形开发等领域。

1. 本书编写特色

(1) 本书全面涵盖 Python3 基础编程知识,基于 Python 3.6.2 构建 Python 开发平台。

(2) 针对零基础读者,可快速掌握 Python 语言开发。

(3) 通过大量的实例,由浅入深、步步引导、循序渐进地讲述 Python 语言的基础知识和基本语法。

(4) 注释详尽的代码示例。

(5) 详尽的归纳与总结,帮读者集中深入掌握知识要点。

(6) 丰富的数据可视化案例,助读者迅速掌握数据可视化技术。

2. 本书内容组织

第1章　Python 语言概述。讲解 Python 语言的特点,Python 应用领域,Python 开发环境的安装,编写 Python 代码的方式,Python 注释的方式,Python 在线帮助。

第2章　Python 语言基础。讲解 Python 中的对象和引用,数值数据类型,字符串数据类型,列表数据类型,元组数据类型,字典数据类型,集合数据类型,Python 数据类型之间的转换,运算符,数据输入与输出,库的导入与扩展库的安装。

第 3 章　程序流程控制。讲解布尔表达式，选择结构中的单向 if 语句、双向 if-else 语句、嵌套 if-elif-else 语句，条件表达式，while 循环及循环控制策略，for 循环及 for 循环与 range() 函数的结合使用方法，利用 break、continue 和 else 控制循环的方式。

第 4 章　函数。讲解怎样定义函数、函数的调用方式、参数传递、函数参数的类型、函数模块化、lambda 表达式、变量的作用域、函数的递归调用和常用内置函数。

第 5 章　正则表达式。讲解正则表达式的构成，正则表达式的边界匹配，正则表达式的分组、选择和引用匹配，正则表达式的贪婪匹配与懒惰匹配，正则表达式模块 re，正则表达式对象以及 Match 对象。

第 6 章　文件与文件夹操作。讲解文本文件的打开、读写以及文件指针的定位，二进制文件的打开与读写，os、os.path、shutil 对文件与文件夹的操作，csv 文件的读取和写入。

第 7 章　面向对象程序设计。讲解类的定义与使用，类的对象属性、类属性、私有属性、公有属性以及 @property 装饰器，类的对象方法、类方法以及类的静态方法，类的单继承、多重继承、类成员的继承和重写，查看继承的层次关系，所有类的基类 object，对象的引用、对象的浅复制和对象的深复制。

第 8 章　模块和包。讲解模块的创建、模块的导入和使用、模块的主要属性，导入模块时搜索目录的顺序，使用 sys.path.append() 临时增添系统目录，使用 pth 文件永久添加系统目录，使用 PYTHONPATH 环境变量永久添加系统目录，包的创建、包的导入与使用。

第 9 章　算法与数据结构基础。讲解顺序查找、二分查找、插值查找算法，冒泡排序、选择排序、插入排序、归并排序、快速排序算法，自定义矩阵、栈、队列和二叉树类型。

第 10 章　错误和异常处理。讲解编写 Python 程序常犯的错误、异常类型、异常处理、主动抛出异常以及自定义异常类，断言定义及使用方法，启用/禁用断言，断言使用场景，使用 print 调试程序、使用 IDLE 调试程序以及使用 pdb 调试程序。

第 11 章　图形用户界面。讲解使用 Tkinter 制作图形用户界面，Tkinter 主要的构件类，pack 布局管理器，grid 布局管理器，place 布局管理器。

第 12 章　用 matplotlib 实现数据可视化。讲解 matplotlib 三层架构，使用 matplotlib 的 pyplot 子库绘制线形图、直方图、条形图、饼图、散点图、极坐标图、雷达图、箱形图和 3D 效果图。

3. 本书适用读者

(1) 学习 Python 语言程序设计课程的本科生、专科生或研究生。

(2) 编程爱好者。

(3) 其他对 Python 感兴趣的人员。

本书由孙玉胜、曹洁、张志锋、桑永宣、陈明、王博、张静静、胡春晖编写。

在本书的编写和出版过程中得到了郑州轻工业大学、清华大学出版社的大力支持和帮助，在此表示感谢。

在本书的撰写过程中，参考了大量专业书籍和网络资料，在此向相关作者表示感谢。

　　由于编写时间仓促,编者水平有限,书中难免会有缺点和不足,热切期望得到专家和读者的批评指正。

　　除了配套制作的教学课件、教学日历、教学大纲外,本书还提供书中示例的源代码和各章中部分内容的视频讲解(可通过清华大学出版社网站 www.tup.com.cn 下载),以使读者获取更多更便捷的教学资源服务。

编　者

于郑州轻工业大学数据融合与知识工程实验室

2021 年 2 月

目录

Contents

第1章　Python 语言概述 ·· 1

1.1　Python 语言的特点 ·· 1

1.2　Python 应用领域 ·· 2

1.3　Python 解释器 ··· 3

1.4　Python 开发环境的安装 ··· 3

1.5　编写 Python 代码 ··· 6

　　1.5.1　用文本编辑器编写代码 ··· 6

　　1.5.2　用命令行格式的 Python Shell 编写代码 ······················· 9

　　1.5.3　用带图形界面的 Python Shell 编写交互式
　　　　　代码 ··· 10

　　1.5.4　用带图形界面的 Python Shell 编写程序代码 ················· 11

1.6　Python 中的注释 ··· 12

　　1.6.1　Python 中的单行注释 ··· 12

　　1.6.2　Python 中的多行注释 ··· 12

1.7　Python 在线帮助 ··· 12

　　1.7.1　Python 交互式帮助系统 ······································· 12

　　1.7.2　Python 文档 ··· 14

1.8　Python 中的变量 ··· 16

习题 ··· 17

第2章　Python 语言基础 ·· 18

2.1　Python 中的对象 ··· 18

　　2.1.1　对象的身份 ··· 18

　　2.1.2　对象的类型 ··· 18

　　2.1.3　对象的值 ··· 19

　　2.1.4　对象的引用 ··· 19

　　2.1.5　对象的共享引用 ··· 19

　　2.1.6　对象是否相等的判断 ··· 20

2.2　数值数据类型 …………………………………………………………… 20
2.3　字符串数据类型 ………………………………………………………… 22
　　2.3.1　创建字符串 …………………………………………………… 22
　　2.3.2　转义字符 ……………………………………………………… 23
　　2.3.3　字符编码 ……………………………………………………… 24
　　2.3.4　字符串运算符 ………………………………………………… 24
　　2.3.5　字符串对象的常用方法 ……………………………………… 25
　　2.3.6　字符串常量 …………………………………………………… 31
2.4　列表数据类型 …………………………………………………………… 32
　　2.4.1　创建列表 ……………………………………………………… 32
　　2.4.2　截取列表 ……………………………………………………… 33
　　2.4.3　修改列表 ……………………………………………………… 33
　　2.4.4　序列数据类型的常用操作 …………………………………… 34
　　2.4.5　用于列表的一些常用函数 …………………………………… 35
　　2.4.6　列表对象的常用方法 ………………………………………… 37
　　2.4.7　列表生成式 …………………………………………………… 38
2.5　元组数据类型 …………………………………………………………… 39
　　2.5.1　创建元组 ……………………………………………………… 39
　　2.5.2　访问元组 ……………………………………………………… 40
　　2.5.3　修改元组 ……………………………………………………… 40
　　2.5.4　生成器推导式 ………………………………………………… 41
2.6　字典数据类型 …………………………………………………………… 42
　　2.6.1　创建字典 ……………………………………………………… 42
　　2.6.2　访问字典 ……………………………………………………… 43
　　2.6.3　字典元素的添加、修改与删除 ……………………………… 43
　　2.6.4　字典对象的常用方法 ………………………………………… 44
　　2.6.5　字典推导式 …………………………………………………… 46
2.7　集合数据类型 …………………………………………………………… 46
　　2.7.1　创建集合 ……………………………………………………… 46
　　2.7.2　添加集合元素 ………………………………………………… 46
　　2.7.3　删除集合元素 ………………………………………………… 47
　　2.7.4　集合运算 ……………………………………………………… 47
　　2.7.5　集合推导式 …………………………………………………… 48
2.8　Python 数据类型之间的转换 ………………………………………… 49
2.9　Python 中的运算符 …………………………………………………… 50
　　2.9.1　Python 算术运算符 ………………………………………… 50
　　2.9.2　Python 关系运算符 ………………………………………… 51
　　2.9.3　Python 赋值运算符 ………………………………………… 51

　　　2.9.4　Python 位运算符 ……………………………………………… 52

　　　2.9.5　Python 逻辑运算符 …………………………………………… 52

　　　2.9.6　Python 成员运算符 …………………………………………… 53

　　　2.9.7　Python 身份运算符 …………………………………………… 53

　　　2.9.8　Python 运算符的优先级 ……………………………………… 54

　2.10　Python 中的数据输入 ………………………………………………… 55

　2.11　Python 中的数据输出 ………………………………………………… 56

　　　2.11.1　表达式语句输出 ……………………………………………… 56

　　　2.11.2　print()函数输出 ……………………………………………… 57

　　　2.11.3　字符串对象的 format 方法的格式化输出 ………………… 60

　2.12　Python 中文件的基本操作 …………………………………………… 62

　2.13　Python 库的导入与扩展库的安装 …………………………………… 63

　　　2.13.1　库的导入 ……………………………………………………… 63

　　　2.13.2　扩展库的安装 ………………………………………………… 64

　习题 ……………………………………………………………………………… 65

第 3 章　程序流程控制 ……………………………………………………… 67

　3.1　布尔表达式 ……………………………………………………………… 67

　3.2　选择结构 ………………………………………………………………… 68

　　　3.2.1　单向 if 语句 …………………………………………………… 68

　　　3.2.2　双向 if-else 语句 ……………………………………………… 69

　　　3.2.3　嵌套 if 语句和多向 if-elif-else 语句 ……………………… 70

　3.3　条件表达式 ……………………………………………………………… 72

　3.4　while 循环结构 ………………………………………………………… 73

　3.5　循环控制策略 …………………………………………………………… 77

　　　3.5.1　交互式循环 …………………………………………………… 77

　　　3.5.2　哨兵式循环 …………………………………………………… 78

　　　3.5.3　文件式循环 …………………………………………………… 79

　3.6　for 循环结构 …………………………………………………………… 80

　　　3.6.1　for 循环的基本用法 ………………………………………… 80

　　　3.6.2　for 循环适用的对象 ………………………………………… 81

　　　3.6.3　for 循环与 range()函数的结合使用 ……………………… 84

　3.7　循环中的 break、continue 和 else ………………………………… 86

　　　3.7.1　用 break 语句提前终止循环 ……………………………… 86

　　　3.7.2　用 continue 语句提前结束本次循环 ……………………… 87

　　　3.7.3　循环语句的 else 子句 ……………………………………… 87

　3.8　程序流程控制举例 ……………………………………………………… 89

　习题 ……………………………………………………………………………… 92

第 4 章　函数 ·· 93

4.1　为什么要用函数 ··· 93

4.2　怎样定义函数 ··· 95

4.3　函数调用 ·· 96

　　4.3.1　带有返回值的函数调用 ··· 96

　　4.3.2　不带返回值的函数调用 ··· 99

4.4　函数参数传递 ··· 99

4.5　函数参数的类型 ·· 100

　　4.5.1　位置参数 ··· 100

　　4.5.2　关键字参数 ··· 100

　　4.5.3　默认值参数 ··· 101

　　4.5.4　可变长度参数 ··· 101

　　4.5.5　序列解包参数 ··· 102

4.6　函数模块化 ··· 104

4.7　lambda 表达式 ··· 105

　　4.7.1　lambda 和 def 的区别 ··· 106

　　4.7.2　自由变量对 lambda 表达式的影响 ······································· 108

4.8　变量的作用域 ··· 109

　　4.8.1　变量的局部作用域 ··· 109

　　4.8.2　变量的全局作用域 ··· 110

　　4.8.3　变量的嵌套作用域 ··· 111

4.9　函数的递归调用 ·· 112

4.10　常用内置函数 ·· 116

　　4.10.1　map()函数 ··· 116

　　4.10.2　reduce()函数 ··· 117

　　4.10.3　filter()函数 ··· 119

4.11　函数举例 ·· 119

习题 ··· 125

第 5 章　正则表达式 ·· 126

5.1　什么是正则表达式 ·· 126

5.2　正则表达式的构成 ·· 126

5.3　正则表达式的模式匹配 ·· 129

　　5.3.1　正则表达式的边界匹配 ··· 129

　　5.3.2　正则表达式的分组、选择和引用匹配 ····································· 130

　　5.3.3　正则表达式的贪婪匹配与懒惰匹配 ······································· 133

5.4　正则表达式模块 re ································· 134

5.5　正则表达式对象 ································· 137

5.6　Match 对象 ································· 140

5.7　正则表达式举例 ································· 142

习题 ································· 144

第 6 章　文件与文件夹操作 ································· 146

6.1　文本文件 ································· 146

  6.1.1　文本文件的字符编码 ································· 146

  6.1.2　文本文件的打开 ································· 148

  6.1.3　文本文件的写入 ································· 151

  6.1.4　文本文件的读取 ································· 152

  6.1.5　文本文件指针的定位 ································· 154

6.2　二进制文件 ································· 155

  6.2.1　二进制文件的写入 ································· 155

  6.2.2　二进制文件的读取 ································· 156

  6.2.3　字节数据类型的转换 ································· 156

6.3　文件与文件夹操作 ································· 158

  6.3.1　使用 os 操作文件与文件夹 ································· 158

  6.3.2　使用 os.path 操作文件与文件夹 ································· 160

  6.3.3　使用 shutil 操作文件与文件夹 ································· 162

6.4　csv 文件的读取和写入 ································· 164

  6.4.1　使用 csv.reader()读取 csv 文件 ································· 164

  6.4.2　使用 csv.writer()写入 csv 文件 ································· 165

  6.4.3　使用 csv.DictReader()读取 csv 文件 ································· 167

  6.4.4　使用 csv.DictWriter()写入 csv 文件 ································· 168

  6.4.5　csv 文件的格式化参数 ································· 169

  6.4.6　自定义 dialect ································· 171

6.5　文件与文件操作举例 ································· 172

习题 ································· 173

第 7 章　面向对象程序设计 ································· 174

7.1　定义类 ································· 175

7.2　创建类的对象 ································· 176

7.3　类中的属性 ································· 177

  7.3.1　类的对象属性 ································· 177

  7.3.2　类属性 ································· 178

7.3.3　私有属性和公有属性 ·· 180

7.3.4　@property 装饰器 ·· 181

7.4　类中的方法 ·· 184

7.4.1　类的对象方法 ··· 184

7.4.2　类方法 ·· 186

7.4.3　类的静态方法 ··· 187

7.5　类的继承 ··· 188

7.5.1　单继承 ·· 188

7.5.2　类的多重继承 ··· 192

7.5.3　类成员的继承和重写 ·· 195

7.5.4　查看继承的层次关系 ·· 195

7.6　object 类 ··· 196

7.7　对象的引用、浅复制和深复制 ··· 197

7.7.1　对象的引用 ··· 197

7.7.2　对象的浅复制 ··· 200

7.7.3　对象的深复制 ··· 201

7.8　面向对象程序举例 ·· 202

习题 ··· 205

第 8 章　模块和包 ··· 206

8.1　模块 ·· 206

8.1.1　模块的创建 ··· 206

8.1.2　模块的导入和使用 ··· 207

8.1.3　模块的主要属性 ··· 208

8.2　导入模块时搜索目录的顺序与系统目录的添加 ··························· 211

8.2.1　导入模块时搜索目录的顺序 ·· 211

8.2.2　使用 sys.path.append()临时增添系统目录 ······················· 212

8.2.3　使用 pth 文件永久添加系统目录 ····································· 212

8.2.4　使用 PYTHONPATH 环境变量永久添加系统目录 ··············· 213

8.3　包 ·· 213

8.3.1　包的创建 ·· 213

8.3.2　包的导入与使用 ··· 214

习题 ··· 215

第 9 章　算法与数据结构基础 ··· 216

9.1　算法概述 ··· 216

9.2　查找算法 ……………………………………………………… 217
  9.2.1　顺序查找 ………………………………………………… 217
  9.2.2　二分查找 ………………………………………………… 218
  9.2.3　插值查找 ………………………………………………… 220
9.3　排序算法 ……………………………………………………… 221
  9.3.1　冒泡排序 ………………………………………………… 221
  9.3.2　选择排序 ………………………………………………… 222
  9.3.3　插入排序 ………………………………………………… 223
  9.3.4　归并排序 ………………………………………………… 224
  9.3.5　快速排序 ………………………………………………… 225
9.4　常用数据结构 ………………………………………………… 227
  9.4.1　自定义矩阵 ……………………………………………… 227
  9.4.2　自定义栈 ………………………………………………… 232
  9.4.3　自定义队列 ……………………………………………… 234
  9.4.4　自定义二叉树 …………………………………………… 237
习题 ……………………………………………………………………… 244

第 10 章　错误和异常处理 ……………………………………………… 245

10.1　程序的错误 …………………………………………………… 245
  10.1.1　常犯的 9 个错误 ……………………………………… 245
  10.1.2　常见的错误类型 ……………………………………… 248
10.2　程序的异常处理 ……………………………………………… 251
  10.2.1　异常概述 ……………………………………………… 251
  10.2.2　异常类型 ……………………………………………… 251
  10.2.3　异常处理 ……………………………………………… 252
  10.2.4　主动抛出异常 ………………………………………… 257
  10.2.5　自定义异常类 ………………………………………… 259
10.3　断言处理 ……………………………………………………… 261
  10.3.1　断言处理概述 ………………………………………… 261
  10.3.2　启用/禁用断言 ……………………………………… 262
  10.3.3　断言使用场景 ………………………………………… 262
10.4　程序的调试方法 ……………………………………………… 264
  10.4.1　使用 print 调试 ……………………………………… 264
  10.4.2　使用 IDLE 调试 ……………………………………… 264
  10.4.3　使用 pdb 调试 ………………………………………… 268
习题 ……………………………………………………………………… 275

第 11 章 图形用户界面 ·· 276

11.1 图形界面开发库 ·· 276

11.2 Tkinter 图形用户界面库 ··· 277

    11.2.1 Tkinter 概述 ··· 277

    11.2.2 Tkinter 图形用户界面的构成 ··· 278

11.3 常用 Tkinter 组件的使用 ·· 279

    11.3.1 标签组件 ·· 279

    11.3.2 按钮组件 ·· 281

    11.3.3 单选按钮组件 ·· 283

    11.3.4 单行文本框组件 ··· 286

    11.3.5 多行文本框组件 ··· 288

    11.3.6 复选框组件 ·· 291

    11.3.7 列表框组件 ·· 295

    11.3.8 菜单组件 ·· 297

    11.3.9 消息组件 ·· 299

    11.3.10 对话框 ·· 300

    11.3.11 框架组件 ··· 302

11.4 Tkinter 主要的几何布局管理器 ··· 303

    11.4.1 pack 布局管理器 ·· 303

    11.4.2 grid 布局管理器 ·· 305

    11.4.3 place 布局管理器 ··· 306

习题 ·· 307

第 12 章 用 matplotlib 实现数据可视化 ························· 308

12.1 matplotlib 三层架构 ··· 308

    12.1.1 容器层 ··· 308

    12.1.2 辅助显示层 ·· 311

    12.1.3 图表层 ··· 312

12.2 matplotlib 的 pyplot 子库 ··· 313

    12.2.1 绘制线形图 ·· 314

    12.2.2 绘制直方图 ·· 320

    12.2.3 绘制条形图 ·· 322

    12.2.4 绘制饼图 ·· 325

    12.2.5 绘制散点图 ·· 328

    12.2.6 绘制极坐标图 ·· 328

　　　　12.2.7　绘制雷达图 ·· 329

　　　　12.2.8　绘制箱形图 ·· 330

　　　　12.2.9　绘制 3D 效果图 ·· 332

　　习题 ··· 336

参考文献 ··· 337

## 第 1 章

Python 语言概述

本章主要讲述如何下载和安装 Python 软件,编写和执行 Python 代码的方式,为 Python 程序语句添加注释的方式,以及获取 Python 帮助的方式。

1.1 Python 语言的特点

Python 是从 ABC 语言发展而来的,是一种解释型、面向对象、动态数据类型的高级程序设计语言,具有丰富而强大的库。Python 常被称为胶水语言,能够把用其他语言制作的各种模块(尤其是 C/C++)很轻松地连接在一起。Python 的语法简洁清晰,强制用空白符(white space)作为语句缩进。Python 目前存在两个版本:Python2 和 Python3。Python3 是比较新的版本,但是它不向后兼容 Python2。本书讲述如何使用 Python3 来进行程序设计。

Python 语言的特点如下。

(1)简单。阅读一个良好的 Python 程序,感觉就像是在读英语一样,Python 的这种伪代码本质上能够使人们专注于解决问题而不是去搞明白语言本身。

(2)开源。Python 是 FLOSS(Free/Libre and Open Source Software,自由/开放源码软件)之一。每一个模块和库都是开源的,它们的代码可以从网上找到。每个月,庞大的开发者社区都会为 Python 带来很多改进。

(3)解释性。Python 可以直接从源代码运行。在计算机内部,Python 解释器把源代码转换为字节码的中间形式,然后再把它翻译成计算机使用的机器语言并运行。

(4)面向对象。Python 既支持面向过程的编程也支持面向对象的编程,Python 中的数据都是由类所创建的对象。在面向过程的语言中,程序是由过程或仅仅是可重用代码的函数构建起来的。在面向对象的语言中,程序是由数据和功能组合而成的对象构建起来的。

(5)可移植性。Python 具有很高的可移植性。用解释器作为接口读取和运行代码的最大优势就是可移植性。事实上,任何现有操作系统(Linux、Windows 和 Mac OS)安装相应版本的解释器后,Python 代码无须修改就能在其上运行。

(6)可扩展性。部分程序可以使用其他语言编写,如 C/C++,然后在 Python 程序中使用它们。

（7）可嵌入性。可以把 Python 程序嵌入 C/C++ 程序中，从而提供脚本功能。

（8）丰富的库。Python 标准库很庞大，可用来处理正则表达式、文档生成、单元测试、线程、数据库、网页浏览器、CGI、FTP、电子邮件、XML、XML-RPC、HTML、WAV 文件、密码系统、GUI(图形用户界面)、Tk 和其他与系统有关的操作。

1.2　Python 应用领域

Python 被广泛应用于众多领域。

1. Web 开发

Python 拥有很多免费数据函数库、免费 Web 网页模板系统以及与 Web 服务器进行交互的库，可以实现 Web 开发，搭建 Web 框架，目前比较有名的 Python Web 框架为 Django。

2. 爬虫开发

在爬虫领域，Python 几乎处于霸主地位，将网络一切数据作为资源，通过自动化程序进行有针对性的数据采集以及处理。

3. 云计算开发

Python 是从事云计算工作需要掌握的一门编程语言，目前很火的云计算框架 OpenStack 就是用 Python 开发的。

4. 人工智能

Google 公司早期大量使用 Python，为 Python 积累了丰富的科学运算库。当 AI 时代来临后，目前市面上大部分的人工智能的代码都使用 Python 来编写，尤其是 PyTorch 之后，基本确定 Python 作为 AI 时代首选语言。

5. 自动化运维

Python 是一门综合性的语言，能满足绝大部分自动化运维需求。

6. 数据分析

Python 已成为数据分析和数据科学事实上的标准语言和标准平台之一，NumPy、Pandas、SciPy 和 matplotlib 程序库共同构成了 Python 数据分析的基础。

7. 科学计算

随着 NumPy、SciPy、matplotlib、Enthought Librarys 等众多程序库的开发，使得 Python 越来越适合做科学计算、绘制高质量的 2D 和 3D 图像。

1.3　Python 解释器

每次运行 Python 命令，Python 解释器都会启动，读取和解释输入到提示符＞＞＞后面的代码。解释器既可以处理单条指令，也可以处理整个 Python 代码文件，两种情况下解释器的处理机制都是相同的。

每次按下 Enter 键后，解释器就开始以单词为单位逐一扫描代码，将这些单词看作一个个文本片段，把它们组织成为表示程序逻辑结构的树状结构，随后这些代码片段将会被转化为字节码（.pyc 或.pyo）。生成的字节码随后将交由 Python 虚拟机执行。

Python 的标准解释器称作 Cython，其完全是用 C 语言编写的。此外，还有一些用其他语言编写的解释器，例如用 Java 开发的 Jython、用 C♯ 开发的 IronPython 以及全部用 Python 开发的 PyPy。

1.4　Python 开发环境的安装

打开 Python 官网，选中 Downloads 下拉菜单中的 Windows，如图 1-1 所示。单击 Windows 打开 Python 软件下载页面，如图 1-2 所示。根据自己的操作系统选择 32 位或者 64 位以及相应的版本号，下载以 exe 为扩展名的可执行文件。

图 1-1　Windows 版本的 Python 下载

　　32 位和 64 位的版本安装起来没有区别，双击打开后，第一步要记得勾上 Add Python 3.6 to PATH 复选框，意思是把 Python 的安装路径添加到系统环境变量的 PATH 变量中。安装时不要选择默认，Python 安装界面如图 1-3 所示。

　　单击 Customize installation（自定义安装），进入下一个安装界面，在该界面所有选项全选，如图 1-4 所示。

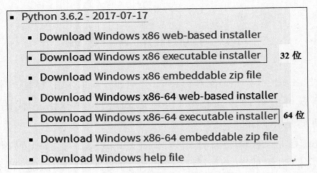

图 1-2　Python 软件下载页面

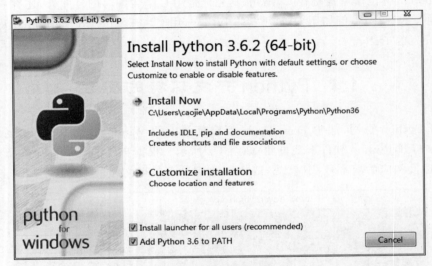

图 1-3　Python 安装界面

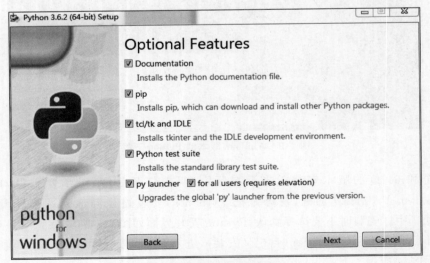

图 1-4　所有选项全选界面

单击 Next 按钮进入下一步，勾选 Install for all users 复选框，选择安装软件的目录，例如，选择 D:\Python，安装界面如图 1-5 所示。

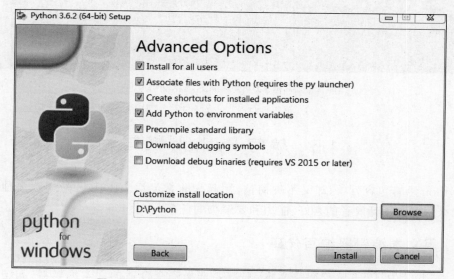

图 1-5　勾选 Install for all users 复选框的安装界面

单击 Install 按钮开始安装，安装成功的界面如图 1-6 所示。

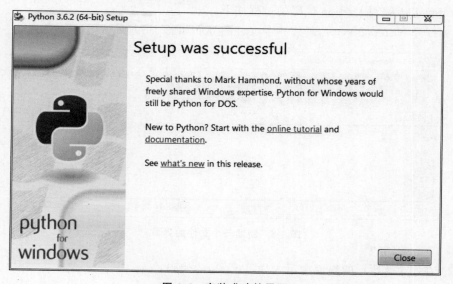

图 1-6　安装成功的界面

安装完之后打开计算机的 cmd 命令窗口，验证一下安装是否成功，主要是看环境变量有没有被设置好。在 cmd 命令窗口中输入 Python，然后按 Enter 键，如果出现 Python 的版本号则说明软件安装好了。验证 Python 是否安装成功的界面如图 1-7 所示。

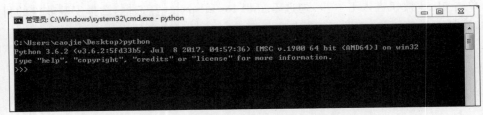

图 1-7　验证 **Python** 是否安装成功的界面

1.5　编写 Python 代码

Python 语言包容万象，却又不失简洁，用起来非常灵活。Python 的用法多种多样，具体怎么用取决于开发者的喜好、能力和要解决的任务。

1.5.1　用文本编辑器编写代码

在 Python 中，Python 代码是文本，只需要选择一个合适的文本编辑器，如记事本、Notepad、Notepad++ 等，就可以编写 Python 代码。Notepad 功能比较弱，推荐使用 Notepad++ 。下面给出如何用 Notepad++ 编写 Python 脚本并在 cmd 命令窗口中运行。

Notepad++ 编写 Python 代码的过程如下。

（1）打开 Notepad++ 后，新建一个文件的界面如图 1-8 所示。

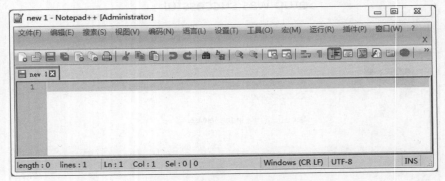

图 1-8　新建一个文件的界面

（2）在图 1-8 所示的界面中写入如下 Python 代码：

```
import platform
print(platform.python_version())
```

写入代码后的界面如图 1-9 所示。

（3）设置语言为 Python。

此处由于是新建的文件，Notepad++ 并不知道所编写的代码是 Python 代码，没法帮助自动实现语法高亮，需要手动设置一下：语言→P→Python。Python 代码的语法高亮

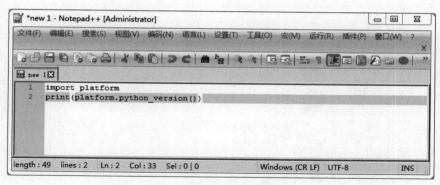

图 1-9　写入代码后的界面

的效果如图 1-10 所示。

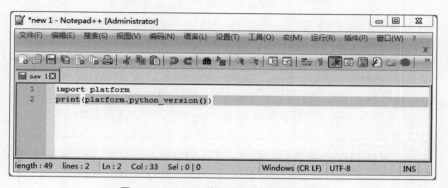

图 1-10　Python 代码的语法高亮的效果

（4）保存编写的 Python 代码文件。

把文件保存到某个位置：选择"文件"→"另存为"命令，在弹出的对话框中，输入要保存的文件名 PythonVersion，可以看到 Notepad++ 自动帮助写好了 py 扩展名，这是因为之前设置了 Python 语法高亮，保存代码文件的界面如图 1-11 所示。

保存代码后的 Notepad++ 界面如图 1-12 所示。

（5）运行 Python 代码文件。

打开 Windows 的 cmd 命令窗口，切换到步骤（4）所生成的 Python 代码文件所在的目录。也可以在 Python 代码文件所在的文件夹下，按住 Shift 键再右击空白处，在弹出的快捷菜单中选择"在此处打开命令窗口"直接进入 Python 代码文件所在目录，命令提示符界面如图 1-13 所示。

在 cmd 命令窗口中，输入 Python 代码文件完整的文件名来运行 Python 代码文件，此处是 PythonVersion.py。然后按 Enter 键，即可运行对应的 Python 代码，接着在 cmd 命令窗口中就可以看到输出的结果，PythonVersion.py 运行界面如图 1-14 所示。

如上就是一个完整的在 Windows 的 cmd 命令窗口中运行 Python 代码的流程。

图 1-11　保存代码文件的界面

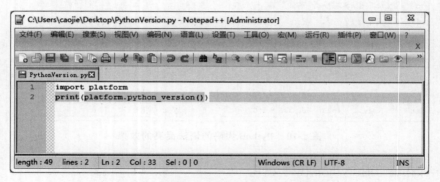

图 1-12　保存代码后的 Notepad++ 界面

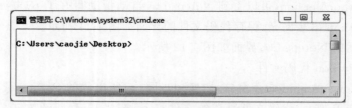

图 1-13　命令提示符界面

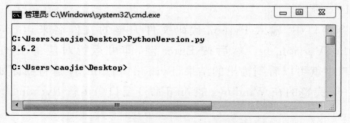

图 1-14　PythonVersion.py 运行界面

1.5.2 用命令行格式的 Python Shell 编写代码

Python 有个 Shell，提供了一个 Python 运行环境，方便用户进行交互式开发，即写一行代码，就可以立刻被运行，然后方便查看运行的结果。

在 Windows 环境下，Python 的 Shell 分为两种：命令行格式的 Python 3.6(64-bit)和带图形界面格式的 IDLE(Python 3.6 64-bit)。

Windows 操作系统下，安装好 Python 后，可以在开始菜单中，找到对应的命令行格式的 Python 3.6(64-bit)，如图 1-15 所示。

Notepad++
PremiumSoft
Python 3.6
IDLE (Python 3.6 64-bit)
Python 3.6 (64-bit)
Python 3.6 Manuals (64-bit)
Python 3.6 Module Docs (64-bit)
SharePoint
VMware
Weka 3.6.13
Xftp 5
Xshell 5

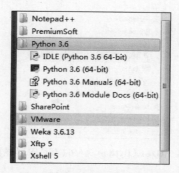

图 1-15　开始菜单中 Python 3.6(64-bit)

打开后，命令行格式的 Python 3.6(64-bit)如图 1-16 所示。

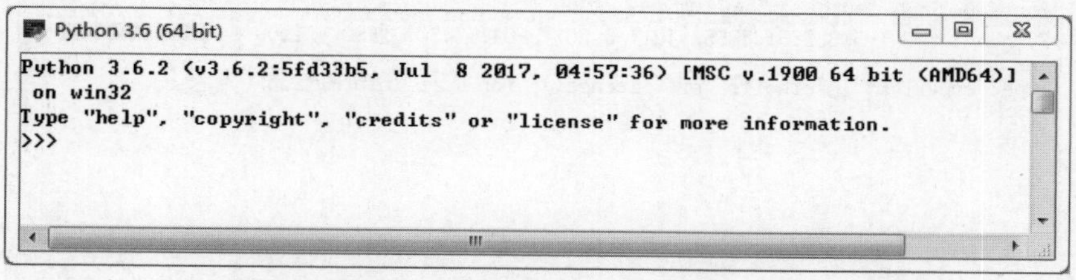
Python 3.6 (64-bit)
Python 3.6.2 (v3.6.2:5fd33b5, Jul 8 2017, 04:57:36) [MSC v.1900 64 bit (AMD64)]
on win32
Type "help", "copyright", "credits" or "license" for more information.
>>>

图 1-16　命令行格式的 Python 3.6(64-bit)

图 1-16 中可以显示出来 Python 的版本信息和系统信息，接下来就是 3 个大于号(>>>)，然后就可以像在普通文本中输入 Python 代码一样，在此一行行输入代码，按 Enter 键后就可以显示对应的运行结果，运行结果如图 1-17 所示。

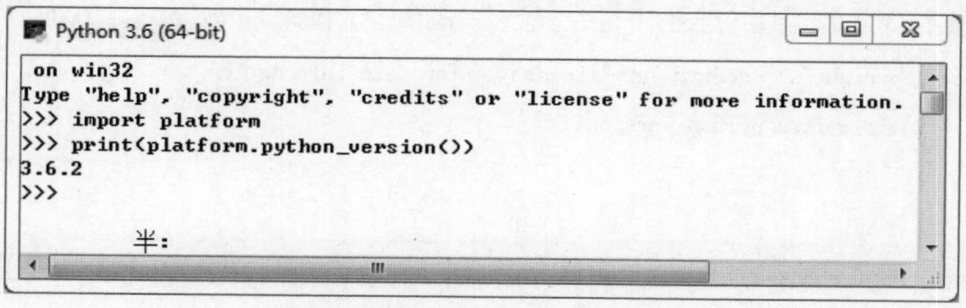
Python 3.6 (64-bit)
on win32
Type "help", "copyright", "credits" or "license" for more information.
>>> import platform
>>> print(platform.python_version())
3.6.2
>>>
半:

图 1-17　运行结果

从图 1-17 中可以看到，当输入 print(platform.python_version())之后按 Enter 键执行时，在此命令行(command line)版本的 Python Shell 中就可以交互式地显示出对应的执行结果信息，即 Python 的版本号。正由于此处可以直接、动态、交互式地显示出对应的执行结果信息，其才被称为 Python 交互式的 Shell，简称 Python Shell。

1.5.3 用带图形界面的 Python Shell 编写交互式代码

图形界面格式的 Shell 的打开方式和命令行格式的 Shell 的打开方式类似，找到对应的图形界面格式的 IDLE(Python 3.6 64-bit)，如图 1-18 所示。

Notepad++
PremiumSoft
Python 3.6
IDLE (Python 3.6 64-bit)
Python 3.6 (64-bit)
Python 3.6 Manuals (64-bit)
Python 3.6 Module Docs (64-bit)
SharePoint
VMware
Weka 3.6.13

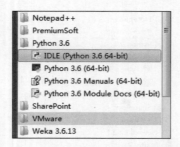

图 1-18 IDLE(Python 3.6 64-bit)图形界面格式

打开后，IDLE 运行界面如图 1-19 所示。

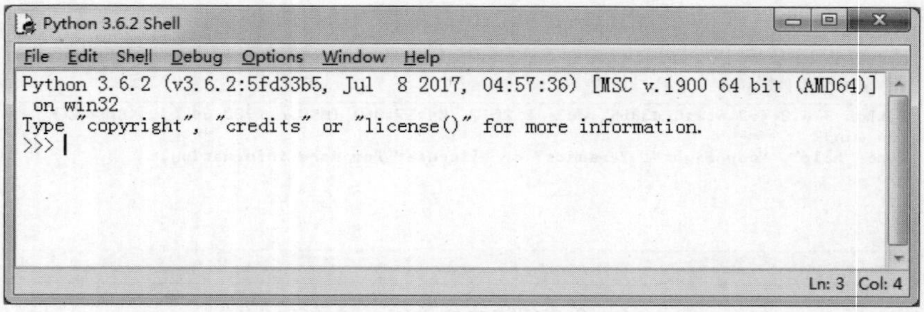

Python 3.6.2 Shell
File Edit Shell Debug Options Window Help
Python 3.6.2 (v3.6.2:5fd33b5, Jul 8 2017, 04:57:36) [MSC v.1900 64 bit (AMD64)] on win32
Type "copyright", "credits" or "license()" for more information.
>>>
Ln: 3 Col: 4

图 1-19 IDLE 运行界面

对应地，一行一行地输入上述代码，其运行结果也是类似的，如图 1-20 所示。

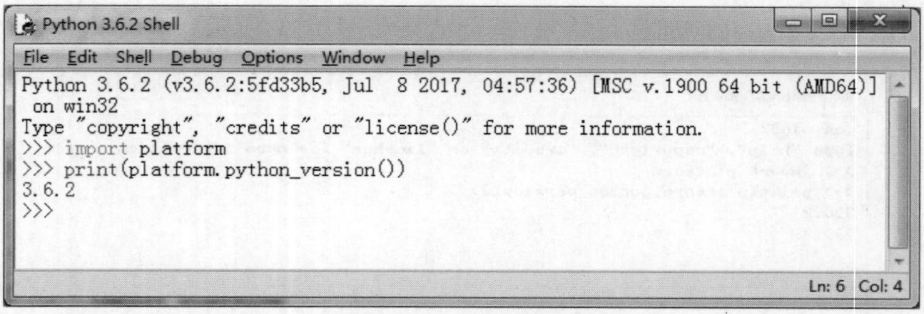

Python 3.6.2 Shell
File Edit Shell Debug Options Window Help
Python 3.6.2 (v3.6.2:5fd33b5, Jul 8 2017, 04:57:36) [MSC v.1900 64 bit (AMD64)] on win32
Type "copyright", "credits" or "license()" for more information.
>>> import platform
>>> print(platform.python_version())
3.6.2
>>>
Ln: 6 Col: 4

图 1-20 IDLE 运行结果界面

1.5.4   用带图形界面的 Python Shell 编写程序代码

交互式模式一般用来实现一些简单的业务逻辑，编写的通常都是单行 Python 语句，并通过交互式命令行运行它们。这对于学习 Python 命令以及使用内置函数虽然很有用，但当需要编写大量 Python 代码行时就很烦琐了，这就需要通过编写程序（也称为脚本）来避免烦琐。运行（或执行）Python 程序文件时，Python 依次执行文件中的每条语句。

在 IDLE 中编写、运行程序的步骤如下。

（1）启动 IDLE。

（2）选择 File→New File 命令创建一个程序文件，输入代码并保存为扩展名为 py 的文件 1.py，如图 1-21 所示。

（3）选择 Run→Run Module 命令运行程序，1.py 的运行结果如图 1-22 所示。

图 1-21   保存为扩展名为 py 的文件 1.py

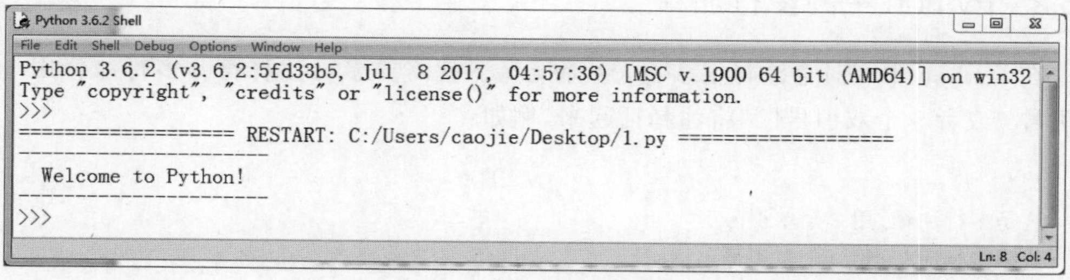

图 1-22   1.py 的运行结果

如果能够熟练使用开发环境提供的一些快捷键，就会大幅度提高开发效率，在 IDLE 中常用的快捷键如表 1-1 所示。

表 1-1   IDLE 中常用的快捷键

含　义	快　捷　键
增加代码块缩进	Ctrl＋]
减少代码块缩进	Ctrl＋[
注释代码块	Alt＋3

含　义	快　捷　键
取消代码块注释	Alt+4
浏览上一条输入的命令	Alt+p
浏览下一条输入的命令	Alt+n
补全单词,列出全部可选单词供选择	Tab

1.6　Python 中的注释

Python 中的注释有单行注释和多行注释两种。Python 注释有自己的规范,注释起到备注的作用。团队合作时,个人编写的代码经常会被多人调用,为了让别人能更容易理解代码的用途,使用注释是非常必要的。

1.6.1　Python 中的单行注释

♯ 常被用作单行注释符号,在代码中使用 ♯ 时,它右边的任何数据在程序执行时都会被忽略,被当作注释。

```
>>>print('Hello world.')  #输出 Hello world.
Hello world.
```

1.6.2　Python 中的多行注释

在 Python 中有时会注释很多行,这种情况下就需要多行注释符。多行注释用 3 个单引号 '''或者 3 个双引号"""将注释括起来,例如:

```
'''
这是多行注释,用 3 个单引号
这是多行注释,用 3 个单引号
这是多行注释,用 3 个单引号
'''
print("Hello world!")
```

1.7　Python 在线帮助

1.7.1　Python 交互式帮助系统

在编写和执行 Python 程序时,人们可能对某些模块、类、函数、关键字等的含义不太清楚,这时就可以借助 Python 内置的帮助系统获取帮助。借助 Python 的 help(object)

函数可进入交互式帮助系统来获取 Python 对象 object 的使用帮助信息。

【例 1-1】 使用 help(object)获取交互式帮助信息举例。

（1）输入 help( )，按 Enter 键进入交互式帮助系统，如图 1-23 所示。

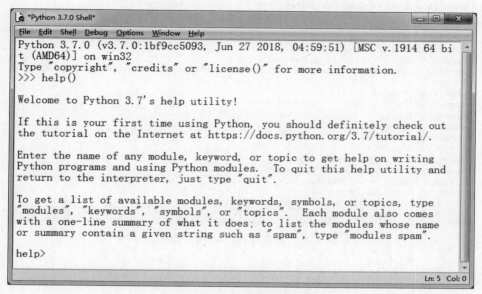

图 1-23 进入交互式帮助系统

（2）输入 modules，按 Enter 键显示所有安装的模块，如图 1-24 所示。

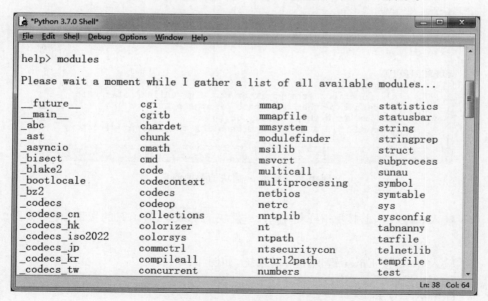

图 1-24 显示所有安装的模块

（3）输入 modules random，按 Enter 键显示与 random 相关的模块，如图 1-25 所示。

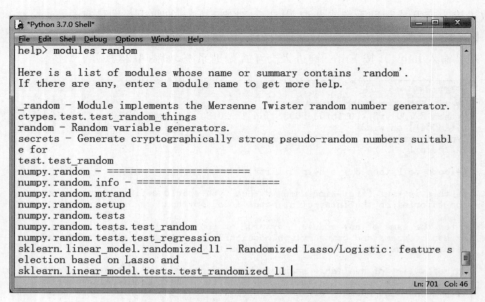

图 1-25　显示与 **random** 相关的模块

（4）输入 os，按 Enter 键显示 os 模块的帮助信息，如图 1-26 所示。

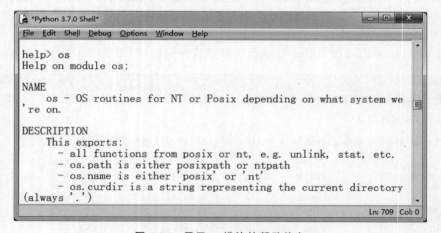

图 1-26　显示 **os** 模块的帮助信息

（5）输入 os.getcwd，按 Enter 键显示 os 模块的 getcwd() 函数的帮助信息，如图 1-27 所示。

（6）输入 quit，按 Enter 键退出帮助系统，如图 1-28 所示。

1.7.2　Python 文档

Python 文档提供了有关 Python 语言及标准模块的详细说明信息，是学习和进行 Python 语言编程不可或缺的工具，其使用步骤如下。

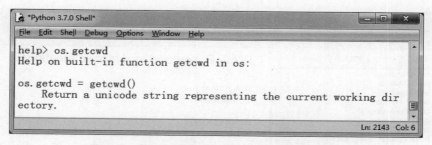

图 1-27　显示 os 模块的 getcwd() 函数的帮助信息

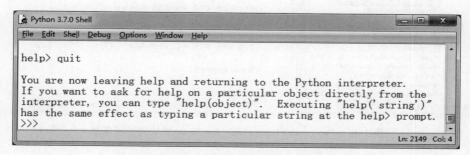

图 1-28　输入 quit 按 Enter 键退出帮助系统

（1）打开 Python 文档。在 IDLE 环境下，按 F1 键打开 Python 文档，如图 1-29 所示。

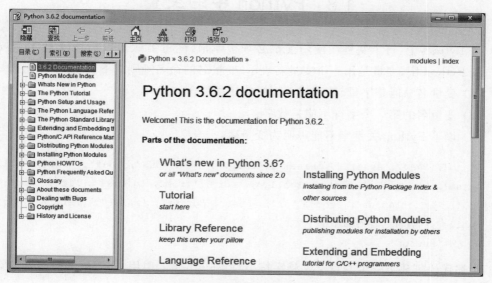

图 1-29　打开 Python 文档

　　（2）浏览模块帮助信息。在左侧的目录树中，展开 The Python Standard Library，在其下面找到所要查看的模块，如选中 math－Mathematical functions 下的 Power and logarithmic functions，在右面可以看到该模块下的函数说明信息，如图 1-30 所示。

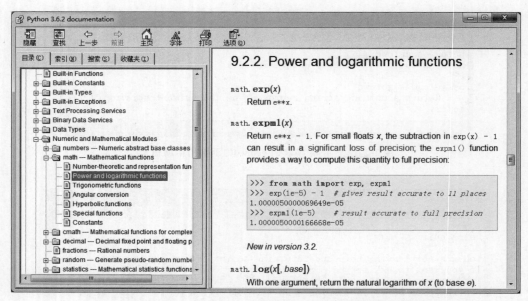

图 1-30　**Power and logarithmic functions 模块的说明信息**

（3）此外，也可以通过左侧第二行工具栏中的"查找"搜索所有查看的模块。

1.8　Python 中的变量

在 Python 中，每个变量在使用前都必须被赋值，变量被赋值以后该变量才会被创建。在 Python 中，变量是用一个变量名表示，变量名的命名规则如下。

（1）变量名只能是字母、数字或下画线的任意组合。

（2）变量名的第一个字符不能是数字。

（3）以下 Python 关键字不能声明为变量名：

```
['and', 'as', 'assert', 'break', 'class', 'continue', 'def', 'del', 'elif',
'else', 'except', 'exec', 'finally', 'for', 'from', 'global', 'if', 'import',
'in', 'is', 'lambda', 'not', 'or', 'pass', 'print', 'raise', 'return', 'try',
'while', 'with', 'yield']
>>>x='Python'
```

上述代码创建了一个变量 x，x 是字符串对象'Python'的引用，即变量 x 指向的对象的值为'Python'。

注意：类型属于对象，变量是没有类型的，变量只是对象的引用，所谓变量的类型指的是变量所引用的对象的类型。变量的类型随着所赋值的类型的变化而改变。

习　　题

1. 简述 Python 语言的主要特点。
2. 简述 Python 应用领域。
3. 简述下载和安装 Python 软件的主要步骤。
4. 如何使用 Python 交互式帮助系统获取相关帮助资源。
5. 简述编写和执行 Python 代码的方式。

第 2 章

Python 对象
和引用

Python 语言基础

本章主要介绍 Python 语言的基础知识,为后续章节学习相关内容做铺垫。首先,介绍 Python 基本数据类型的操作命令,并给出相应的操作实例;其次,介绍人机交互的输入和输出,给出 Python 的多样化格式输出;再次,简单介绍 Python 如何读写文件;最后,介绍 Python 库的导入以及 Python 扩展库的安装。

2.1 Python 中的对象

Python 程序用于处理各种类型的数据(即对象),不同的数据有不同的数据类型,支持不同的运算操作。对象其实就是编程中把数据和功能包装后形成的一个对外具有特定交互接口的内存块。每个对象都有 3 个属性,分别是身份(identity),就是对象在内存中的地址;类型(type),用于表示对象所属的数据类型(类);值(value),对象所表示的数据。

2.1.1 对象的身份

对象的身份用于唯一标识一个对象,通常对应于对象在内存中的存储位置。任何对象的身份都可以使用内置函数 id() 来得到。

```
>>>a=123              #创建了一个 int(整型)对象,并用 a 来代表
>>>id(a)              #获取对象的身份
492688880             #身份用这样一串数字表示
```

2.1.2 对象的类型

对象的类型决定了对象可以存储什么类型的值,有哪些属性和方法,可以进行哪些操作。可以使用内置函数 type() 来查看对象的类型。

```
>>>type(a)            #查看 a 的类型
<class 'int'>         #类型为 int
>>>type(type)
<class 'type'>        #在 Python 中一切皆对象,type 也是一种特殊类型的对象
```

2.1.3　对象的值

对象所表示的数据值，可使用内置函数 print() 返回。

```
>>>print(a)
123
```

对象的 3 个属性（身份、类型和值）是在创建对象时设定的。如果对象支持更新操作，则它的值是可变的，否则为只读（数字、字符串、元组对象等均不可变）。只要对象还存在，这 3 个属性就一直存在。

2.1.4　对象的引用

```
>>>b=6
```

简单来看，上边代码执行了以下操作。

（1）创建了一个变量 b 来代表对象 6。一个 Python 对象就是位于计算机内存中的一个内存数据块，为了使用对象，必须通过赋值操作"＝"把对象赋值给一个变量（也称为把对象绑定到变量），这样便可通过该变量来操作内存数据块中的数据。

（2）如果变量 b 不存在，创建一个新的变量 b。

（3）将变量 b 和数字 6 进行连接，变量 b 成为对象 6 的一个引用，变量可看作是指向对象的内存空间的一个指针。

注意：变量总是连接到对象，而不会连接到其他变量，Python 这样做涉及对象的一种优化方法，Python 缓存了某些不变的对象以便对其进行复用，而不是每次创建新的对象。

```
>>>6                        #字面量 6 创建了一个 int 类型的对象
6
>>>id(6)                    #获取对象 6 在内存中的地址
502843216
>>>a=6                      #a 成为对象 6 的一个引用
>>>b=6                      #b 成为对象 6 的一个引用
>>>id(a)
502843216
>>>id(b)
502843216                   #a 和 b 都指向了同一对象
```

2.1.5　对象的共享引用

当多个变量都引用了相同的对象，称为共享引用。

```
>>>a=1
>>>b=a
>>>a=2                      #a 成为对象 2 的一个引用
>>>print(b)
1                           #由于变量仅是对象的一个引用，因此改变 a 的引用并不会导致 b 的变化
```

但对于像列表这种可变对象来说则不同：

```
>>>a =[1, 2, 3]          #a 成为列表[1, 2, 3]对象的一个引用
>>>b =a
>>>a[0] =0               #将列表中第一个元素的值改为 0
>>>a
[0, 2, 3]                #这里并没有改变 a 的引用,而是改变了被引用对象的某个元素
>>>b
[0, 2, 3]                #由于被引用对象发生了变化,因此 b 对应的值也发生了改变
```

2.1.6　对象是否相等的判断

操作符"＝＝"用于测试两个被引用的对象的值是否相等;is 用于比较两个引用所指向的对象是否是同一个对象。

```
>>>a=[1,2,3]
>>>b=a
>>>a is b                #a 和 b 指向相同的对象
True
>>>c=[1,2,3]
>>>a is c
False                    #a 和 c 指向不同的对象
>>>a==c
True                     #两个被引用的对象的值是相等的
>>>d=[1,2,4]
>>>a==d
False
```

当对象为一个较小的数字或较短的字符串时,是另外一种情况：

```
>>>a=8
>>>b=8
>>>a is b
True
```

这是由于 Python 的缓存机制造成的,小的数字和短字符串被缓存并复用,所以 a 和 b 指向同一个对象。

2.2　数值数据类型

Python 中,每个对象都有一个数据类型,数据类型定义为一个值的集合以及定义在这个值集上的一组运算操作。一个对象上可执行且只允许执行其对应数据类型所定义的操作。Python 中有 6 个标准的数据类型：number(数值)、string(字符串)、list(列表)、tuple(元组)、dictionary(字典)、set(集合)。

Python 包括 4 种内置的数值数据类型。

(1) int(整型)。用于表示整数,如 12,1024,－10。

(2) float(浮点型)。用于表示实数,如 3.14,1.2,2.5e2(＝ 2.5×10^2 ＝250),－3e－3(＝ -3×10^{-3} ＝－0.003)。

(3) bool(布尔型)。布尔型对应两个布尔值:True 和 False,分别对应 1 和 0。

```
>>>True+1
2
>>>False+1
1
```

(4) complex(复数型)。在 Python 中,复数有两种表示方式,一种是 a＋bj(a、b 为实数),另一种是 complex(a,b),例如 3＋4j、1.5＋0.5j、complex(2,3)都表示复数。

对于整数数据类型 int,其值的集合为所有的整数,支持的运算操作有＋(加法)、－(减法)、*(乘法)、/(除法)、//(整除)、**(幂)、%(取余)等,举例如下。

```
>>>18/4
4.5
>>>18//4              #整数除法返回向下取整后的结果
4
>>>2 * * 3            #返回 2³ 的计算结果
8
>>>7//-3             #向下取整
-3
>>>17 % 3            #取余
2
```

除了上述运算操作之外,还有一些常用的数学函数,如表 2-1 所示。

表 2-1 常用的数学函数

数学函数	描述
abs(x)	返回 x 的绝对值,如 abs(－10)返回 10
math.ceil(x)	返回数值 x 的上入整数,ceil()是不能直接访问的,需要导入 math 模块,即执行 import math,然后 math.ceil(4.2)返回 5
exp(x)	返回 e 的 x 次幂,即 e^x,如 math.exp(1)返回 2.718281828459045
math.floor(x)	返回数字 x 的下舍整数,如 math.floor(5.8)返回 5
math.log(x)	返回 x 的自然对数,如 math.log(8)返回 2.0794415416798357
math.log10(x)	返回以 10 为底数的 x 的对数,如 math.log10(100)返回 2.0
max(x,y,z,…)	返回给定参数序列的最大值
min(x,y,z,…)	返回给定参数序列的最小值
math.modf(x)	返回 x 的小数部分与整数部分组成的元组,它们的数值符号与 x 相同,整数部分以浮点型表示,如 math.modf(3.25)返回(0.25, 3.0)
pow(x,y)	返回 x * * y 运算后的值,如 pow(2,3)返回 8

续表

数学函数	描　　述
math.sqrt(x)	返回数字 x 的平方根,如 math.sqrt(4)返回 2.0
round(x[, n])	返回浮点数 x 的四舍五入值,如给出 n 值,则代表舍入到小数点后的位数,如 round(3.8267,2)返回 3.83

此外,还可以用 isinstance 来判断一个变量的类型。

```
>>>a=123
>>>isinstance(a, int)
True
```

可以使用 del 语句删除一个或多个对象引用。

```
>>>del a
>>>a                        #显示 a 的值时出现 a 未被定义
Traceback (most recent call last):
File "<pyshell#6>", line 1, in <module>
    a
NameError: name 'a' is not defined
```

注意:

(1) Python 可以同时为多个变量赋值,如 a ＝ b ＝ c ＝ 1。

(2) Python 可以同时为多个对象指定变量,如下面代码所示:

```
>>>a, b, c =1, 2, 3
>>>print(a,b,c)
1 2 3
```

(3) 一个变量可以通过赋值指向不同类型的对象。

(4) 在混合计算时,Python 会把整型数值转换成为浮点数。

2.3　字符串数据类型

字符串数据类型

Python 中的字符串属于不可变序列,是用单引号"'"、双引号"""、三单引号"'''"或三双引号"""""等界定符括起来的字符序列,在字符序列中可使用反斜杠"\"转义特殊字符。Python 没有单独的字符类型,一个字符就是长度为 1 的字符串。

2.3.1　创建字符串

只要为变量分配一个用字符串界定符括起来的字符序列即可创建一个字符串。例如:

```
var1 ='Hello World!'
```

```
var2 = "Python is a general purpose programming language."
```

三引号允许一个字符串跨多行，字符串中可以包含换行符、制表符以及其他特殊字符。

```
>>> str_more_quotes = """
Time
is
money
"""
```

2.3.2　转义字符

如果要在字符串中包含""　""，例如，learn "Python" online，需要字符串外面用' '括起来。

```
>>> str1='learn "Python" online '
>>> print(str1)
learn "Python" online
```

如果要在字符串中既包含""又包含""，例如，He said "I'm hungry."，可在""和""前面各插入一个转义字符"\"。注意，转义字符"\"不计入字符串的内容。

```
>>> str2='He said \" I\'m hungry.\"'
>>> print(str2)
He said " I'm hungry."
```

在字符串中需要使用特殊字符时，Python 用反斜杠"\"转义特殊字符，如表 2-2 所示。

表 2-2　反斜杠"\"转义特殊字符

转义特殊字符	描　　述	转义特殊字符	描　　述
\在行尾时	续行符	\000	空
\\	反斜杠符号	\n	换行
\'	单引号	\v	纵向制表符
\"	双引号	\t	横向制表符
\a	响铃	\r	回车
\b	退格（Backspace）	\f	换页

```
>>> str_n ="hello\nworld"          #用\n换行显示
>>> print(str_n)
hello
world
```

有时人们并不想让转义字符生效，只想显示字符串原来的意思，这就要用 r 和 R 来定义原始字符串。例如：

```
>>>str3=r'hello\nworld'
>>>print(str3)
hello\nworld                            #没有换行,显示的是原来的字符串
```

2.3.3　字符编码

　　字符编码最初采用的是 ASCII,使用 8 位二进制表示,当初英文就是编码的全部。后来其他国家的语言加入进来,ASCII 就不够用了,所以出现了一种万国码,它的名字为 Unicode。Unicode 编码对所有语言使用 2 字节,部分汉字使用 3 字节。但是这就导致一个问题,Unicode 不仅不兼容 ASCII,而且会造成空间的浪费,于是 UTF-8 编码应运而生,UTF-8 编码对英文字母使用 1 字节的编码,节省了空间,很快得到全面的使用。

　　可以通过以下代码查看 Python3 的字符默认编码。

```
>>>import sys
>>>sys.getdefaultencoding()
'utf-8'
```

　　Python3 中字节码 bytes 用 b'xxx'表示,其中的 x 可以用字符,也可以用 ASCII 表示。Python3 中的二进制文件(如文本文件)统一采用字节码读写。将表示二进制的 bytes 进行适当编码就可以变为字符,例如 UTF-8。要将字符串类型转化为 bytes 类型,使用字符串对象的 encode()方法(函数);反过来,使用 decode()方法(函数)。

```
>>>str4 ='中国'
>>>str4 =str4.encode('utf-8')
>>>str4
b'\xe4\xb8\xad\xe5\x9b\xbd'
>>>str4 =str4.decode()
>>>str4
'中国'
```

　　此外,Python 提供了内置的 ord()函数获取字符的整数表示,内置的 chr()函数把编码转换为对应的字符。

2.3.4　字符串运算符

　　对字符串进行操作的常用操作符如表 2-3 所示。

表 2-3　对字符串进行操作的常用操作符

操作符	描　　述
＋	连接字符串
＊	重复输出字符串
[]	通过索引获取字符串中的字符
[:]	截取字符串中的一部分

操作符	描　　述
in	成员运算符,如果字符串中包含给定的字符串,则返回 True
not in	成员运算符,如果字符串中不包含给定的字符串,则返回 True
r/R	原始字符串,在字符串的第一个引号前加上字母 r 或 R,字符串中的所有的字符直接按照字面的意思来使用,不再转义成特殊或不能打印的字符
%	格式化字符串

```
>>>str1='Python'
>>>str2=' good'
>>>str3=str1+str2                    #连接字符串
>>>print(str3)
Python good
>>>print (str1 * 2)                  #输出字符串两次
PythonPython
```

Python 中的字符串有两种索引方式:从左往右以 0 开始,从右往左以 −1 开始。

```
>>>print (str1[2:5])                 #输出从第三个字符开始到第五个字符结束的子字符串
tho
>>>print (str1[0:-1])                #输出第一个到倒数第二个的所有字符
Pytho
>>>print (str1[1:])                  #输出从第二个开始之后的所有字符
ython
>>>str_r =r"First \                  #使用 r 和 R 可以让字符串保持原貌,反斜杠不发生转义
catch your hare."
>>>print (str_r)
First \
catch your hare.
```

"%"格式化字符串的操作将在 2.11 节进行介绍。

2.3.5　字符串对象的常用方法

一旦创建字符串对象 str,可以使用字符串对象 str 的方法来操作字符串。

1. 去空格、特殊符号和头尾指定字符应用实例

str.strip([chars]):不带参数的 str.strip()方法,表示去除字符串 str 开头和结尾的空白符,包括"\n""\t""\r"、空格等。带参数的 str.strip(chars)表示去除字符串 str 开头和结尾指定的 chars 字符序列,只要有就删除。

```
>>>b = '\t\ns\tpython\n'
>>>b.strip()
```

```
's\tpython'
>>>c ='16\t\ns\tpython\n16'
>>>c.strip('16')
'\t\ns\tpython\n'
```

str.lstrip()：去除字符串 str 开头的空白符。

```
>>>d =' python '
>>>d.lstrip()
'python '
```

str.rstrip()：去除字符串 str 结尾的空白符。

```
>>>d.rstrip()
' python'
```

注意：str.lstrip([chars])和 str.rstrip([chars])方法的工作原理跟 str.strip([chars])一样，只不过它们只针对字符序列的开头或结尾。

```
>>> 'aaaaaaddffaaa'.lstrip('a')
'ddffaaa'
>>> 'aaaaaaddffaaa'.rstrip('a')
'aaaaaaddff'
```

2. 字符串大小写转换应用实例

str.lower()：将字符串 str 中的大写字母转换成小写字母。

```
>>>'ABba'.lower()
'abba'
```

str.upper()：将 str 中的小写字母转换成大写字母。

```
>>>'ABba'.upper()
'ABBA'
```

str.swapcase()：将 str 中的大小写字母互换。

```
>>>'ABba'.swapcase()
'abBA'
```

str.capitalize()：返回一个只有首字母大写的字符串。

```
>>>'ABba'.capitalize()
'Abba'
>>>'a bB CF Abc'.capitalize()
'A bb cf abc'
```

string.capwords(str[, sep])：以 sep 作为分隔符（不带参数 sep 时，默认以空格为分隔符），分割字符串 str，然后将每个字段的首字母换成大写，将每个字段除首字母外的字母均置为小写,最后以 sep 将这些字段连接到一起组成一个新字符串。capwords(str)是 string 模块中的函数,使用之前需要先导入 string 模块,即 import string。

```
>>>import string
>>>string.capwords("ShaRP tools make good work.")
'Sharp Tools Make Good Work.'
>>>string.capwords("ShaRP tools make good work.",'oo')    #以 oo 作为分隔符
'Sharp tooLs make gooD work.'
```

3. 字符串分割应用实例

str.split(s,num)[n]:按 s 中指定的分隔符(默认为所有的空字符,包括空格、换行符"\n"、制表符"\t"等),将字符串 str 分成 num+1 个子字符串所组成的列表。列表是写在方括号[ ]之间、用逗号分开的元素序列。若带有[n],表示选取分割后的第 n 个分片,n 表示返回的列表中元素的下标,从 0 开始。如果字符串 str 中没有给定的分隔符,则把整个字符串作为列表的一个元素返回。默认情况下,使用空格作为分隔符,分割后,空串会自动忽略。

```
>>>str='hello    world'
>>>str.split()
['hello', 'world']
>>>s='hello \n\t\r  \t\r\n world  \n\t\r'
>>>s.split()
[' hello ', ' world ']
```

但若显式指定空格为分隔符,则不会自动忽略空串,例如:

```
>>>str='hello  world'            #包含 3 个空格
>>>str.split(' ')
['hello', '', '', 'world']
>>>str ='www.baidu.com'
>>>str.split('.')[2]             #选取分割后的第 2 片作为结果返回
'com'
>>>str.split('.')               #无参数全部分割
['www', 'baidu', 'com']
>>>str.split('.',1)             #分割 1 次
['www', 'baidu.com']
>>>s1, s2, s3=str.split('.', 2)  #s1、s2、s3 分别被赋值得到被分割的 3 个部分
>>>s1
'www'
>>>s ='call\nme\nbaby'           #按换行符"\n"进行分割
>>>s.split('\n')
['call', 'me', 'baby']
>>>s="hello world!<[www.google.com]>byebye"
>>>s.split('[')[1].split(']')[0]#分割 2 次,分割出网址
'www.google.com'
```

str.partition(s)：该方法用来根据指定的分隔符 s 将字符串 str 进行分割，返回一个包含 3 个元素的元组。元组是写在圆括号( )之间、用逗号分开的元素序列。如果未能在原字符串中找到 s，则元组的 3 个元素为：原字符串，空串，空串；否则，从原字符串中遇到的第一个 s 字符开始拆分，元组的 3 个元素为：s 之前的字符串，s 字符，s 之后的字符串。例如：

```
>>>str ="http://www.xinhuanet.com/"
>>>str.partition("://")
('http', '://', 'www.xinhuanet.com/')
```

4. 字符串搜索与替换应用实例

str.find(substr [, start [, end]])：返回 str 中指定范围（默认是整个字符串）第一次出现的 substr 的第一个字母的标号，也就是说从左边算起的第一次出现的 substr 的首字母标号，如果 str 中没有 substr 则返回-1。

```
>>>'He that can have patience, can have what he will. '.find('can')
8
>>>'He that can have patience, can have what he will. '.find('can',9)
27
```

str.index(substr [, start , [end]])：在字符串 str 中查找子串 substr 第一次出现的位置，与 find()不同的是，未找到则抛出异常。

```
>>>'He that can have patience, can have what he will. '.index('good')
ValueError: substring not found
```

str.replace(oldstr, newstr [, count])：把 str 中的 oldstr 字符串替换成 newstr 字符串，如果指定了 count 参数，表示替换最多不超过 count 次。如果未指定 count 参数，表示全部替换，有多少替换多少。

```
>>>'aababadssdf56sdabcddaa'.replace('ab','* *')
'a****adssdf56sd**cddaa'
>>>str ="This is a string example.This is a really string."
>>>str.replace(" is", " was")
'This was a string example.This was a really string.'
```

str.count(substr[, start , [end]])：在字符串 str 中统计子字符串 substr 出现的次数，如果不指定开始位置 start 和结束位置 end，表示从头统计到尾。

```
>>>'aadgdxdfadfaadfgaa'.count('aa')
3
```

5. 字符串映射应用实例

str.maketrans(instr, outstr)：用于创建字符映射的转换表（映射表），第一个参数

instr 表示需要转换的字符串,第二个参数 outstr 表示要转换的目标字符串。两个字符串的长度必须相同,为一一对应的关系。

str.translate(table):使用 str.maketrans(instr,outstr)生成的映射表 table,对字符串 str 进行映射。

```
>>>table=str.maketrans('abcdef','123456')      #创建映射表
>>>table
{97: 49, 98: 50, 99: 51, 100: 52, 101: 53, 102: 54}
>>>s1='Python is a greate programming language.I like it.'
>>>s1.translate(table)                          #使用映射表 table 对字符串 s1 进行映射
'Python is 1 gr51t5 progr1mming l1ngu1g5.I lik5 it.'
```

6. 判断字符串的开始和结束应用实例

str.startswith(substr[,start,[end]]):用于检查字符串 str 是否以字符串 substr 开头,如果是则返回 True,否则返回 False。如果参数 start 和 end 指定值,则在指定范围内检查。

```
>>>s='Work makes the workman.'
>>>s.startswith('Work')                         #检查整个字符串是否以 Work 开头
True
>>>s.startswith('Work',1,8)                     #指定检查范围的起始位置和结束位置
False
```

str.endswith(substr[,start[,end]]):用于检查字符串 str 是否以字符串 substr 结尾,如果是则返回 True,否则返回 False。如果参数 start 和 end 指定值,则在指定范围内检查。

```
>>>s='Constant dropping wears the stone.'
>>>s.endswith('stone.')
True
>>>s.endswith('stone.',4,16)
False
```

下面的代码可以列出指定目录下扩展名为 txt 或 docx 的文件。

```
import os
items =os.listdir("C:\\Users\\caojie\\Desktop")   #返回指定路径下的文件和文件夹列表
newlist =[]
for names in items:
  if names.endswith((".txt",".docx")):
    newlist.append(names)
print(newlist)
```

执行上述代码得到的输出结果如下。

['hello.txt', '开会总结.docx', '新建 Microsoft Word 文档.docx', '新建文本文档.txt']

7. 连接字符串应用实例

str.join(sequence)：返回通过指定字符 str 连接序列 sequence 中元素后生成的新字符串。

```
>>> str = "-"
>>> seq = ('a', 'b', 'c','d')
>>> str.join( seq )
'a-b-c-d'
>>> seq4 = {'hello':1,'good':2,'boy':3,'world':4}
                                          #创建了一个字典类型的变量 seq4
                                          #对字典中的元素的键进行连接操作
>>> '*'.join(seq4)
'hello*good*boy*world'
>>> ''.join(('/hello/','good/boy/','world'))   #合并目录
'/hello/good/boy/world'
```

8. 判断字符串是否全为数字、字符等应用实例

str.isalnum()：str 的所有字符都是数字或者字母，返回 True，否则返回 False。
str.isalpha()：str 的所有字符都是字母，返回 True，否则返回 False。
str.islower()：str 的所有字符都是小写，返回 True，否则返回 False。
str.isupper()：str 的所有字符都是大写，返回 True，否则返回 False。
str.istitle()：str 的所有单词都是首字母大写，返回 True，否则返回 False。
str.isspace()：str 的所有字符都是空白字符，返回 True，否则返回 False。

```
>>> 'J2EE'.isalnum()
True
>>> 'Nurturepassesnature'.isalpha()
True
>>> '1357efg'.isupper()
False
>>> '   '.isspace()
True
>>> num3 = "四"                              #汉字
>>> num3.isdecimal()
False
>>> num3.isnumeric()
True
```

9. 字符串对齐及填充应用实例

str.center(width[，fillchar])：返回一个宽度为 width、str 居中的新字符串，如果

width 小于字符串 str 的宽度,则直接返回字符串 str,否则使用填充字符 fillchar 去填充,默认填充空格。

　　str.ljust(width[,fillchar]):返回一个指定宽度 width 的左对齐的新字符串,如果 width 小于字符串 str 的宽度,则直接返回字符串 str,否则使用填充字符 fillchar 去填充,默认填充空格。

　　str.rjust(width[,fillchar]):返回一个指定宽度 width 的右对齐的新字符串,如果 width 小于字符串 str 的宽度,则直接返回字符串 str,否则使用填充字符 fillchar 去填充,默认填充空格。

```
>>> 'Hello world!'.center(20)
'    Hello world!    '
>>> 'Hello world!'.center(20,'-')
'----Hello world!----'
>>> 'Hello world!'.ljust(20,'-')
'Hello world!--------'
>>> 'Hello world!'.rjust(20,'-')
'--------Hello world!'
```

2.3.6　字符串常量

　　Python 标准库 string 中定义了数字、标点符号、英文字母、大写英文字母、小写英文字母等字符串常量。

```
>>> import string
>>> string.ascii_letters                         #所有英文字母
'abcdefghijklmnopqrstuvwxyzABCDEFGHIJKLMNOPQRSTUVWXYZ'
>>> string.ascii_lowercase                        #所有小写英文字母
'abcdefghijklmnopqrstuvwxyz'
>>> string.ascii_uppercase                        #所有大写英文字母
'ABCDEFGHIJKLMNOPQRSTUVWXYZ'
>>> string.digits                                 #数字 0~9
'0123456789'
>>> string.hexdigits                              #十六进制数字
'0123456789abcdefABCDEF'
>>> string.octdigits                              #八进制数字
'01234567'
>>> string.punctuation                            #标点符号
'!"#$%&\'()*+,-./:;<=>?@[\\]^_`{|}~'
>>> string.printable                              #可打印字符
'0123456789abcdefghijklmnopqrstuvwxyzABCDEFGHIJKLMNOPQRSTUVWXYZ!"#$%&\'()
*+,-./:;<=>?@[\\]^_`{|}~ \t\n\r\x0b\x0c'
>>> string.whitespace                             #空白字符
```

' \t\n\r\x0b\x0c'

通过 Python 中的一些随机方法，可生成任意长度和复杂度的密码，代码如下。

```
>>> import random
>>> import string
>>> chars=string.ascii_letters+string.digits
>>> chars
'abcdefghijklmnopqrstuvwxyzABCDEFGHIJKLMNOPQRSTUVWXYZ0123456789'
#random 模块的 choice()方法返回一个列表、元组或字符串的一个随机元素
#range(a,b)返回整数序列 a、a+1、…、b-1，只有一个参数时，则表示从 0 开始
>>> ''.join([random.choice(chars) for i in range(8)])
                                        #随机选择 8 次生成 8 位随机密码
'yFWppkvB'
>>> random.choice([1,3,5,7,9])          #从列表中随机选取一个元素返回
3
>>> random.choice(string.ascii_uppercase)    #生成一个随机大写字母
'V'
>>> random.choice((0,1,2,3,4,5,6,7,8,9))     #从元组中随机选取一个元素返回
4
```

注意：

（1）字符串中反斜杠可以用来转义，在字符串前使用 r 可以让反斜杠不发生转义。

（2）Python 中的字符串有两种索引方式，从左往右以 0 开始，从右往左以 −1 开始。

（3）Python 中的字符串不能改变，向一个索引位置赋值，例如 str1[0] = 'm'会导致错误。

2.4　列表数据类型

列表数据
类型

列表是写在方括号[ ]之间、用逗号分开的元素序列。列表是可变的，创建后允许修改、插入或删除其中的元素。列表中元素的数据类型可以不相同，列表中可以同时存在数字、字符串、元组、字典、集合等数据类型的对象，甚至可以包含列表（即嵌套）。

2.4.1　创建列表

可以使用列表 list 的构造方法来创建列表，如下所示。

```
>>> list1 =list()                        #创建空列表
>>> list2 =list ('chemistry')
>>> list2
['c', 'h', 'e', 'm', 'i', 's', 't', 'r', 'y']
```

也可以使用下面更简单的方法来创建列表，即使用"＝"直接将一个列表赋值给变量来创建一个列表对象。

```
>>> lista=[]
>>> listb =[ 'good', 123 , 2.2, 'best', 70.2 ]
```

2.4.2　截取列表

可以使用下标操作符 list[index]访问列表 list 中下标为 index 的元素。列表中元素的下标是从 0 开始的，也就是说，下标的范围为 $0 \sim len(list)-1$，len(list)获取列表 list 的长度。list[index]可以像变量一样使用。例如，list[2] ＝ list[0] ＋ list[1]，表示将 list[0]与 list[1]中的值相加并赋值给 list[2]。

Python 允许使用负数作为下标来引用相对于列表末端的位置，将列表长度和负数下标相加就可以得到实际的位置。

```
>>> list1=[1,2,3,4,5]
>>> list1[-3]
3
```

列表截取（也称分片、切片）操作使用 list[start:end]返回列表 list 的一个片段。这个片段是下标为 $start \sim end-1$ 的元素所构成的一个子列表。

起始下标 start 为 0 从头开始，为 -1 从末尾开始。起始下标 start 和结尾下标 end 是可以省略的，在这种情况下，起始下标为 0，结尾下标是 len(list)。如果 $start \geqslant end$，list[start:end]将返回一个空表，否则列表被截取后返回一个包含指定元素的新列表。

```
>>> list1 =[ 'good', 123 , 2.2, 'best', 70.2 ]
>>> print (list1[1:3])              #输出第二个和第三个元素
[123, 2.2]
```

2.4.3　修改列表

有时可能要修改列表，如添加新元素、删除元素、改变元素的值。

```
>>> x =[1,1,3,4]
>>> x[1] =2                         #将列表中第二个 1 改为 2
>>> y=x+[5]                         #为列表 x 添加一个元素 5,得到一个新列表
>>> y
[1, 2, 3, 4, 5]
>>> y[5:]=[6]                       #在列表末尾添加一个元素 6
>>> y
[1, 2, 3, 4, 5, 6]
```

列表元素分段改变：

```
>>> name =list('Perl')
```

```
>>>name[1:]=list('ython')
>>>name
['P', 'y', 't', 'h', 'o', 'n']
```

在列表中插入序列：

```
>>>number=[1,6]
>>>number[1:1]=[2,3,4,5]
>>>number
[1, 2, 3, 4, 5, 6]
```

在列表中删除元素：

```
>>>names =['one', 'two', 'three', 'four', 'five', 'six']
>>>del names[1]                          #删除 names 的第二个元素
>>>names
['one', 'three', 'four', 'five', 'six']
>>>names[1:4]=[]                         #删除 names 的第二至第四个元素
>>>names
['one', 'six']
```

当不再使用列表时，可使用 del 命令删除整个列表：

```
>>>del names
>>>names
NameError: name 'names' is not defined
```

可见，删除列表 names 后，列表 names 就不存在了，再次访问时抛出异常 NameError，提示访问的 names 不存在。

2.4.4　序列数据类型的常用操作

在 Python 中字符串、列表和后面要讲的元组都是序列类型。所谓序列，即成员有序排列，并且可以通过偏移量访问它的一个或者几个成员。序列中的每个元素都被分配一个数字——它的位置，也称为索引，第一个元素的索引是 0，第二个元素的索引是 1，以此类推。序列可以进行的操作包括索引、切片、加、乘以及检查某个元素是否属于序列成员。此外，Python 已经内置确定序列的长度以及确定最大和最小的元素的方法。序列的常用操作如表 2-4 所示。

表 2-4　序列的常用操作

操　　作	描　　述
x in s	如果元素 x 在序列 s 中则返回 True
x not in s	如果元素 x 不在序列 s 中则返回 True
s1＋s2	连接两个序列 s1 和 s2，得到一个新序列

续表

操　作	描　述
s＊n, n＊s	序列 s 复制 n 次得到一个新序列
s[i]	得到序列 s 的索引为 i 的元素
s[i:j]	得到序列 s 从下标 i 到 j−1 的片段
len(s)	返回序列 s 包含的元素个数
max(s)	返回序列 s 的最大元素
min(s)	返回序列 s 的最小元素
sum(x)	返回序列 s 中所有元素之和
＜、＜=、＞、＞=、==、! =	比较两个序列

```
>>>list1=['C', 'Java', 'Python']
>>>'C' in list1
True
>>>'chemistry' not in list1
True
```

2.4.5　用于列表的一些常用函数

（1）reversed()函数：函数功能是反转一个序列对象,将其元素从后向前颠倒构建成一个迭代器。

```
>>>a=[9, 8, 7, 6, 5, 4, 3, 2, 1, 0]
>>>reversed(a)
<list_reverseiterator object at 0x0000000002F174E0>
>>>a
[9, 8, 7, 6, 5, 4, 3, 2, 1, 0]
>>>list(reversed(a))                        #将生成的迭代器对象列表化输出
[0, 1, 2, 3, 4, 5, 6, 7, 8, 9]
```

（2）sorted()函数：sorted(iterable[，key][，reverse])返回一个排序后的新序列,不改变原始的序列。sorted 的第一个参数 iterable 是一个可迭代的对象,第二个参数 key 用来指定带一个参数的函数(只写函数名),此函数将在每个元素排序前被调用;第三个参数 reverse 用来指定排序方式(正序还是倒序)。

第一个参数是可迭代的对象:

```
>>>sorted([46, 15, -12, 9, -21,30])         #保留原列表
[-21, -12, 9, 15, 30, 46]
```

第二个参数 key 用来指定带一个参数的函数,此函数将在每个元素排序前被调用:

```
>>>sorted([46, 15, -12, 9, -21,30], key=abs)    #按绝对值大小进行排序
```

```
[9, -12, 15, -21, 30, 46]
```

key 指定的函数将作用于 list 的每一个元素上，并根据 key 指定的函数返回的结果进行排序。

第三个参数 reverse 用来指定正向还是反向排序：

要进行反向排序，可以传入第三个参数 reverse＝True：

```
>>>sorted(['bob', 'about', 'Zoo', 'Credit'])
['Credit', 'Zoo', 'about', 'bob']
>>>sorted(['bob', 'about', 'Zoo', 'Credit'], key=str.lower)    #按小写进行排序
['about', 'bob', 'Credit', 'Zoo']
>>>sorted(['bob', 'about', 'Zoo', 'Credit'], key=str.lower, reverse=True)
                                        #按小写反向排序
['Zoo', 'Credit', 'bob', 'about']
```

（3）zip()打包函数：zip([it0,it1…])返回一个列表，其第一个元素是 it0、it1…这些序列的第一个元素组成的一个元组，其他元素以此类推。若传入参数的长度不等，则返回列表的长度和参数中长度最短的对象相同。zip()的返回值是可迭代对象，对其进行 list 操作可一次性显示出所有结果。

```
>>>a, b, c =[1,2,3], ['a','b','c'], [4,5,6,7,8]
>>>list(zip(a,b))
[(1, 'a'), (2, 'b'), (3, 'c')]
>>>list(zip(c,b))
[(4, 'a'), (5, 'b'), (6, 'c')]
>>>str1 ='abc'
>>>str2 ='123'
>>>list(zip(str1,str2))
[('a', '1'), ('b', '2'), ('c', '3')]
```

（4）enumerate()枚举函数：将一个可遍历的数据对象（如列表），组合为一个索引序列，序列中每个元素是由数据对象的元素下标和元素组成的元组。

```
>>>seasons =['Spring', 'Summer', 'Fall', 'Winter']
>>>list(enumerate(seasons))
[(0, 'Spring'), (1, 'Summer'), (2, 'Fall'), (3, 'Winter')]
>>>list(enumerate(seasons, start=1))        #将下标从 1 开始
[(1, 'Spring'), (2, 'Summer'), (3, 'Fall'), (4, 'Winter')]
```

（5）shuffle()函数：random 模块中的 shuffle()函数可实现随机排列列表中的元素。

```
>>>list1=[2,3,7,1,6,12]
>>>import random                    #导入模块
>>>random.shuffle(list1)
>>>list1
[1, 2, 12, 3, 7, 6]
```

2.4.6　列表对象的常用方法

一旦列表对象被创建,可以使用列表对象的方法来操作列表,列表对象的常用方法如表 2-5 所示。

表 2-5　列表对象的常用方法

方　　法	描　　述
list.append(x)	在列表 list 末尾添加新的元素 x
list.count(x)	返回 x 在列表 list 中出现的次数
list.extend(seq)	在列表 list 末尾一次性追加 seq 序列中的所有元素
list.index(x)	返回列表 list 中第一个值为 x 的元素的下标,若不存在抛出异常
list.insert(index,x)	在列表 list 中 index 位置处添加元素 x
list.pop([index])	删除并返回列表指定位置的元素,默认为最后一个元素
list.remove(x)	移除列表 list 中 x 的第一个匹配项
list.reverse()	反向列表 list 中的元素
list.sort(key=None, reverse=None)	对列表 list 进行排序,key 参数的值为一个函数,此函数只有一个参数且返回一个值,此函数将在每个元素排序前被调用,reserve 表示是否逆序
list.clear()	删除列表 list 中的所有元素,但保留列表对象
list.copy()	用于复制列表,返回复制后的新列表

```
>>>list1=[2, 3, 7, 1, 56, 4]
>>>list1.append(7)              #在列表 list1 末尾添加新的元素 7
>>>list1
[2, 3, 7, 1, 56, 4, 7]
>>>list1.count(7)              #返回 7 在列表 list1 中出现的次数
2
>>>list2=[66,88,99]
>>>list1.extend(list2)         #在列表 list1 末尾一次性追加 list2 列表中的所有元素
>>>list1
[2, 3, 7, 1, 56, 4, 7, 66, 88, 99]
>>>list1.index(7)              #返回列表 list1 中第一个值为 7 的元素的下标
2
>>>list1.insert(2,6)           #在列表 list1 中下标为 2 的位置处添加元素 6
>>>list1
[2, 3, 6, 7, 1, 56, 4, 7, 66, 88, 99]
>>>list1.pop(2)                #删除并返回列表 list1 中下标为 2 的元素
6
>>>list1
[2, 3, 7, 1, 56, 4, 7, 66, 88, 99]
```

```
>>>list1.pop()
99
>>>list1
[2, 3, 7, 1, 56, 4, 7, 66, 88]
>>>list1.remove(7)              #移除列表 list1 中 7 的第一个匹配项
>>>list1
[2, 3, 1, 56, 4, 7, 66, 88]
>>>list1.reverse()
>>>list1
[88, 66, 7, 4, 56, 1, 3, 2]
>>>list1.sort()
>>>list1
[1, 2, 3, 4, 7, 56, 66, 88]
>>>list2=['a','Andrew', 'is','from', 'string', 'test', 'This']
>>>list2.sort(key=str.lower)     #key 指定的函数将在每个元素排序前被调用
>>>print(list2)
['a', 'Andrew', 'from', 'is', 'string', 'test', 'This']
```

2.4.7　列表生成式

列表生成式也叫列表推导式，列表生成式是利用其他列表创建新列表的一种方法，格式为

[生成列表元素的表达式 for 表达式中的变量 in 变量要遍历的序列]
[生成列表元素的表达式 for 表达式中的变量 in 变量要遍历的序列 if 过滤条件]

注意：

（1）要把生成列表元素的表达式放到前面，执行时，先执行后面的 for 循环。

（2）可以有多个 for 循环，也可以在 for 循环后面添加 if 过滤条件。

（3）变量要遍历的序列，可以是任何方式的迭代器（元组、列表、生成器等）。

```
>>>a =[1,2,3,4,5,6,7,8,9,10]
>>>[2 * x for x in a]
[2, 4, 6, 8, 10, 12, 14, 16, 18, 20]
```

如果没有给定列表，也可以用 range()方法：

```
>>>[2 * x for x in range(1,11)]
[2, 4, 6, 8, 10, 12, 14, 16, 18, 20]
```

for 循环后面还可以加上 if 判断，例如，要取列表 a 中的偶数：

```
>>>[2 * x for x in a if x%2 ==0]
[4, 8, 12, 16, 20]
```

从一个文件名列表中获取全部.py 文件，可用列表生成式来实现：

```
>>>file_list =['a.py', 'b.txt', 'c.py', 'd.doc', 'test.py']
>>>[f for f in file_list if f.endswith('.py')]
['a.py', 'c.py', 'test.py']
```

还可以使用 3 层循环，生成 3 个数的全排列：

```
>>>[i+j +k for i in '123' for j in '123' for k in '123' if (i !=k ) and (i !=j) and
(j !=k) ]
['123', '132', '213', '231', '312', '321']
```

可以使用列表生成式把一个 list 中所有的字符串中的字母变成小写：

```
>>>L =['Hello', 'World', 'IBM', 'Apple']
>>>[s.lower() for s in L]
['hello', 'world', 'ibm', 'apple']
```

从一个由两个姓名列表组成的嵌套列表中取出姓名中带有"涛"的姓名，组成新
列表：

```
>>>names =[['王涛','元芳','吴言','马汉','李光地','周文涛'],
        ['李涛蕾','刘涛','王丽','李小兰','艾丽莎','贾涛慧']]
>>>[name for lst in names for name in lst if '涛' in name]
                                        #注意遍历顺序，这是实现的关键
['王涛', '周文涛', '李涛蕾', '刘涛', '贾涛慧']
```

2.5　元组数据类型

元组类型 tuple 是 Python 中另一个非常有用的内置数据类型。元组是写在圆括号
之间、用逗号分开的元素序列，元组中的元素类型可以不相同。元组和列表的区别：元组
的元素是不可变的，创建之后就不能改变其元素，这与字符串相同；而列表是可变的，创
建后允许修改、插入或删除其中的元素。

元组数据
类型

2.5.1　创建元组

使用"="将一个元组赋值给变量，就可以创建一个元组变量。
（1）创建空元组：

```
>>>tup = ()
```

（2）创建只有一个元素的元组：

```
>>>tup = (1,) #只有一个元素时,在元素后面加上逗号,否则会被当成其他数据类型
```

（3）创建含有多个元素的元组：

```
tup = (1, 2,["a","b","c"],"a")
```

（4）通过元组构造方法 tuple()将列表、集合、字符串转换为元组：

```
>>> tup1=tuple([1,2,3])                           #将列表[1,2,3]转换为元组
>>> tup1
(1, 2, 3)
```

2.5.2 访问元组

使用下标索引来访问元组中的值，如下示例。

```
>>> tuple1 = ( 'hello', 18 , 2.23, 'world', 2+4j)    #通过赋值操作创建一个元组
>>> tuple2 = ( 'best', 16)
>>> print(tuple1)                                    #输出完整元组
('hello', 18, 2.23, 'world', (2+4j))
>>> print(tuple1[1:3])                               #输出第二个元素和第三个元素
(18, 2.23)
>>> print (tuple2 * 3)                               #输出 3 次元组
('best', 16, 'best', 16, 'best', 16)
```

注意：构造包含 0 个或 1 个元素的元组比较特殊：

```
>>> tuple3 = ()                                      #空元组
>>> tuple4 = (20, )                                  #一个元素,需要在元素后添加逗号
```

任意无符号的对象，以逗号隔开，默认为元组，如下示例。

```
>>>A='a', 5.2e30, 8+6j, 'xyz'
>>>A
('a', 5.2e+30, (8+6j), 'xyz')
```

2.5.3 修改元组

元组属于不可变序列，一旦创建，元组中的元素是不允许修改的，也无法增加或删除。因此，元组没有提供 append()、extend()、insert()、remove()、pop()方法，也不支持对元组元素进行 del 操作，但能用 del 命令删除整个元组。

因为元组不可变，所以代码更安全。如果可能，能用元组代替列表就尽量用元组。例如，第 4 章中，调用函数时使用元组传递参数可以防止在函数中修改元组，而使用列表就很难做到这一点。

元组中的元素值是不允许修改的，但可以对元组进行连接组合，得到一个新元组：

```
>>> tuple3 = tuple1 + tuple2                          #连接元组
>>> print(tuple3)
('hello', 18, 2.23, 'world', (2+4j), 'best', 16)
>>> del tuple3                                        #删除元组
```

虽然元组的元素不可改变，但它可以包含可变的对象，例如 list 列表，可由此改变元组中可变对象的值。

```
>>>tuple4 = ('a', 'b', ['A', 'B'])
>>>tuple4[2][0] = 'X'
>>>tuple4[2][1] = 'Y'
>>>tuple4[2][2:] = 'Z'
>>>tuple4
('a', 'b', ['X', 'Y', 'Z'])
```

表面上看，tuple4 的元素确实变了，但其实变的不是 tuple4 的元素，而是 tuple4 中列表的元素，tuple4 一开始指向的列表并没有改成别的列表。元组所谓的"不变"是说，元组的每个元素指向永远不变，即指向'a'，就不能改成指向'b'；指向一个列表，就不能改成指向其他列表，但指向的这个列表本身是可变的。因此，要想创建一个内容也不变的元组，就必须保证元组的每一个元素本身也不能变。

2.5.4　生成器推导式

生成器是用来创建一个 Python 序列的一个对象。使用它可以迭代庞大的序列，且不需要在内存创建和存储整个序列，这是因为它的工作方式是每次处理一个对象，而不是一口气处理和构造整个数据结构。在处理大量的数据时，最好考虑生成器表达式而不是列表推导式。每次迭代生成器时，它会记录上一次调用的位置，并且返回下一个值。

```
>>>a =[1,2,3,4,5,6,7,8,9,10]
>>>b = (2 * x for x in a)          # (2 * x for x in a) 被称为生成器推导式
>>>b                               #这里 b 是一个生成器对象，并不是元组
<generator object <genexpr> at 0x0000000002F3DBA0>
```

从形式上看，生成器推导式与列表推导式非常相似，只是生成器推导式使用圆括号而列表推导式使用方括号。与列表推导式不同的是，生成器推导式的结果是一个生成器对象，而不是元组。若想使用生成器对象中的元素时，可以通过 list() 或 tuple() 方法将其转换为列表或元组，然后使用列表或元组读取元素的方法来使用其中的元素。此外，也可以使用生成器对象的__next__()方法或者内置函数 next() 进行遍历，或者直接将其作为迭代器对象来使用。但无论使用哪种方式遍历生成器的元素，当所有元素遍历完之后，如果需要重新访问其中的元素，必须重新创建该生成器对象。

```
>>>list(b)                         #将生成器对象转换为列表
[2, 4, 6, 8, 10, 12, 14, 16, 18, 20]
>>>list(b)                         #生成器对象已遍历结束，没有元素了
[]
>>>c = (x for x in range(11) if x%2==1)
>>>c.__next__()                    #使用生成器对象的__next__()方法获取元素
1
>>>c.__next__()
3
>>>next(c)                         #使用内置函数 next() 获取生成器对象的元素
5
```

```
>>>[x for x in c]                    #使用列表推导式访问生成器对象剩余的元素
[7, 9]
```

2.6 字典数据类型

字典数
据类型

字典类型 dict 是 Python 中另一个非常有用的内置数据类型。列表是有序的对象集合，字典是无序的对象集合，字典当中的元素是通过键来存取的，而不是通过偏移存取的。

字典是写在花括号{}之间、用逗号分开的"键（key）：值（value）"对集合。"键"必须使用不可变类型数据，如整型、浮点型、复数型、布尔型、字符串、元组等，但不能使用诸如列表、字典、集合或其他可变类型数据。在同一个字典中，"键"必须是唯一的，但"值"是可以重复的。

2.6.1 创建字典

使用赋值运算符将使用{ }括起来的"键:值"对赋值给一个变量即可创建一个字典变量。

```
>>>dict1 = {'Alice': '2341', 'Beth': '9102', 'Cecil': '3258'}
>>>dict1['Jack'] = '1234'                 #为字典添加元素
```

可以使用字典的构造方法 dict()，利用二元组序列创建字典，如下所示。

```
>>>items=[('one',1),('two',2),('three',3),('four',4)]
>>>dict2 = dict(items)
>>>print(dict2)
{'one': 1, 'two': 2, 'three': 3, 'four': 4}
```

可以通过关键字创建字典，如下所示。

```
>>>dict3 = dict(one=1,two=2,three=3)
>>>print(dict3)
{'one': 1, 'two': 2, 'three': 3}
```

使用 zip()创建字典，如下所示。

```
>>>key = 'abcde'
>>>value = range(1, 6)
>>>dict(zip(key, value))
{'a': 1, 'b': 2, 'c': 3, 'd': 4, 'e': 5}
```

可以用字典类型 dict 的 fromkeys(iterable[, value = None])方法创建一个新字典，并以可迭代对象 iterable（如字符串、列表、元组、字典）中的元素分别作为字典中的键，value 为字典所有键对应的值，默认为 None。

```
>>>iterable1 = "abcdef"                    #创建一个字符串
```

```
>>>v1 =dict.fromkeys(iterable1, '字符串')
>>>v1
{'a': '字符串', 'b': '字符串', 'c': '字符串', 'd': '字符串', 'e': '字符串', 'f': '字
符串'}
>>>iterable2 =[1,2,3,4,5,6]                   #列表
>>>v2 =dict.fromkeys(iterable2,'列表')
>>>v2
{1: '列表', 2: '列表', 3: '列表', 4: '列表', 5: '列表', 6: '列表'}
>>>iterable3 ={1:'one', 2:'two', 3:'three'} #字典
>>>v3 =dict.fromkeys(iterable3, '字典')
>>>v3
{1: '字典', 2: '字典', 3: '字典'}
```

2.6.2　访问字典

通过"字典变量[key]"的方法返回键 key 对应的值 value,如下所示。

```
>>>print (dict1['Beth'])                #输出键为'Beth'的值
9102
>>>print (dict1.values())               #输出字典的所有值
dict_values(['2341', '9102', '3258', '1234'])
>>>print(dict1.keys())                  #输出字典的所有键
dict_keys(['Alice', 'Beth', 'Cecil', 'Jack'])
>>>dict1.items()                        #返回字典的所有元素
dict_items([('Alice', '2341'), ('Beth', '9102'), ('Cecil', '3258'), ('Jack',
'1234')])
```

使用字典对象的 get()方法返回键 key 对应的值 value,如下所示。

```
>>>dict1.get('Alice')
'2341'
```

2.6.3　字典元素的添加、修改与删除

向字典添加新元素的方法是增加新的"键：值"对：

```
>>>school={'class1': 60, 'class2': 56, 'class3': 68, 'class4': 48}
>>>school['class5']=70                  #添加新的元素
>>>school
{'class1': 60, 'class2': 56, 'class3': 68, 'class4': 48, 'class5': 70}
>>>school['class1']=62                  #更新键 class1 所对应的值
>>>school
{'class1': 62, 'class2': 56, 'class3': 68, 'class4': 48, 'class5': 70}
```

由上可知,当以指定"键"作为索引为字典元素赋值时,有两种含义：①若该"键"不存在,则表示为字典添加一个新元素,即一个"键:值"对;②若该"键"存在,则表示修改该

"键"所对应的"值"。

此外,使用字典对象的 update()方法可以将另一个字典的元素一次性全部添加到当前字典对象中,如果两个字典中存在相同的"键",则只保留另一个字典中的"键：值"对,如下所示。

```
>>>school1={'class1': 62, 'class2': 56, 'class3': 68, 'class4': 48, 'class5':
70}
>>>school2={ 'class5': 78,'class6': 38}
>>>school1.update(school2)
>>>school1                    #'class5'所对应的值取 school2 中'class5'所对应的值 78
{'class1': 62, 'class2': 56, 'class3': 68, 'class4': 48, 'class5': 78, 'class6':
38}
```

使用 del 命令可以删除字典中指定的元素,也可以删除整个字典,如下所示。

```
>>>del school2['class5']            #删除字典元素
>>>school2
{'class6': 38}
```

可以使用字典对象的 pop()方法删除指定键的字典元素并返回该键所对应的值,如下所示。

```
>>>dict2 ={'one': 1, 'two': 2, 'three': 3, 'four': 4}
>>>dict2.pop('four')
4
>>>dict2
{'one': 1, 'two': 2, 'three': 3}
```

可以利用字典对象的 clear()方法删除字典内所有元素,如下所示。

```
>>>school1.clear()
>>>school1
{}
```

2.6.4 字典对象的常用方法

一旦字典对象被创建,就可以使用字典对象的方法来操作字典,字典对象的常用方法如表 2-6 所示,其中 dict1 是一个字典对象。

表 2-6 字典对象的常用方法

方　　法	描　　述
dict1.clear()	删除字典内所有元素,没有返回值
dict1.copy()	返回一个字典的浅复制,即复制时只复制父对象,而不复制对象内部的子对象,复制后对原字典内部的子对象进行操作时,浅复制字典会受操作影响而变化

续表

方　　法	描　　述
dict1.fromkeys(seq[, value])	创建一个新字典，以序列 seq 中元素作为字典的键，value 为字典所有键对应的初始值
dict1.get(key)	返回指定键 key 对应的值
dict1.items()	返回字典的"键：值"对所组成的（键，值）元组列表
dict1.keys()	以列表形式返回字典中所有的键
dict1.update(dict2)	把字典 dict2 的"键：值"对更新到 dict1 中
dict1.values()	以列表形式返回字典中所有的值
dict1.pop(key)	删除键 key 所对应的字典元素，返回 key 所对应的值
dict1.popitem()	随机返回并删除字典中的一个"键：值"对（一般删除末尾对）

```
>>>dict1={'Jack': 18, 'Mary': 16, 'John': 20}
>>>print("字典 dict1 的初始元素个数：%d" %len(dict1))
字典 dict1 的初始元素个数：3
>>>dict1.clear()
>>>print("clear()后，字典 dict1 的元素个数：%d" %len(dict1))
clear()后，字典 dict1 的元素个数：0
>>>dict2={'姓名':'李华','性别':['男','女']}
>>>dict2_1=dict2.copy()                    #浅复制
>>>print(' dict2_1:',dict2_1)
dict2_1: {'姓名': '李华', '性别': ['男', '女']}
>>>dict2['性别'].remove('女')
>>>print('对 dict2 执行 remove 操作后, dict2_1:',dict2_1)
对 dict2 执行 remove 操作后, dict2_1: {'姓名': '李华', '性别': ['男']}
                                    #'女'已不存在
>>>dict5 ={'Spring': '春', 'Summer': '夏', 'Autumn': '秋', 'Winter': '冬'}
>>>dict5.items()
dict_items([('Spring', '春'), ('Summer', '夏'), ('Autumn', '秋'), ('Winter',
'冬')])
>>>for key,values in dict5.items():     #遍历字典
    print(key,values)

Spring 春
Summer 夏
Autumn 秋
Winter 冬
>>>for item in dict5.items():              #遍历字典列表
    print(item)
```

```
('Spring', '春')
('Summer', '夏')
('Autumn', '秋')
('Winter', '冬')
```

2.6.5　字典推导式

字典推导（生成）式和列表推导式的使用方法类似，只不过是把方括号改成花括号。

```
>>>dict6 ={'physics': 1, 'chemistry': 2, 'biology': 3, 'history': 4}
#把 dict6 的每个元素键的首字母大写、值为原来的 2 倍
>>>dict7 ={ key.capitalize(): value * 2 for key,value in dict6.items() }
>>>dict7
{'Physics': 2, 'Chemistry': 4, 'Biology': 6, 'History': 8}
```

2.7　集合数据类型

集合数据类型

集合是无序可变序列，使用一对花括号{}作为界定符，元素之间使用逗号分隔，集合中的元素互不相同。集合的基本功能是进行成员关系测试和删除重复元素。集合中的元素可以是不同的类型（例如数字、元组、字符串等）。但是，集合不能有可变元素（例如列表、集合或字典）。

2.7.1　创建集合

使用赋值操作直接将一个集合赋值给变量来创建一个集合对象。

```
>>>student ={'Tom', 'Jim', 'Mary', 'Tom', 'Jack', 'Rose'}
```

也可以使用 set()函数将列表、元组等其他可迭代对象转换为集合，如果原来的数据中存在重复元素，则在转换为集合时只保留一个。

```
>>>set1 =set('cheeseshop')
>>>set1
{'s', 'o', 'p', 'c', 'e', 'h'}
```

注意：创建一个空集合必须用 set()而不用{ }，因为{ }用来创建一个空字典。

2.7.2　添加集合元素

虽然集合不能有可变元素，但是集合本身是可变的。也就是说，可以添加或删除其中的元素。可以使用集合对象的 add()方法添加单个元素，使用 update()方法添加多个元素，update() 可以使用元组、列表、字符串或其他集合作为参数。

```
>>>set3 ={'a', 'b'}
>>>set3.add('c')                                      #添加一个元素
```

```
>>>set3
{'b', 'a', 'c'}
>>>set3.update(['d', 'e', 'f'])                          #添加多个元素
>>>set3
{'a', 'f', 'b', 'd', 'c', 'e'}
>>>set3.update(['o', 'p'], {'l', 'm', 'n'})    #添加列表和集合
>>>set3
{'l', 'a', 'f', 'o', 'p', 'b', 'm', 'd', 'c', 'e', 'n'}
```

2.7.3　删除集合元素

可以使用集合对象的 discard()和 remove()方法删除集合中特定的元素。两者之间唯一的区别在于：如果集合中不存在指定的元素，使用 discard()，集合保持不变；但在这种情况下，使用 remove()会引发 KeyError。集合对象的 pop()方法是从左边删除集合中的元素并返回删除的元素。集合对象的 clear()方法用于删除集合的所有元素。

```
>>>set4 ={1, 2, 3, 4}
>>>set4.discard(4)
>>>set4
{1, 2, 3}
>>>set4.remove(5)                                #删除元素,如果元素不存在就抛出异常
Traceback (most recent call last):
File "<pyshell#91>", line 1, in <module>
set4.remove(5)
KeyError: 5
>>>set4.pop()                    #同一个集合,删除集合元素的顺序固定,返回的即是删除的元素
1
```

2.7.4　集合运算

Python 集合支持交集、并集、差集、对称差集等运算。
设 A 和 B 两个集合如下。

```
>>>A={1,2,3,4,6,7,8}
>>>B={0,3,4,5}
```

交集：两个集合 A 和 B 的交集是由所有既属于 A 又属于 B 的元素组成的集合，使用 & 操作符执行交集操作，同样地，也可使用集合对象的 intersection()方法完成，如下所示。

```
>>>A&B                                      #求集合 A 和 B 的交集
{3, 4}
>>>A.intersection(B)
{3, 4}
```

并集：两个集合 A 和 B 的并集是由这两个集合的所有元素构成的集合，使用操作符"|"执行并集操作，也可使用集合对象的 union() 方法完成，如下所示。

```
>>>A | B
{0, 1, 2, 3, 4, 5, 6, 7, 8}
>>>A.union(B)
{0, 1, 2, 3, 4, 5, 6, 7, 8}
```

差集：集合 A 与集合 B 的差集是由所有属于 A 且不属于 B 的元素构成的集合，使用操作符"一"执行差集操作，也可使用集合对象的 difference() 方法完成，如下所示。

```
>>>A - B
{1, 2, 6, 7, 8}
>>>A.difference(B)
{1, 2, 6, 7, 8}
```

对称差集：集合 A 与集合 B 的对称差集是由只属于其中一个集合，而不属于另一个集合的元素组成的集合，使用操作符"^"执行对称差集操作，也可使用集合对象的 symmetric_difference() 方法完成，如下所示。

```
>>>A ^ B
{0, 1, 2, 5, 6, 7, 8}
>>>A.symmetric_difference(B)
{0, 1, 2, 5, 6, 7, 8}
```

子集：由某个集合中一部分元素所组成的集合，使用操作符"<"判断操作符左边的集合是否是操作符右边集合的子集，也可使用集合对象的 issubset() 方法完成，如下所示。

```
>>>C={1,3,4}
>>>C <A                                   #集合 C 是集合 A 的子集，返回 True
True
>>>C.issubset(A)
True
>>>C <B
False
```

2.7.5 集合推导式

集合推导式与列表推导式差不多，与列表推导式的区别在于：①不使用方括号，使用花括号；②结果中无重复元素。

```
>>>a =[1, 2, 3, 4, 5]
>>>squared ={i * * 2 for i in a}
>>>print(squared)
```

```
{1, 4, 9, 16, 25}
>>> strings =['All','things','in','their','being','are','good','for',
'something']
>>>{len(s) for s in strings}                 #长度相同的只留一个
{2, 3, 4, 5, 6, 9}
>>>{s.upper() for s in strings}
{'THINGS', 'ALL', 'SOMETHING', 'THEIR', 'GOOD', 'FOR', 'IN', 'BEING', 'ARE'}
```

2.8　Python 数据类型之间的转换

有时需要转换数据的类型,数据类型的转换是通过将新数据类型作为函数名来实现的,数据类型之间的转换如表 2-7 所示。

表 2-7　数据类型之间的转换

函　　　数	描　　　述
int(x [,base])	将 x 转换为一个整数
float(x)	将 x 转换为一个浮点数
complex(real[,imag])	创建一个复数
str(x)	将对象 x 转换为字符串
eval(str)	将字符串 str 当成有效的表达式来求值并返回计算结果
tuple(s)	将序列 s 转换为一个元组
list(s)	将序列 s 转换为一个列表
set(s)	将序列 s 转换为可变集合
dict(d)	创建一个字典,d 必须是一个序列 (key,value)元组
frozenset(s)	将序列 s 转换为不可变集合
chr(x)	将一个整数 x 转换为一个字符
unichr(x)	将一个整数转换为 Unicode 字符
ord(x)	将一个字符转换为它的整数值
hex(x)	将一个整数转换为一个十六进制字符串
oct(x)	将一个整数转换为一个八进制字符串

下面重点讲述 eval(str)函数,eval(str)函数将字符串 str 当成有效的表达式来求值并返回计算结果。eval()函数常见作用如下。

(1) 计算字符串中有效的表达式,并返回结果。

```
>>>eval('pow(2,2)')
4
>>>eval('2 +2')
4
```

（2）将字符串转化成相应的对象（如 list、tuple、dict 和 string 之间的转换）。

```
>>>a1 ="[[1,2], [3,4], [5,6], [7,8], [9,0]]"
>>>b =eval(a1)
>>>b
[[1, 2], [3, 4], [5, 6], [7, 8], [9, 0]]
>>>a2 ="{1:'xx',2:'yy'}"
>>>c =eval(a2)
>>>c
{1: 'xx', 2: 'yy'}
>>>a3 ="(1,2,3,4)"
>>>d =eval(a3)
>>>d
(1, 2, 3, 4)
```

eval()函数功能强大，但也很危险，例如以下语句：

```
s=input('please input:')
print(eval(s))
```

下面举几个被恶意用户使用的例子。
（1）执行程序，如果用户恶意输入：

```
__import__('os').system('dir')
```

则 eval()之后，当前目录文件都会展现在用户前面。
（2）执行程序，如果用户恶意输入：

```
open('data.py').read()
```

若当前目录中恰好有一个名为 data.py 的文件，则恶意用户便读取到了该文件中的内容。
（3）执行程序，如果用户恶意输入：

```
__import__('os').system('del delete.py /q')
```

若当前目录中恰好有一个名为 delete.py 的文件，则恶意用户删除了该文件。
其中/q：指定静音状态，不提示用户确认删除。

2.9　Python 中的运算符

Python 语言支持的运算符类型有算术运算符、关系运算符、赋值运算符、位运算符、逻辑运算符、成员运算符和身份运算符。

2.9.1　Python 算术运算符

常用的算术运算符如表 2-8 所示，其中变量 a=10，变量 b=23。

表 2-8　常用的算术运算符

算术运算符	描　　述	实　　例
+	加,两个数相加	a+b,输出结果 33
—	减,得到负数或一个数减去另一个数	a—b,输出结果—13
*	乘,两个数相乘或是返回一个被重复若干次的字符串	a * b,输出结果 230
/	除,y/x 即 y 除以 x	b/a,输出结果 2.3
%	取模,返回除法的余数	b%a,输出结果 3
**	幂,x**y 返回 x 的 y 次幂	a**b,输出结果为 10^{23}
//	取整除,返回商的整数	8//3 输出结果 2,9.0//2.0 输出结果 4.0,—9//2 输出—5

2.9.2　Python 关系运算符

关系运算符用来比较它两边的值,并确定它们之间的关系,关系运算符如表 2-9 所示,其中变量 a=10,变量 b=23。

表 2-9　关系运算符

关系运算符	描　　述	实　　例
==	等于,比较对象是否相等	(a==b)返回 False
!=	不等于,比较两个对象是否不相等	(a!=b)返回 True
>	大于,返回 x 是否大于 y	(a>b)返回 False
<	小于,返回 x 是否小于 y	(a<b)返回 True
>=	大于或等于,返回 x 是否大于或等于 y	(a>=b)返回 False
<=	小于或等于,返回 x 是否小于或等于 y	(a<=b)返回 True

所有关系运算符返回 1 表示真,返回 0 表示假。这分别与特殊的变量 True 和 False 等价。

2.9.3　Python 赋值运算符

赋值运算符如表 2-10 所示。

表 2-10　赋值运算符

赋值运算符	描　　述	说　　明
=	简单的赋值运算符	c=a+b,将 a+b 的运算结果赋值给 c
+=	加法赋值运算符	c+=a 等价于 c=c+a
—=	减法赋值运算符	c—=a 等价于 c=c—a
*=	乘法赋值运算符	c * =a 等价于 c=c * a
/=	除法赋值运算符	c/=a 等价于 c=c/a

续表

赋值运算符	描　　述	说　　明
%=	取模赋值运算符	c%=a 等价于 c=c%a
**=	幂赋值运算符	c**=a 等价于 c=c**a
//=	取整除赋值运算符	c//=a 等价于 c=c//a

2.9.4　Python 位运算符

位运算符是把数字看作二进制来进行计算的。Python 中的位运算符如表 2-11 所示,其中变量 a=57,变量 b=12。

表 2-11　位运算符

位运算符	描　　述	实　　例
&	按位与运算符:参与运算的两个值,如果两个相应位都为 1,则该位的结果为 1,否则为 0	(a & b)输出结果 8,二进制解释:0b1000
|	按位或运算符:只要对应的两个二进位有一个为 1 时,结果位就为 1	(a | b)输出结果 61,二进制解释:0b111101
^	按位异或运算符:当两个对应的二进位相异时,结果为 1	(a^ b)输出结果 53,二进制解释:0b110101
~	按位取反运算符:对数据的每个二进制位取反,即把 1 变为 0,把 0 变为 1	(~a)输出结果 -58,二进制解释:-0b111010
<<	左移运算符:运算数的各二进位全部左移若干位,由<<右边的数指定移动的位数,高位丢弃,低位补 0	a << 2 输出结果 228,二进制解释:0b11100100
>>	右移运算符:把>>左边的运算数的各二进位全部右移若干位,>>右边的数指定移动的位数	a >> 2 输出结果 14,二进制解释:0b1110

2.9.5　Python 逻辑运算符

Python 语言支持的逻辑运算符如表 2-12 所示,其中变量 a=10,变量 b=30。

表 2-12　逻辑运算符

逻辑运算符	逻辑表达式	描　　述	实　　例
and	x and y	布尔与,如果 x 为 False,x and y 返回 False,否则它返回 y 的计算值	a and b 返回 30
or	x or y	布尔或,如果 x 是 True,返回 x 的值,否则它返回 y 的计算值	a or b 返回 10
not	not x	布尔非,如果 x 为 True,返回 False;如果 x 为 False,返回 True	not(a and b) 返回 False

注意：

（1）Python 中的 and 是从左到右计算表达式，若所有值均为真，则返回最后一个值；若存在假，返回第一个假值。

（2）or 也是从左到右计算表达式，返回第一个为真的值。

（3）在 Python 中，False 和 None、所有类型的数字 0、空序列（如空字符串、元组和列表）以及空的字典都被解释为假，其他都是真。

2.9.6　Python 成员运算符

Python 成员运算符测试给定值是否为序列中的成员，例如字符串、列表或元组。成员运算符有两个，如表 2-13 所示。

表 2-13　成员运算符

成员运算符	逻辑表达式	描　　述
in	x in y	如果 x 在 y 序列中返回 True，否则返回 False
not in	x not in y	如果 x 不在 y 序列中返回 True，否则返回 False

以下实例演示了 Python 所有成员运算符的操作。

```
>>>a=1
>>>b=10
>>>list1=[1,2,3,4,5]
>>>a in list1
True
>>>b not in list1
True
```

2.9.7　Python 身份运算符

身份运算符用于比较两个对象的内存位置。常用的身份运算符如表 2-14 所示。

表 2-14　身份运算符

运算符	描　　述	实　　例
is	判断两个标识符是不是引用自同一个对象	x is y，类似 id(x) == id(y)，如果引用的是同一个对象则返回 True，否则返回 False
is not	判断两个标识符是不是引用自不同对象	x is not y，类似 id(x) != id(y)，如果引用的不是同一个对象则返回 True，否则返回 False

注意：id() 函数用于获取对象内存地址。

以下实例演示了 Python 所有身份运算符的操作。

```
>>>a=20
>>>b=30
```

```
>>>c=20
>>>a is b                                    #a 和 b 没有引用自同一个对象
False
>>>a is c                                    #a 和 c 引用自同一个对象
True
>>>a is not b
True
>>>id(a)                                     #id(a)用于获取 a 的内存地址
505006352
>>>id(c)                                     #id(c)用于获取 c 的内存地址
505006352
>>>id(b)
505006672
```

可以看出，Python 中变量是以内容为基准，只要你的数字内容是 20，不管你叫什么名字，这个变量的 ID 是相同的，同时也就说明了 Python 中一个变量可以以多个名称访问。

is 与"＝＝"的区别：is 用于判断两个变量引用对象是否为同一个，"＝＝"用于判断引用变量的值是否相等，前者比较的是引用对象，后者比较的是两者的值。

```
>>>a =[1, 2, 3]
>>>b =a
>>>b is a
True
>>>b ==a
True
>>>c =a[:]                                   #列表切片返回得到一个新列表
>>>c is a
False
>>>id(a)
51406344
>>>id(c)
51406280
>>>c ==a
True
```

2.9.8 Python 运算符的优先级

运算符的优先级和结合方向决定了运算符的计算顺序。假如有如下表达式：

```
1+5 * 8>3 * (3+2)-1
```

它的值是多少？这些运算符的执行顺序是什么？

算术上，最先计算括号内的表达式，括号也可以嵌套，最先执行的是最里面括号中的表达式。当计算不含有括号的表达式时，可以根据运算符的优先规则和组合规则使用运算符。表 2-15 列出了优先级从最高到最低的运算符。

如果相同优先级的运算符紧连在一起,它们的结合方向决定了计算顺序。所有的二元运算符(除赋值运算符外)都是从左到右的结合顺序。

```
>>>1+2>2 or 3<2
True
>>>1+2>2 and 3<2
False
>>>2*2-3>2 and 4-2>5
False
```

表 2-15　优先级从最高到最低的运算符

优　先　级	运　算　符	描　　述
	**	幂(最高优先级)
	~、+、-	按位翻转,一元加号和减号
	*、/、%、//	乘、除、取模和取整除
	+、-	加法和减法
	>>、<<	右移、左移运算符
	&	位运算符
	^、|	位运算符
	<=、<、>、>=	关系运算符
	<>、==、!=	关系运算符
	=、%=、/=、//=、-=、+=、*=、**=	赋值运算符
	is、is not	身份运算符
	in、not in	成员运算符
	not、or、and	逻辑运算符

2.10　Python 中的数据输入

Python 程序通常包括输入和输出,以实现程序与外部世界的交互:程序通过输入接收待处理的数据,然后执行相应的处理,最后通过输出返回处理的结果。

Python 内置了输入函数 input() 和输出函数 print(),使用它们可以使程序与用户进行交互,input() 从标准输入读入一行文本,默认的标准输入是键盘。input() 无论接收何种输入,都被存为字符串。

```
>>>input()                #默认 input()等待任意字符的输入,按 Enter 键结束输入
hello
'hello'
```

```
>>>name = input("请输入:")          #将输入的内容作为字符串赋值给 name 变量
请输入:zhangsan                      #"请输入:"为输入提示信息
>>>type(name)
<class 'str'>                        #显示 name 的类型为字符串 str
```

input()结合 eval()可同时进行多个数据输入,多个输入之间的间隔符必须是逗号:

```
>>>a, b, c=eval(input())
1,2,3
>>>print(a,b,c)
1 2 3
```

在命令行格式的 Python Shell 中输入密码时,如果想要密码不可见,需要利用 getpass 模块中的 getpass()函数,如图 2-1 所示。在 IDLE 中调用 getpass()函数,会显示输入的密码,只有在 Python Shell 或 Windows 下的 cmd 命令窗口中才不会显示密码。

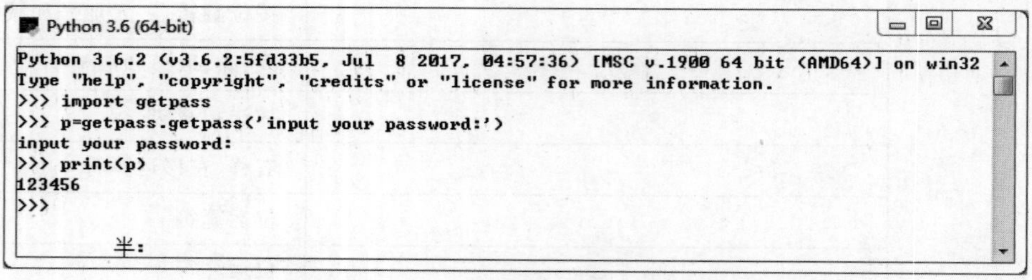

图 2-1 利用 getpass()函数实现输入的不可见

getpass 模块提供了与平台无关的在命令行下输入密码的方法,该模块主要提供了两个函数:getuser()和 getpass()及一个报警:GetPassWarning(当输入的密码可能会显示时抛出,该报警为 UserWarning 的一个子类)。getpass.getuser()函数返回登录的用户名,不需要参数。在 IDLE 中调用 getpass()函数,执行情况如下所示。

```
>>>import getpass
>>>p=getpass.getpass('input your password:')
Warning: Password input may be echoed.          #密码显示时抛出的报警
input your password:123456
>>>print(p)
123456
```

2.11 Python 中的数据输出

Python 有 3 种输出值的方式:表达式语句、print()函数和字符串对象的 format()方法。

2.11.1 表达式语句输出

Python 中表达式的值可直接输出。

```
>>>1+2
3
>>>"Hello World"
'Hello World'
>>>[1,2,'a']
[1, 2, 'a']
>>>(1,2,'a')
(1, 2, 'a')
>>>{'a':1, 'b':2}
{'a': 1, 'b': 2}
```

2.11.2　print()函数输出

print()函数的语法格式：

```
print([object1,…],sep="",end='\n',file=sys.stdout)
```

参数说明如下。

（1）[object1,…]为待输出的对象,表示可以一次输出多个对象,输出多个对象时,需要用逗号分隔,会依次打印每个 object,遇到逗号会输出一个空格。举例如下：

```
>>>a1,a2,a3="aaa","bbb","ccc"
>>>print(a1,a2,a3)
aaa bbb ccc
```

（2）sep=""用来间隔多个对象,默认值是一个空格,还可以设置成其他字符。举例如下：

```
>>>print(a1,a2,a3,sep="***")
aaa***bbb***ccc
```

（3）end="\n"用来设定全部输出对象输出后,以什么结尾,默认值是换行符,即执行换行操作,也可以换成其他字符串不执行换行操作,如使用 end=" "。

```
a1,a2,a3="aaa","bbb","ccc"
print(a1 ,end="@")
print(a2 ,end="@")
print(a3)
```

输出：

```
aaa@bbb@ccc
```

（4）参数 file 设置把 print 中的值打印到什么地方,可以是默认的系统输出 sys.stdout,即默认输出到终端,可以设置 file=文件存储对象,把内容存到该文件中,举例如下：

```
>>>f =open(r'a.txt', 'w')
```

```
>>>print('Python is good', file=f)
>>>f.close()
```

则把 Python is good 保存到 a.txt 文件中。

① print()函数可直接输出字符串和数值类型。

```
>>>print(1)
1
>>>print('Hello World')
Hello World
```

② print()函数可直接输出变量。

无论什么类型的变量，如数值、布尔型、列表、字典等都可以直接输出。

```
>>>x =12
>>>print(x)
12
>>>s ='Hello'
>>>print(s)
Hello
>>>L =[1,2,'a']
>>>print(L)
[1, 2, 'a']
>>>t =(1,2,'a')
>>>print(t)
(1, 2, 'a')
>>>d ={'a':1,'b':2,'c':3}
>>>print(d)
{'a': 1, 'b': 2, 'c': 3}
```

③ print()函数的格式化输出。

print()函数可使用一个字符串模板进行格式化输出。模板中有格式符，这些格式符为真实值输出预留位置，并说明真实数值应该呈现的格式。Python 用一个元组将多个值传递给模板，每个值对应一个格式符。

如下面的例子：

```
>>>print("%s speak plainer than %s." %('Facts', 'words'))
Facts speak plainer than words.                    #事实胜于雄辩
```

上面的例子中，"%s speak plainer than %s."为格式化输出时的字符串模板。%s 为一个格式符，表示以字符串的格式输出。('Facts', 'words')的两个元素'Facts'和'words'为分别替换第一个%s 和第二个%s 的真实值。

在模板和元组之间，由一个%号分隔，它代表了格式化操作。

"%s speak plainer than %s." % ('Facts', 'words')实际上构成一个字符串表达式，可以像一个正常的字符串那样，将它赋值给某个变量。例如：

```
>>>a ="%s speak plainer than %s." %('Facts', 'words')
>>>print(a)
Facts speak plainer than words.
>>>print('指定总宽度和小数位数|%8.2f|' %(123))
指定总宽度和小数位数|  123.00|
```

还可以对格式符进行命名,用字典来传递真实值,例如:

```
>>>print("I'm %(name)s. I'm %(age)d year old." %{'name':'Mary', 'age':18})
I'm Mary. I'm 18 year old.
>>>print("%(What)s is %(year)d." %{"What":"This year","year":2021})
This year is 2021.
```

可以看到,对两个格式符进行了命名,命名使用圆括号括起来,每个命名对应字典的一个键 key。当格式字符串中含有多个格式字符时,使用字典来传递真实值,可避免为格式符传错值。

Python 支持的格式字符如表 2-16 所示。

表 2-16　Python 支持的格式字符

格式字符	描　　述	格式字符	描　　述
%s	字符串(采用 str()的显示)	%o	八进制整数
%r	字符串(采用 repr()的显示)	%x	十六进制整数
%c	单个字符	%e	指数(基底写为 e)
%b	二进制整数	%f	浮点数
%d	十进制整数	%%	字符%

可以用如下的方式,对输出的格式字符进行进一步的控制:

```
'%[(name)][flags][width].[precision]type'%x
```

其中,name 可为空,对格式符进行命名,其为键名。

flags 可以有 +、-、' '或 0。+表示右对齐,-表示左对齐,' '为一个空格,表示在正数的左侧填充一个空格,从而与负数对齐,0 表示使用 0 填充空位。

width 表示显示的宽度。

precision 表示小数点后的精度。

type 表示数据输出的格式类型。

x 表示待输出的表达式。

```
>>>print("%+10x" %10)
       +a
>>>print("%04d" %5)
0005
>>>print("%6.3f%%" %2.3)
  2.300%
```

2.11.3　字符串对象的 format 方法的格式化输出

str.format()格式化输出使用花括号来包围替换字段，也就是待替换的字符串。未被花括号包围的字符会原封不动地出现在输出结果中。

1. 使用位置索引

以下两种写法是等价的：

```
>>>"Hello, {} and {}!".format("John", "Mary")   #不设置指定位置,按默认顺序
'Hello, John and Mary!'
>>>"Hello, {0} and {1}!".format("John", "Mary") #设置指定位置
'Hello, John and Mary!'
```

花括号内部可以写上待输出的目标字符串的索引，也可以省略。如果省略，则按format 后面括号里的待输出的目标字符串顺序依次替换。

```
>>>'{1}{0}{1}'.format('言','文')
'文言文'
>>>print('{0}+{1}={2}'.format(1,2,1+2))
1+2=3
```

若{0}和{1}互换：

```
>>>print('{1}+{0}={2}'.format(1,2,1+2))
2+1=3
```

2. 使用关键字索引

除了通过位置来指定待输出的目标字符串的索引，还可以通过关键字来指定待输出的目标字符串的索引。

```
>>>"Hello, {boy} and {girl}!".format(boy="John", girl="Mary")
'Hello, John and Mary!'
>>>print("{a}{b}".format(b="3",a="Python"))    #输出 Python3
Python3
```

使用关键字索引时，无须关心参数的位置。在以后的代码维护中，能够快速地修改对应的参数，而不用对照字符串挨个去寻找相应的参数。然而，如果字符串本身含有花括号，则需要将其重复两次来转义。例如，字符串本身含有"{"，为了让 Python 知道这是一个普通字符，而不是用于包围替换字段的花括号，只需将它改写成"{{"即可。

```
>>>"{{Hello}}, {boy} and {girl}!".format(boy="John", girl="Mary")
'{Hello}, John and Mary!'
```

3. 使用属性索引

在使用 str.format() 来格式化字符串时,通常将目标字符串作为参数传递给 format 方法,此外,还可以在格式化字符串中访问参数的某个属性,即使用属性索引:

```
>>>c =3- 5j
>>>('复数{0}的实部为{0.real},虚部为{0.imag}。').format(c)
'复数(3-5j)的实部为 3.0,虚部为- 5.0。'
```

4. 使用下标索引

```
>>>coord = (3, 5, 7)
>>>'X: {0[0]};  Y: {0[1]}; Z: {0[2]}'.format(coord)
'X: 3;  Y: 5; Z: 7'
```

5. 填充与对齐

str.format() 格式化字符串的一般形式如下:

```
"… {field_name:format_spec} …"
```

格式化字符串主要由 field_name、format_spec 两部分组成,分别对应替换字段名称(索引)、格式描述。

格式描述中主要有 6 个选项,分别是 fill、align、sign、width、precision、type。它们的位置关系如下:

```
[[fill]align][sign][0][width][,][.precision][type]
```

fill:代表填充字符,可以是任意字符,默认为空格。

align:对齐方式参数仅当指定最小宽度时有效,align 为"<"(左对齐,默认选项)、">"(右对齐)、"="(仅对数字有效,将填充字符放到符号与数字间,例如 +0001234)、"^"(居中对齐)。

sign:数字符号参数,仅对数字有效,sign 为"+"时,所有数字均带有符号;sign 为"-"时,仅负数带有符号(默认选项)。

",":自动在每 3 个数字之间添加","分隔符。

width:针对十进制数字,定义最小宽度,如果未指定,则由内容的宽度来决定。如果没有指定对齐方式,那么可以在 width 前面添加一个 0 来实现自动填充 0,等价于 fill 设为 0 并且 align 设为=。

precision:用于确定浮点数的精度,或字符串的最大长度,不可用于整型数值。

type:确定参数类型,默认为 s,即字符串。

```
>>>"{1:>8b}".format("181716",16)          #将 16 以二进制的形式输出
'   10000'
>>>"int: {0:d};  hex: {0:x};  oct: {0:o};  bin: {0:b}".format(42)
'int: 42;  hex: 2a;  oct: 52;  bin: 101010'
```

```
>>>"{:-^8}".format("181716")
'-181716-'
>>>"{:-<25}>".format("Here ")
'Here -------------------->'
>>>"[ {:.2f} ]".format(321.33345)
'[ 321.33 ]'
>>>'{:+f}; {:+f}'.format(3.141592657, -3.141592657)
'+3.141593; -3.141593'
>>>'{:,}'.format(1234567890)
'1,234,567,890'
```

2.12 Python 中文件的基本操作

文件可以看作是数据的集合，一般保存在磁盘或其他存储介质上。内置函数 open( )用于打开或创建文件对象，其语法格式如下：

```
f =open(filename[, mode[, buffering]])
```

返回一个文件对象，函数中的参数说明如下。

filename：要打开或创建的文件名称，是一个字符串，如果文件名不在当前路径，需要指出具体路径。

mode：打开文件的方式，打开文件的主要方式如表 2-17 所示。

表 2-17 打开文件的主要方式

方式	描 述
r	以只读方式打开文件
w	打开一个文件只用于写入。如果该文件已存在则将其覆盖；如果该文件不存在，创建新文件
a	打开一个文件用于追加。如果该文件已存在，文件指针将会放在文件的结尾，也就是说，新的内容将会被写入到已有内容之后；如果该文件不存在，创建新文件进行写入

另外两种可混合使用的模式：二进制模式 b，读写模式＋。例如，rb 为读取二进制模式。mode 参数是可选的，如果没有，默认是只读方式打开文件。

buffering：表示是否使用缓存，设置为 0 表示不使用缓存，设置为 1 表示使用缓存，设置为大于 1 的数表示缓存大小，默认值是缓存模式。

通过内置函数 open( )打开或创建文件对象后，可通过文件对象的方法 write( )或 writelines( )将字符串写入到文本文件；通过文件对象的方法 read( )或 readline( )读取文本文件的内容；文件读写完成后，应该使用文件对象的 close( )方法关闭文件。

f.write(str)：把字符串 str 写到 f 所指向的文件中，write( )并不会在 str 后加上一个换行符。

f.writelines(seq)：把 seq 的内容全部写到 f 文件中（多行一次性写入），不会在每行后面加上任何东西，包括换行符。

f.read([size])：从文件 f 当前位置起读取 size 字节，若无参数 size，则表示读取至文件结束为止。

f.readline()：从文件 f 中读取一行，返回一个字符串对象。

f.readlines([size])：从文件 f 读取 size 行，以列表的形式返回，每行为列表的一个元素。size 未指定则返回全部行。

```
>>>str1='生命里有着多少的无奈和惋惜,又有着怎样的愁苦和感伤?雨浸风蚀的落寞与苍楚
一定是水,静静地流过青春奋斗的日子和触摸理想的岁月。'
>>>f =open('C:\\Users\\caojie\\Desktop\\1.txt','w')
>>>f.write(str1)
62
>>>f.close()
>>>g =open('C:\\Users\\caojie\\Desktop\\1.txt','r')
>>>g.readline()
'生命里有着多少的无奈和惋惜,又有着怎样的愁苦和感伤?雨浸风蚀的落寞与苍楚一定是水,静
静地流过青春奋斗的日子和触摸理想的岁月。'
>>>g.close()
```

2.13 Python 库的导入与扩展库的安装

Python 库
的 导 入 与
扩 展 库 的
安装

Python 启动后，默认情况下它并不会将它所有的功能都加载（也称为"导入"）进来，但在使用某些模块（或库，一般不做区分）之前，必须加载这些模块，这样才可以使用这些模块中的函数。此外，有时甚至需要额外安装第三方的扩展库。模块把一组相关的函数或类组织到一个文件中，一个文件即是一个模块。函数是一段可以重复多次调用的代码。每个模块文件可看作是一个独立完备的命名空间，在一个模块文件内无法看到其他文件定义的变量名，除非它明确地导入了那个文件。当将不同的模块按文件夹分类后组成一个整体的库，这就称为包。

2.13.1 库的导入

Python 本身内置了很多功能强大的库，如与操作系统相关的 os 库、与数学相关的 math 库等。Python 导入库或模块的方式有常规导入、使用 from 语句导入等。

1. 常规导入

常规导入是最常使用的导入方式，导入方式如下：

```
import 库名
```

只需要使用 import 一词，然后指定你希望导入的库即可。通过这种方式可以一次性导入多个库，如下：

```
import os, math, time
```

在导入模块时，还可以重命名这个模块，如下：

```
import sys as system
```

上面的代码将导入的 sys 模块重命名为 system。这样既可以按照以前"sys.方法"的方式调用模块的方法，也可以用"system.方法"的方式调用模块的方法。

2. 使用 from 语句导入

很多时候只需要导入一个模块或库中的某个部分，这时可联合使用 import 和 from 来实现这个目的：

```
from math import sin
```

之后就可以直接调用 sin：

```
>>>from math import sin
>>>sin(0.5)                                              #计算 0.5 弧度的正弦值
0.479425538604203
```

可以一次导入多个函数：

```
>>>from math import sin, exp, log
```

也可以直接导入 math 库中的所有函数，导入方式如下：

```
>>>from math import *
>>>exp(1)
2.718281828459045
>>>cos(0.5)
0.8775825618903728
```

但如果像上述方式大量引入库中的所有函数，容易引起命名冲突，因为不同库中可能含有同名却功能不同的函数。

2.13.2 扩展库的安装

当前，pip 已成为管理 Python 扩展库和模块的主流方式，pip 不仅可以用来查看本机已安装的 Python 扩展库和模块，还支持 Python 扩展库和模块的安装、升级和卸载等操作。pip 命令的常用方法如表 2-18 所示。

表 2-18 pip 命令的常用方法

pip 命令示例	描 述
pip install xxx	安装 xxx 模块
pip list	列出已安装的所有模块
pip install --upgrade xxx	升级 xxx 模块
pip uninstall xxx	卸载 xxx 模块

使用 pip 命令安装 Python 扩展库,需要保证计算机联网,然后在命令提示符环境中通过 pip install xxx 进行安装,这里分两种情况。

(1) 如果 Python 安装在默认路径下,打开控制台直接输入"pip install 扩展库或模块名"即可。

(2) 如果 Python 安装在非默认环境下,在控制台中,需进入到 pip.exe 所在目录(位于 Scripts 文件夹下),然后再输入"pip install 扩展库或模块名"即可,如作者的 pip.exe 所在目录为 D:\Python\Scripts,如图 2-2 所示。

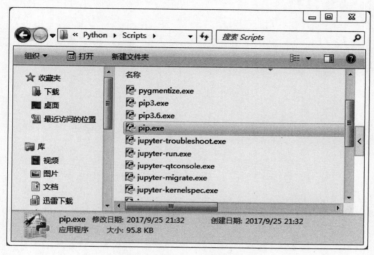

图 2-2　pip.exe 所在目录

此外,可通过在 Python 安装文件夹中的 Scripts 文件夹下,按住 Shift 键再右击空白处,选择"在此处打开命令窗口"直接进入到 pip.exe 所在目录的命令提示符环境,然后即可通过"pip install 扩展库或模块名"来安装扩展库或模块。

习　　题

1. 在 Python 中,字典和集合都是用一对＿＿＿＿＿＿作为定界符,字典的每个元素由两部分组成,即＿＿＿＿＿＿和＿＿＿＿＿＿,其中＿＿＿＿＿＿不允许重复。

2. 在 Python 中,设有 s = ('a', 'b', 'c', 'd', 'e', 'f'),则 s[2] 值为＿＿＿＿＿＿;s[2:4] 值为＿＿＿＿＿＿;s[:4] 值为＿＿＿＿＿＿;s[2:] 值为＿＿＿＿＿＿;s[1::2] 值为＿＿＿＿＿＿;s[1:-1] 值为＿＿＿＿＿＿。

3. 假设有列表 a=['Python', 'C', 'Java'] 和 b=[1, 3, 2],请使用一个语句将这两个列表的内容转换为字典,并且以列表 a 中的元素为键,以列表 b 中的元素为值,这个语句可以写为＿＿＿＿＿＿。

4. 假设有一个列表 a,现要求从列表 a 中每 3 个元素取 1 个,并且将取到的元素组成新的列表 b,可以使用语句 b=＿＿＿＿＿＿。

5. 设计一个字典，并编写程序，用户输入内容作为键，然后输出字典中对应的值，如果用户输入的键不存在，则输出"您输入的键不存在！"。

6. 编写程序，用户输入一个 3 位以上的整数，输出其百位以上的数字。例如用户输入 1234，则程序输出 12。

7. 在 Python 中导入模块中的对象有哪几种方式？

8. 使用 pip 命令安装 numpy、scipy 模块。

第3章

chapter 3

程序流程控制

Python程序中的语句默认是按照书写顺序依次执行的,语句之间的此种结构称为顺序结构。在顺序结构中,各语句是按自上而下的顺序执行的,执行完上一条语句就自动执行下一条语句,语句之间的执行是不做任何判断的,无条件的。但仅有顺序结构还不够,因为有时需要根据特定的情况,有选择地执行某些语句,这时就需要一种选择结构的语句。另外,有时还需要在给定条件下重复执行某些语句,这时称这些语句是循环结构的。有了顺序、选择和循环这3种基本的结构,就能构建任意复杂的程序。

3.1 布尔表达式

布尔表达式

选择结构和循环结构都会使用布尔表达式作为选择和循环的条件。布尔表达式是由关系运算符和逻辑运算符按一定语法规则组成的式子。关系运算符有<(小于)、<=(小于或等于)、==(等于)、>(大于)、>=(大于或等于)、!=(不等于)。逻辑运算符有and、or、not。

布尔表达式的值只有两个:True和False。在Python中,False、None、0、" "、()、[]、{}作为布尔表达式时,会被解释器看作假(False)。换句话说,也就是特殊值False和None、所有类型的数字0(包括浮点型、长整型和其他类型)、空序列(例如空字符串、元组和列表)以及空的字典都被解释为假。其他的一切都被解释为真,包括特殊值True。

True和False属于布尔数据类型(bool),它们都是保留字,不能在程序中被当作标识符。一个布尔变量可以代表True或False中的一个。bool()函数可以用来转换其他值(与list、str以及tuple一样)。

```
>>>type(True)
<class 'bool'>
>>>bool('Practice makes perfect.')        #转换为布尔值
True
>>>bool(101)                               #转换为布尔值
True
>>>bool('')                                #转换为布尔值
False
```

```
>>>print(bool(4))
True
```

选择结构

3.2　选　择　结　构

选择结构通过判断某些特定条件是否满足来决定下一步执行哪些语句。Python 有
多种选择语句类型：单向 if 语句、双向 if-else 语句、嵌套 if 语句、多向 if-elif-else 语句以
及条件表达式。

3.2.1　单向 if 语句

if 语句用来判定给出的条件是否满足，然后根据判断的结果（即真或假）决定是否执
行给定的操作。if 语句是一种单选结构，它选择的是做与不做。它由 3 部分组成：关键
字 if 本身、测试条件真假的布尔表达式和表达式结果为真时要执行的代码。if 语句的语
法格式如下：

if 布尔表达式：
　　语句块

if 语句的流程图如图 3-1 所示。

注意：单向 if 语句的语句块只有当表达式
的值为真（即非零）时，才会执行；否则，程序就会
直接跳过这个语句块，去执行紧跟在这个语句块
之后的语句。这里的语句块，既可以包含多条语
句，也可以只有一条语句。当语句块由多条语句
组成时，要有统一的缩进形式，相对于 if 向右至
少缩进一个空格，否则就会出现逻辑错误，即语
法检查没错，但是结果却非预期。

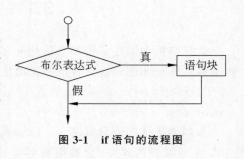

图 3-1　if 语句的流程图

【**例 3-1**】　输入一个整数，如果这个整数是 5 的倍数，输出"输入的整数是 5 的倍
数"，如果这个数是 2 的倍数，输出"输入的整数是 2 的倍数"。（3-1.py）

说明：求解例 3-1 的程序文件将被命名为 3-1.py，后面章节会多次使用这种表示方
式，不再一一赘述。

3-1.py 程序文件：

```
num=eval(input('输入一个整数: '))    #eval(str)将字符串 str 当成有效的表达式来求值
if num%5==0:
    print('输入的整数%d是 5 的倍数'%num)

if num%2==0:
    print('输入的整数%d是 2 的倍数'%num)
```

3-1.py 在 IDLE 中运行的结果如图 3-2 所示。

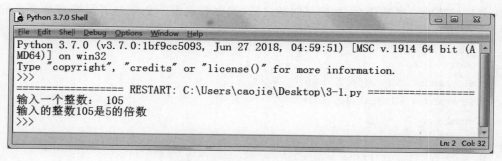

图 3-2 运行 3-1.py 的结果

3.2.2 双向 if-else 语句

3.2.1 节中的 if 语句是一种单选结构,如果表达式为真(即表达式的值非零),就执行指定的操作;否则就会跳过该操作。所以,if 语句选择的是做与不做的问题。if-else 语句是一种双选结构,根据表达式是真还是假来决定执行哪些语句,它选择的不是做与不做的问题,而是在两种备选操作中选择哪一个操作的问题。if-else 语句由 5 部分组成:关键字 if、测试条件真假的布尔表达式、表达式结果为真时要执行的语句块 1,以及关键字 else 和表达式结果为假时要执行的语句块 2。if-else 语句的语法格式如下:

```
if 布尔表达式:
    语句块 1
else:
    语句块 2
```

if-else 语句的流程示意图如图 3-3 所示。

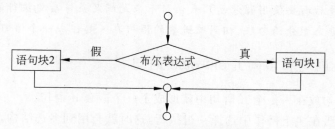

图 3-3 if-else 语句的流程示意图

从 if-else 语句的流程示意图中可以看出:当表达式为真(即表达式的值非零)时,执行语句块 1;当表达式为假(即表达式的值为零)时,执行语句块 2。if-else 语句不论表达式取何值,它总要在两个语句块中选择一个语句块执行,双向结构的称谓由此而来。

【例 3-2】 编写一个两位数减法的程序，程序随机产生两个两位数，然后向学生提问这两个数相减的结果是什么，在回答问题之后，程序会显示一条信息表明答案是否正确。(3-2.py)

```python
import random
num1 =random.randint(10, 100)
num2 =random.randint(10, 100)
if num1 <num2:
    num1, num2 =num2, num1
answer=int(input(str(num1) +'-' +str(num2) +'=' +' ? '))
if num1-num2==answer:
    print('你是正确的!')
else:
    print('你的答案是错误的.')
    print(str(num1), '-', str(num2), '=', str(num1-num2))
```

在 cmd 命令窗口运行 3-2.py 的结果如图 3-4 所示。

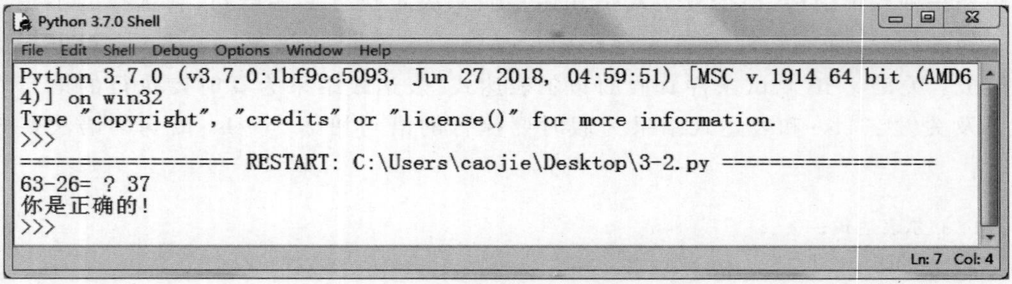

```
Python 3.7.0 Shell
File  Edit  Shell  Debug  Options  Window  Help
Python 3.7.0 (v3.7.0:1bf9cc5093, Jun 27 2018, 04:59:51) [MSC v.1914 64 bit (AMD6
4)] on win32
Type "copyright", "credits" or "license()" for more information.
>>>
================= RESTART: C:\Users\caojie\Desktop\3-2.py =================
63-26= ? 37
你是正确的!
>>>
                                                              Ln: 7  Col: 4
```

图 3-4 运行 3-2.py 的结果

注意：

(1) 每个条件后面要使用冒号(:)，表示接下来是满足条件后要执行的语句块。

(2) 使用缩进来划分语句块，相同缩进数的语句在一起组成一个语句块。

3.2.3 嵌套 if 语句和多向 if-elif-else 语句

将一个 if 语句放在另一个 if 语句中就形成了一个嵌套 if 语句。

有时人们需要在多组操作中选择一组执行，这时就会用到多选结构，对于 Python 语言来说就是 if-elif-else 语句。该语句可以利用一系列布尔表达式进行检查，并在某个表达式为真的情况下执行相应的代码。需要注意的是，虽然 if-elif-else 语句的备选操作较多，但是有且只有一组操作被执行，if-elif-else 语句的语法格式如下：

```
if 布尔表达式 1:
    语句块 1
elif 布尔表达式 2:
```

```
    语句块 2
  ⋮
elif 布尔表达式 m:
    语句块 m
else:
    语句块 n
```

其中,关键字 elif 是 else if 的缩写。

【例 3-3】 利用多分支选择结构将成绩从百分制变换到等级制。(score_degree.py)

```
score=float(input('请输入一个分数:'))
if score>=90.0:
    grade='A'
elif score>=80.0:
    grade='B'
elif score>=70.0:
    grade='C'
elif score>=60.0:
    grade='D'
else:
    grade='F'
print(grade)
```

在 cmd 命令窗口运行 score_degree.py 的结果如图 3-5 所示。

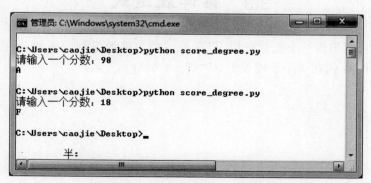

图 3-5　运行 score_degree.py 的结果

例 3-3 中 if-elif-else 语句的执行过程如图 3-6 所示。首先测试第一个条件(score>= 90.0),如果表达式的值为 True,那么 grade='A'。如果表达式的值为 False,就测试第二个条件(score>=80.0),若表达式的值为 True,那么 grade='B'。以此类推,如果所有的条件的值都是 False,那么 grade='F'。

注意:一个条件只有在这个条件之前的所有条件都变成 False 之后才会被测试。

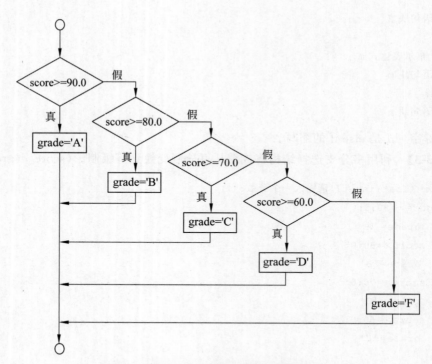

图 3-6　例 3-3 if-elif-else 语句的执行过程

3.3　条件表达式

有时人们可能想给一个变量赋值，但又受一些条件的限制。例如，下面的语句在 x 大于 0 时将 1 赋给 y，在 x 小于或等于 0 时将 −1 赋给 y。

```
>>>x=2
>>>if x>0:
    y=1
else:
    y=-1
>>>print(y)
1
```

在 Python 中，还可以使用条件表达式 y=1 if x>0 else −1 来获取同样的结果。

```
>>>x=2
>>>y=1 if x>0 else -1
>>>print(y)
1
```

显然，对于上述问题使用条件表达式更简洁，用一行代码就可以完成所有选择的赋值操作。

条件表达式的语法结构如下：

表达式 1 if 布尔表达式 else 表达式 2

如果布尔表达式为真，那么这个条件表达式的结果就是表达式 1；否则，这个结果就是表达式 2。

若想将变量 number1 和 number2 中较大的值赋给 max，可以使用下面的条件表达式简洁地完成。

```
max=number1 if number1>number2 else number2
```

判断一个数 number 是偶数还是奇数，并在是偶数时输出"number 这个数是偶数"，是奇数时输出"number 这个数是奇数"，可用一个条件表达式简单地编写一条语句来实现。

```
print(' number 这个数是偶数' if number%2==0 else ' number 这个数是奇数')
```

3.4　while 循环结构

while 循环结构

while 语句用于在某条件下循环执行某段程序，以处理需要重复处理的任务。while 语句的语法格式如下：

```
while 循环继续条件:
    循环体
```

while 循环流程图如图 3-7 所示。循环体可以是一个单一的语句或一组具有统一缩进的语句。每个循环都包含一个循环继续条件，即控制循环执行的布尔表达式，每次都计算该布尔表达式的值，如果它的计算结果为真，则执行循环体；否则，终止整个循环并将程序控制权转移到 while 循环后的语句。while 循环是一种条件控制循环，它根据一个条件的真假来控制循环。使用 while 语句通常会遇到两种类型的问题：一种是循环次数事先确定的问题；另一种是循环次数事先不确定的问题。

显示"Python is very fun!"100 次的 while 循环的流程图如图 3-8 所示，循环继续条件是 count<100，该循环的循环体包含两条语句：

```
print('Python is very fun!')
count=count+1
```

【例 3-4】　计算 $1+2+3+\cdots+100$，即 $\sum_{i=1}^{100} i$。（3-4.py）

问题分析如下。

（1）这是一个累计求和的问题，需要先后将 1～100 这 100 个数相加，需要重复进行 100 次加法运算，这可使用 while 循环语句来实现，重复执行循环体 100 次，每次加一个数。

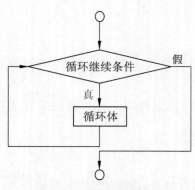

图 3-7　while 循环流程图

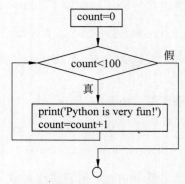

图 3-8　while 循环显示"Python is very fun!"100 次

（2）可以发现每次累加的数是有规律的，后一个加数比前一个加数多 1，这样在加完上一个加数 i 后，使 i 加 1 就可以得到下一个数。

```
n=100
sum =0          #定义变量 sum 的初始值为 0
i =1            #定义变量 i 的初始值为 1
while i <=n:
    sum =sum +i
    i =i+1
print("1～%d 之和为%d" %(n,sum))
```

在 IDLE 中，运行 3-4.py 的结果如下。

1～100 之和为 5050

循环体易被错误地写成如下：

```
n=100
sum =0
i =1
while i <=n:
    sum =sum +i
i =i +1
print("1～%d 之和为%d" %(n, sum))
```

注意整个循环体必须被内缩进到循环内部，这里的语句 i＝i＋1 不在循环体里，这是一个无限循环，因为 i 一直是 1，而 i＜＝n 总是为真。

注意：确保**循环继续条件**最终变成 False 以便结束循环。编写循环程序时，常见的程序设计错误是循环继续条件总是为 True，循环变成无限循环。如果一个程序运行后，经过相当长的时间也没有结束，那么它可能就是一个无限循环。如果是通过命令行运行这个程序，可按 Ctrl＋C 键来停止它。无限循环在服务器上响应客户端的实时请求时非常有用。

【例 3-5】 求 1～100 能被 5 整除，但不能同时被 3 整除的所有整数。（3-5.py）

问题分析如下。

（1）本题需要对 1～100 范围内的所有数一一进行判断。

（2）本题的循环次数是 100 次。

（3）在每次循环过程中需要用 if 语句进行条件判断。

本整除问题的框图如图 3-9 所示。

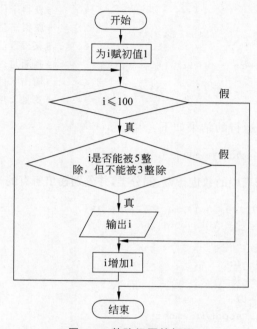

图 3-9　整除问题的框图

```
i=1                                          #i 既是循环变量,又是被判断的数
print("1～100 能被 5 整除,但不能同时被 3 整除的所有数是")
while i<=100:
    if i%5==0 and i%3!=0:                    #判断本次的 i 是否满足条件
        print(i,end=' ')                     #输出满足条件的 i
    i=i+1                                     #每次循环 i 加 1
```

3-5.py 在 IDLE 中运行的结果如下：

```
1～100 能被 5 整除,但不能同时被 3 整除的所有数是
5 10 20 25 35 40 50 55 65 70 80 85 95 100
```

【例 3-6】　打印出所有的"水仙花数"。"水仙花数"是指一个 3 位的十进制数,其各位数字的立方和等于该数本身。例如,153 是一个"水仙花数",因为 $153 = 1^3 + 5^3 + 3^3$。（3-6.py）

问题分析如下。

（1）"水仙花数"是一个 3 位的十进制数,因而本题需要对 100～999 范围内的每个数判断是否是"水仙花数"。

（2）每次需要判断的数是有规律的，后一个数比前一个数多 1，这样在判断完上一个数 i 后，使 i 加 1 就可以得到下一个数，因而变量 i 既是循环变量，又是被判断的数。

```python
i =100                              #给变量 i 赋初始值
print('所有的水仙花数是', end='')
while i <=999:                       #循环继续的条件
    c =i%10                         #获得个位数
    b =i//10%10                     #获得十位数
    a =i//100                       #获得百位数
    if a**3+b**3+c**3==i:           #判断是否"水仙花数"
        print(i,end=' ')            #输出水仙花数
    i =i+1                          #变量 i 增加 1
```

在 IDLE 中，3-6.py 运行的结果如下：

所有的水仙花数是 153 370 371 407

【**例 3-7**】　将一个列表中的数进行奇、偶分类，并分别输出所有的奇数和偶数。（3-7.py）

```python
numbers=[1,2,4,6,7,8,9,10,13,14,17,21,26,29]
even_number=[]
odd_number=[]
while len(numbers) >0:
    number=numbers.pop()
    if(number %2 ==0):
        even_number.append(number)
    else:
        odd_number.append(number)
print('列表中的偶数有', even_number)
print('列表中的奇数有', odd_number)
```

在 IDLE 中，3-7.py 运行的结果如下：

列表中的偶数有 [26, 14, 10, 8, 6, 4, 2]
列表中的奇数有 [29, 21, 17, 13, 9, 7, 1]

【**例 3-8**】　猜数字。随机生成一个 0～100 的数字，编写程序提示用户输入数字，直到输入的数和随机生成的数相同，对于用户输入的每个数字，程序显示输入的数字是过大、过小还是正确。（guess_number.py）

```python
import random
number=random.randint(0,100)
print('请猜一个 0～100 的数字')
guess=-1
while guess!=number:
    guess=int(input('输入你猜测的数字:'))
    if guess==number:
```

```
    print('恭喜你!你猜对了,这个数字就是', number)
elif guess>number:
    print('你猜的数字大了!')
elif guess<number:
    print('你猜的数字小了!')
```

guess_number.py 在 IDLE 中运行的结果如下:

请猜一个 0～100 的数字
输入你猜测的数字:34
你猜的数字大了!
输入你猜测的数字:25
你猜的数字大了!
输入你猜测的数字:15
你猜的数字大了!
输入你猜测的数字:10
你猜的数字小了!
输入你猜测的数字:12
你猜的数字小了!
输入你猜测的数字:14
你猜的数字大了!
输入你猜测的数字:13
恭喜你!你猜对了,这个数字就是 13

3.5　循环控制策略

要想编写一个能够正确工作的 while 循环,需要考虑以下 3 步。
第 1 步:确认需要循环的循环体语句,即确定重复执行的语句序列。
第 2 步:把循环体语句放在循环内。
第 3 步:编写循环继续条件,并添加合适的语句以控制循环能在有限步内结束,即能使循环继续条件的值变成 False。

3.5.1　交互式循环

交互式循环是无限循环的一种,允许用户通过交互的方式重复循环体的执行,直到用户输入特定的值结束循环。

【例 3-9】　编写 100 以内加法训练程序,在学生结束测验后能报告正确答案的个数和测验所用的时间,能让用户自己决定随时结束测验。(3-9.py)

```
import random
import time
correctCount=0              #记录正确答对数
count=0                     #记录回答的问题数
```

```
continueLoop='y'                                    #让用户来决定是否继续答题
startTime=time.time()                               #记录开始时间
while continueLoop=='y':
    number1=random.randint(0,50)
    number2=random.randint(0,50)
    answer=eval(input(str(number1)+'+'+str(number2)+'='+'? '))
    if number1+number2==answer:
        print('你的回答是正确的！')
        correctCount+=1
    else:
        print('你的回答是错误的。')
        print(number1,'+',number2,'=',number1+number2)
    count+=1
    continueLoop=input('输入 y 继续答题,输入 n 退出答题:')
endTime=time.time()                                 #记录结束时间
testTime=int(endTime-startTime)
print("  正确率:%.2f%%\n测验用时:%d秒" %((correctCount/count) * 100, testTime))
```

在 IDLE 中，3-9.py 运行的结果如下：

```
2+36=? 38
你的回答是正确的！
输入 y 继续答题,输入 n 退出答题:y
8+28=? 38
你的回答是错误的。
输入 y 继续答题,输入 n 退出答题:n
```

3.5.2 哨兵式循环

另一个控制循环结束的技术是指派一个特殊的输入值，这个值称为哨兵值，它表明输入的结束。哨兵式循环是指执行循环语句直到遇到哨兵值，循环体语句才终止执行的循环结构设计方法。

哨兵式循环是求平均数的较好方案，思路如下。

（1）设定一个哨兵值作为循环终止的标志。

（2）任何值都可以作为哨兵，但要与实际数据有所区别。

【例 3-10】 计算不确定人数班级的平均成绩。（StatisticalMeanValue.py）

```
total =0
gradeCounter =0                                     #记录输入的成绩个数
grade =int(input("输入一个成绩,若输入-1 结束成绩输入:"))
while grade !=-1:
    total =total +grade
    gradeCounter =gradeCounter +1
    grade =int(input("输入一个成绩,若输入-1 结束成绩输入:"))
```

```
if gradeCounter !=0:
    average =total / gradeCounter
    print("平均分是:%.2f"%(average))
else:
    print('没有录入学生成绩')
```

在 IDLE 中,StatisticalMeanValue.py 运行的结果如下:

```
输入一个成绩,若输入-1结束成绩输入:86
输入一个成绩,若输入-1结束成绩输入:88
输入一个成绩,若输入-1结束成绩输入:-1
平均分是: 87.00
```

3.5.3 文件式循环

例 3-10 中,如果要输入的数据很多,那么从键盘输入所有数据将是一件非常麻烦的事。可以事先将数据录入文件中,然后将这个文件作为程序的输入,避免人工输入的麻烦,也便于编辑修改。面向文件的方法是数据处理的典型应用。例如,可以把数据存储在一个文本文件(例如,命名为 input.txt)里,并使用下面的命令来运行这个程序:

```
python StatisticalMeanValue.py <input.txt
```

这个命令称为输入重定向。用户不再需要程序运行时从键盘录入数据,而是从文件 input.txt 中获取输入数据。同样地,输出重定向是把程序运行结果输出到一个文件里而不是输出到屏幕上。输出重定向的命令为

```
python StatisticalMeanValue.py >output.txt
```

同一条命令里可以同时使用输入重定向与输出重定向。例如,下面这个命令从 input.txt 中读取输入数据,然后把输出数据写入文件 output.txt 中。

```
python StatisticalMeanValue.py <input.txt >output.txt
```

假设 input.txt 这个文件包含下面的数字,每行一个:

```
45
80
90
98
68
-1
```

在命令行窗口中,StatisticalMeanValue.py 从文件 input.txt 中获取输入数据执行的结果,如图 3-10 所示。

【例 3-11】 例 3-10 的程序实现可改写为更简洁的文件读取的方式来实现,改写后的程序代码如下。(StatisticalMeanValue2.py)

图 3-10 从文件 input.txt 中获取输入数据执行的结果

```
FileName=input('输入数据所在的文件的文件名:')
infile=open(FileName,'r')                          #打开文件
sum=0
count=0
line=infile.readline()                             #按行读取数据
while line!='-1':
    sum=sum+eval(line)
    count=count+1
    line=infile.readline()
if count!=0:
  average=float(sum) / count
  print("平均分是", average)
else:
  print('没有录入学生成绩')
infile.close()                                     #关闭文件
```

StatisticalMeanValue2.py 在命令行窗口中执行的结果如图 3-11 所示。

图 3-11 StatisticalMeanValue2.py 在命令行窗口中执行的结果

for 循环结构

3.6 for 循环结构

3.6.1 for 循环的基本用法

循环结构在 Python 语言中有两种表现形式：一种是前面的 while 循环，另一种是 for 循环。for 循环是一种遍历型的循环，因为它会依次对某个序列中全体元素进行遍

历,遍历完所有元素之后便终止循环。列表、元组、字符串都是序列,序列类型有相同的访问模式:它的每一个元素可以通过指定一个偏移量的方式得到,而多个元素可以通过切片操作的方式得到。

for 循环的语法格式如下:

```
for 控制变量 in 可遍历序列:
    循环体
```

这里的关键字 in 是 for 循环的组成部分,而非运算符 in。"可遍历序列"里保存了多个元素,且这些元素按照一个接一个的方式存储。"可遍历序列"被遍历处理,每次循环时,都会将"控制变量"设置为"可遍历序列"的当前元素,然后执行循环体。当"可遍历序列"中的元素被遍历一遍后,退出循环。for 循环的流程如图 3-12 所示。

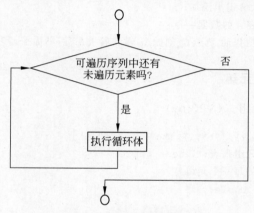

图 3-12 for 循环的流程

3.6.2 for 循环适用的对象

for 循环可用于迭代容器对象中的元素,这些对象可以是列表、元组、字典、集合、文件,甚至可以是自定义类或者函数,举例如下。

1. for 循环作用于列表

【例 3-12】 向姓名列表添加新姓名。(3-12.py)

```
Names =['宋爱梅','王志芳','于光','贾隽仙','贾燕青','刘振杰','郭卫东','崔红宇',
'马福平']
print("-----添加之前,列表 A 的数据-----")
for Name in Names:
    print( Name,end=' ')
print(' ')
continueLoop='y'                              #让用户来决定是否继续添加
while continueLoop=='y':
    temp =input('请输入要添加的学生姓名:')         #提示并添加姓名
```

```
    Names.append(temp)
    continueLoop=input('输入 y 继续添加,输入 n 退出添加: ')
print ("-----添加之后,列表 A 的数据-----")
for Name in Names:
    print(Name, end=' ')
```

在 IDLE 中,3-12.py 运行的结果如下。

-----添加之前,列表 A 的数据-----
宋爱梅 王志芳 于光 贾隽仙 贾燕青 刘振杰 郭卫东 崔红宇 马福平
请输入要添加的学生姓名:李明
输入 y 继续添加,输入 n 退出添加: y
请输入要添加的学生姓名:刘涛
输入 y 继续添加,输入 n 退出添加: n
-----添加之后,列表 A 的数据-----
宋爱梅 王志芳 于光 贾隽仙 贾燕青 刘振杰 郭卫东 崔红宇 马福平 李明 刘涛

2. for 循环作用于元组

【例 3-13】　遍历元组。（3-13.py）

```
test_tuple =[("a",1),("b",2),("c",3),("d",4)]
print("准备遍历的元组列表:", test_tuple)
print('遍历列表中的每一个元组')
for (i, j) in test_tuple:
  print(i, j)
```

在 IDLE 中,3-13.py 运行的结果如下。

准备遍历的元组列表:[('a', 1), ('b', 2), ('c', 3), ('d', 4)]
遍历列表中的每一个元组
a 1
b 2
c 3
d 4

3. for 循环作用于字符串

【例 3-14】　遍历输出字符串中的汉字,遇到标点符号换行输出。（3-14.py）

```
import string
str1 ="大梦谁先觉?平生我自知.草堂春睡足,窗外日迟迟."
for i in str1:
    if i not in string.punctuation:
        print(i,end='')
    else:
        print(' ')
```

在 IDLE 中,3-14.py 运行的结果如下。

大梦谁先觉
平生我自知
草堂春睡足
窗外日迟迟

4. for 循环作用于字典

【例 3-15】　遍历输出字典元素。(3-15.py)

```
person={'姓名':'李明', '年龄':'26', '籍贯':'北京'}
#items()方法把字典中每对 key 和 value 组成一个元组,并把这些元组放在列表中返回
for key,value in person.items():
    print('key=',key,',value=',value)
for x in person.items(): #只有一个控制变量时,返回每一对 key、value 对应的元组
    print(x)
for x in person:                        #不使用 items(),只能取得每一对元素的 key 值
    print(x)
```

在 IDLE 中,3-15.py 运行的结果如下。

```
key=姓名 ,value=李明
key=年龄 ,value=26
key=籍贯 ,value=北京
('姓名', '李明')
('年龄', '26')
('籍贯', '北京')
姓名
年龄
籍贯
```

5. for 循环作用于集合

【例 3-16】　遍历输出集合元素。(3-16.py)

```
weekdays ={'MON', 'TUE', 'WED', 'THU', 'FRI', 'SAT', 'SUN'}
#for 循环在遍历集合时,遍历的顺序和集合中元素书写的顺序很可能是不同的
for d in weekdays:
    print (d,end=' ')
```

在 IDLE 中,3-16.py 运行的结果如下。

```
THU TUE MON FRI WED SAT SUN
```

6. for 循环作用于文件

【例 3-17】　for 循环遍历文件,输出文件的每一行。(3-17.py)

文件 1.txt 存有两行文字：

向晚意不适，驱车登古原。
夕阳无限好，只是近黄昏。

```
fd = open('D:\\Python\\1.txt')                    #打开文件,创建文件对象
for line in fd:
    print(line,end='')
```

在 IDLE 中，3-17.py 运行的结果如下。

向晚意不适，驱车登古原。
夕阳无限好，只是近黄昏。

3.6.3 for 循环与 range()函数的结合使用

很多时候，for 语句都是和 range()函数结合使用的，例如利用两者来输出 0～20 的偶数，如下所示。

```
for x in range(21):
    if x%2 ==0:
        print(x,end=' ')
```

在 IDLE 中，上述程序代码执行的结果如下。

```
0 2 4 6 8 10 12 14 16 18 20
```

现在解释一下程序的执行过程。首先，for 语句开始执行时，range(21)会生成一个由 0～20 这 21 个值组成的序列；然后，将序列中的第一个值（即 0）赋给变量 x，并执行循环体。在循环体中，x% 2 为取余运算，得到 x 除以 2 的余数，如果余数为零，则输出 x 值；否则跳过输出语句。执行循环体中的选择语句后，序列中的下一个值将被装入变量 x，继续循环，以此类推，直到遍历完序列中的所有元素为止。

range 函数用来生成整数序列，其语法格式如下。

```
range(start, stop[, step])
```

参数说明如下。

start：计数从 start 开始。默认是从 0 开始。例如 range(5)等价于 range(0，5)。

stop：计数到 stop 结束，但不包括 stop。range(a，b)返回连续整数 a、a+1、…、b-2 和 b-1 所组成的序列。

step：步长，默认为 1。例如，range(0，5)等价于 range(0，5，1)。

range 函数用法举例：

（1）range 函数内只有一个参数时，表示会产生从 0 开始计数的整数序列：

```
>>>list(range(4))
[0, 1, 2, 3]
```

（2）range 函数内有两个参数时，则将第一个参数作为起始位，第二个参数为结束位：

```
>>> list(range(0,10))
[0, 1, 2, 3, 4, 5, 6, 7, 8, 9]
```

（3）range 函数内有 3 个参数时，第三个参数是步长值（步长值默认为 1）：

```
>>> list(range(0,10,2))
[0, 2, 4, 6, 8]
```

（4）如果 range(a,b,k) 中的 k 为负数，则可以反向计数，在这种情况下，序列为 a、a+k、a+2k、…，但 k 为负数，最后一个数必须大于 b：

```
>>> list(range(10,2,-2))
[10, 8, 6, 4]
>>> list( range(4,-4,-1))
[4, 3, 2, 1, 0, -1, -2, -3]
```

注意：

（1）如果直接 print(range(5))，将会得到 range(0, 5)，而不会是一个列表。这是为了节省空间，防止过大的列表产生。虽然在大多数情况下，range(0, 5)就像一个列表。

（2）range(5)的返回值类型是 range 类型，如果想得到一个列表，使用 list(range(5))得到的就是一个列表[0, 1, 2, 3, 4]。如果想得到一个元组，使用 tuple(range(5))得到的就是一个元组(0, 1, 2, 3, 4)。

【例 3-18】 输出斐波那契数列的前 n 项。斐波那契数列以兔子繁殖为例子而引入，故又称为"兔子数列"，指的是这样一个数列：1、1、2、3、5、8、13、21、34、…，可通过递归的方法定义：$F(1)=1,F(2)=1, F(n)=F(n-1)+F(n-2)(n \geqslant 3,n \in \mathbf{N})$。（3-18.py）

问题分析：从斐波那契数列可以看出，从第三项起每一项的数值都是前两项（可分别称为倒数第二项、倒数第一项）的数值之和，斐波那契数列每增加一项，对下一个新的项来说，刚生成的项为倒数第一项，其前面的项为倒数第二项。

```
a=1
b=1
n=int(input('请输入斐波那契数列的项数(>2的整数)：'))
print('前%d项斐波那契数列为：'%(n),end='')
print(a,b,end=' ')
for k in range(3,n+1):
    c=a+b
    print(c,end=' ')
    a=b
    b=c
```

在 IDLE 中，3-18.py 运行的结果如下。

```
请输入斐波那契数列的项数(>2的整数)：8
前 8 项斐波那契数列为：1 1 2 3 5 8 13 21
```

【例 3-19】 输出斐波那契数列的前 n 项也可以用列表更简单地来实现。（3-19.py）

```
fibs =[1, 1]
n=int(input('请输入斐波那契数列的项数(>2 的整数): '))
for i in range(3,n+1):
    fibs.append(fibs[-2] +fibs[-1])
print('前%d 项斐波那契数列为: '%(n),end='')
print(fibs)
```

在 IDLE 中，执行上述程序代码得到的输出结果如下。

请输入斐波那契数列的项数(>2 的整数): 8
前 8 项斐波那契数列为: [1, 1, 2, 3, 5, 8, 13, 21]

3.7 循环中的 break、continue 和 else

break 语句和 continue 语句提供了另一种控制循环的方式。break 语句用来终止循环语句，即循环条件没有 False 或者序列还没被完全遍历完，也会停止执行循环语句。如果使用嵌套循环，break 语句将停止执行最深层的循环，并开始执行下一行代码。continue 语句终止当前迭代而进行循环的下一次迭代。Python 的循环语句可以带有 else 子句，else 子句在序列遍历结束（for 语句）或循环条件为假（while 语句）时执行，但循环被 break 终止时不执行。

3.7.1 用 break 语句提前终止循环

可以使用 break 语句跳出最近的 for 或 while 循环。下面的 TestBreak.py 程序演示了在循环中使用 break 的效果。

```
1. sum=0
2. for k in range(1, 30):
3.     sum=sum +k
4.     if sum>=200:
5.         break
6.
7. print('k 的值为', k)
8. print('sum 的值为', sum)
```

TestBreak.py 程序运行的结果：

k 的值为 20
sum 的值为 210

这个程序从 1 开始，把相邻的整数依次加到 sum 上，直到 sum 大于或等于 200。如果没有第 4 行和第 5 行，这个程序将会计算 1～29 的所有数的和。但有了第 4 行和第 5 行，循环会在 sum 大于或等于 200 时终止，跳出 for 循环。没有了第 4 行和第 5 行，输出将会为

k 的值为 29
sum 的值为 435

3.7.2 用 continue 语句提前结束本次循环

有时并不希望终止整个循环的操作,而只希望提前结束本次循环,而接着执行下次循环,这时可以用 continue 语句。与 break 语句不同,当 continue 语句在循环结构中执行时,并不会退出循环结构,而是立即结束本次循环,重新开始下一轮循环。也就是说,跳过循环体中在 continue 语句之后的所有语句,继续下一轮循环。换句话说,continue 退出一次迭代而 break 退出整个循环。下面通过例子来说明循环中使用 continue 的效果。

【**例 3-20**】 要求输出 100~200 中不能被 7 整除的数,以及不能被 7 整除的数的个数。(TestContinue.py)

分析:本题需要对 100~200 的每一个整数进行遍历,这可通过一个循环来实现;对遍历中的每个整数,判断其能否被 7 整除,如果不能被 7 整除,就将其输出;若能被 7 整除,就不输出此数。

```
1. n = 0
2. for k in range(100, 201):
3.     if k%7 == 0:
4.         continue
5.     print(k, end=' ')
6.     n += 1
7.
8. print('\n100~200 不能被 7 整除的整数一共有%d 个'%(n))
```

TestContinue.py 程序运行的结果如下:

100 101 102 103 104 106 107 108 109 110 111 113 114 115 116 117 118 120 121 122 123 124 125 127 128 129 130 131 132 134 135 136 137 138 139 141 142 143 144 145 146 148 149 150 151 152 153 155 156 157 158 159 160 162 163 164 165 166 167 169 170 171 172 173 174 176 177 178 179 180 181 183 184 185 186 187 188 190 191 192 193 194 195 197 198 199 200 100~200 不能被 7 整除的整数一共有 87 个

程序分析:有了第 3 行和第 4 行,当 k 能被 7 整除时,执行 continue 语句,流程跳转到表示循环体结束的第 7 行,第 5 行和第 6 行不再执行。

3.7.3 循环语句的 else 子句

Python 的循环语句可以带有 else 子句。在循环语句中使用 else 子句时,else 子句只有在序列遍历结束(for 语句)或循环条件为假(while 语句)时才执行,但循环被 break 终止时不执行。带有 else 子句的 while 循环语句的语法格式如下:

while 循环继续条件:

```
        循环体
else:
        语句体
```

当 while 语句带有 else 子句时，如果 while 子句内嵌的循环体在整个循环过程中没有执行 break 语句（循环体中没有 break 语句，或者循环体中有 break 语句但是始终未执行），那么循环过程结束后，就会执行 else 子句中的语句体。否则，如果 while 子句内嵌的循环体在循环过程一旦执行 break 语句，那么程序的流程将跳出循环结构，因为这里的 else 子句也是该循环结构的组成部分，所以 else 子句内嵌的语句体也就不会执行了。

下面是带有 else 子句的 for 语句的语法格式：

```
for 控制变量 in 可遍历序列:
        循环体
else:
        语句体
```

与 while 语句类似，如果 for 语句在遍历所有元素的过程中从未执行 break 语句，在 for 语句结束后，else 子句内嵌的语句体将得以执行；否则，一旦执行 break 语句，程序流程将连带 else 子句一并跳过。下面通过例子来说明循环中使用 else 的效果。

【例 3-21】 判断给定的自然数是否为素数。（DeterminingPrimeNumber.py）

```
import math
number = int(input('请输入一个大于 1 的自然数:'))
for i in range(2, int(math.sqrt(number))+1)
    if number %i ==0:
        print(number, '具有因子', i, ',所以', number,'不是素数')
        break                              #跳出循环,包括 else 子句
else:                                      #如果循环正常退出,则执行该子句
    print(number, '是素数')
```

DeterminingPrimeNumber.py 程序运行的结果如下。

```
请输入一个大于 1 的自然数:28
28 具有因子 2,所以 28 不是素数
```

【例 3-22】 for 循环正常结束执行 else 子句。

```
for i in range(2, 11):
    print(i)
else:
    print('for statement is over.')
```

在 IDLE 中执行上述程序代码得到的输出结果如下：

```
2,3,4,5,6,7,8,9,10,
for statement is over.
```

【例 3-23】　for 循环运行过程中被 break 终止时不会执行 else 子句。

```
for i in range(10):
    if(i ==5):
        break
    else:
        print(i, end=' ')
else:
    print('for statement is over')
```

在 IDLE 中执行上述程序代码得到的输出结果如下：

```
0 1 2 3 4
```

3.8　程序流程控制举例

【例 3-24】　开发一个玩彩票的程序，程序随机产生一个 3 位数的数字，然后提示用户输入一个 3 位数的数字，并根据以下规则判定用户是否赢得奖金。

（1）如果用户输入的数字和随机产生的数字完全相同（包括顺序），则奖金为 3000 美元。

（2）如果用户输入的数字和随机产生的数字有 2 位连续相同，则奖金为 2000 美元，对应一个 3 位数字 abc，2 位连续相同指的是 ab * 或 * bc。

（3）如果用户输入的数字和随机产生的数字有 1 位相同，则奖金为 500 美元。（3-24.py）

```
import random
lottery =random.randint(100,999)
guess=eval(input("输入你想要的彩票号码:"))
lotteryD1 =lottery//100
lotteryD2 =(lottery//10)%10
lotteryD3 =lottery%10
guessD1 =guess//100
guessD2 =(guess//10)%10
guessD3 =guess%10
print("开奖号码是:",lottery)
if guess==lottery:
    print("号码完全相同:奖金为 3000 美元")
elif (lotteryD1==guessD1 and lotteryD2==guessD2) or (lotteryD3==guessD3 and
lotteryD2==guessD2):
    print("有 2 位号码连续相同:奖金为 2000 美元")
elif len((set(str(lottery))&set(str(guess))))==1:
    print("有 1 位号码相同:奖金为 500 美元")
else:
    print("对不起,这次没中奖!")
```

3-24.py 在 IDLE 中运行的结果如图 3-13 所示。

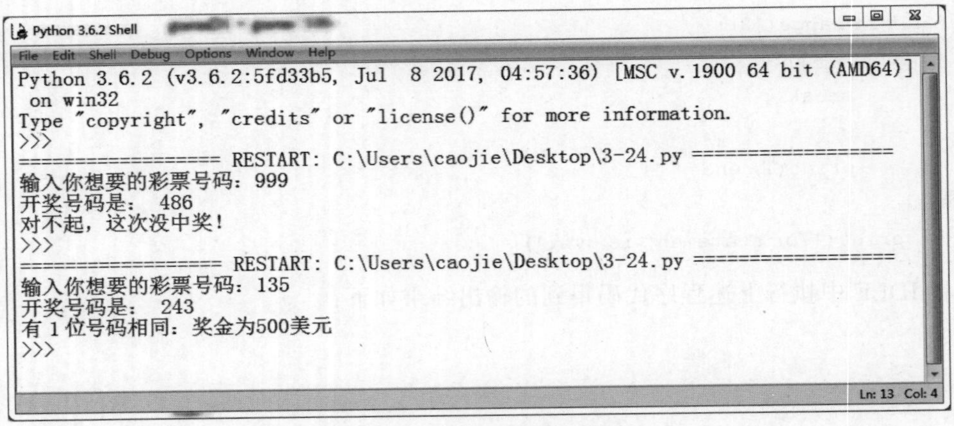

图 3-13　3-24.py 运行的结果

【例 3-25】　密码登录程序。要求：建立一个登录窗口，要求输入账号和密码，设定密码为 Python3.6.0；若密码正确，如果是男生，则显示"祝贺你，某某先生，你已成功登录！"；如果是女生，则显示"祝贺你，某某女士，你已登录成功！"；若密码不正确，显示"对不起，密码错误，登录失败！"。（3-25.py）

```
x=input("请输入用户名:")
y=input("请输入密码:")
z=input("请输入性别('男' or '女'):")
if y=="Python3.6.0":
    if z=="男":
        print("祝贺你,%s 先生,你已成功登录!"%x)
    if z=="女":
        print("祝贺你,%s 女士,你已登录成功!"%x)
else:
    print("对不起,密码错误,登录失败!")
```

3-25.py 在 IDLE 中运行的结果如下：

```
请输入用户名:李菲菲
请输入密码:Python3.6.0
请输入性别('男' or '女'):女
祝贺你,李菲菲女士,你已登录成功!
```

【例 3-26】　用公式 $\frac{\pi}{4} \approx 1 - \frac{1}{3} + \frac{1}{5} - \frac{1}{7} + \cdots$ 求 π 的近似值，直到发现某一项的绝对值小于 10^{-6} 为止（该项不累加）。（3-26.py）

问题分析：可以看出 $\frac{\pi}{4}$ 的值是由求一个多项式计算来得到的，属于累加求和的问题，可通过循环来实现，循环体中有 sum ＝ sum＋temp 求累加和的表达式。当多项式中某一项的绝对值小于10^{-6}时,就停止累加。经过分析,发现多项式的各项是有规律的。

(1) 各项的分子都是 1。

(2) 后一项的分母是前一项的分母加 2。

(3) 第 1 项的符号为正,从第 2 项起,每一项的符号与前一项的符号相反。

```
sign=1                              #用来表示数值的符号
pi=0
temp=1                              #temp 代表当前项的值
n=1
while abs(temp)>=10**(-6):          #abs(temp)返回 temp 的绝对值
   pi=pi+temp
   n=n+2                            #n+2 是下一项的分母
   sign=? sign
   temp=sign/n                      #求出下一项的 temp
pi=pi*4                             #多项式的和 pi 乘以 4,才是 π 的近似值
print("π≈%.8f" %(pi))             #输出 π 的近似值
```

3-26.py 在 IDLE 中运行的结果如下:

π≈3.14159065

【例 3-27】 编写程序显示 21 世纪(2001—2100 年)里所有的闰年,每行显示 10 个闰年,这些年份被一个空格隔开。(3-27.py)

问题分析:普通年(不能被 100 整除的年份)能被 4 整除的为闰年,如 2004 年就是闰年,1999 年不是闰年;世纪年(能被 100 整除的年份)能被 400 整除的是闰年,如 2000 年是闰年,1900 年不是闰年。

```
count=0 #记录找到的闰年数
NUMBER_OF_YEARS_PER_LINE =10
print('2001—2100 年的所有闰年是:')
for year in range(2001,2101):
   if (year%4==0) & (year%100!=0):
      print(year,end=' ')
      count+=1
      if(count%NUMBER_OF_YEARS_PER_LINE==0):
         print('')
   elif year%400==0:
      print(year,end=' ')
      count+=1
      if(count%NUMBER_OF_YEARS_PER_LINE==0):
         print('')
```

3-27.py 在 IDLE 中运行的结果如下:

2001—2100 年的所有闰年是:

2004 2008 2012 2016 2020 2024 2028 2032 2036 2040
2044 2048 2052 2056 2060 2064 2068 2072 2076 2080
2084 2088 2092 2096

习　题

1. 编写一个程序，判断用户输入的字符是数字字符、字母字符还是其他字符。

2. 输入三角形的 3 条边，判断能否组成三角形。若能，计算三角形的面积。

3. 输入 3 个整数 x,y,z，请把这 3 个数由小到大输出。

4. 输入某年某月某日，判断这一天是这一年的第几天？

5. 企业发放的奖金根据利润提成。利润低于或等于 10 万元时，奖金可提 10%；利润高于 10 万元低于 20 万元时，低于 10 万元的部分按 10% 提成，高于 10 万元的部分，可提成 7.5%；利润 20 万元到 40 万元之间时，高于 20 万元的部分，可提成 5%；利润 40 万元到 60 万元之间时，高于 40 万元的部分，可提成 3%；利润 60 万元到 100 万元之间时，高于 60 万元的部分，可提成 1.5%；利润高于 100 万元时，超过 100 万元的部分按 1% 提成。从键盘输入当月利润，求应发放奖金总数是多少？

6. 由 1、2、3 这三个数字能组成多少个互不相同且无重复数字的 3 位数？都是多少？

7. 按相反的顺序输出列表的值。

8. 将一个正整数分解质因数。例如输入 90，输出 90＝2 * 3 * 3 * 5。

9. 判断 101～200 有多少个素数，并输出所有素数。

10. 一个数如果恰好等于它的因子之和，这个数就称为"完数"，例如 6＝1＋2＋3。编程找出 1000 以内的所有完数。

11. 一球从 100 米高度自由落下，每次落地后反跳回原高度的一半，再落下。求它在第 10 次落地时，共经过多少米？第 10 次反弹多高？

12. 猴子第一天摘下若干个桃子，立即吃了一半，还不过瘾，又多吃了一个；第二天早上又将剩下的桃子吃掉一半，又多吃了一个。以后每天早上都吃了前一天剩下的一半又多一个。到第 10 天早上想再吃时，见只剩下一个桃子了。求第一天共摘了多少个桃子？

第 4 章

chapter **4**

函　数

函数是组织好的、可重复使用的、用来实现单一或相关联功能的代码段。函数能提高应用的模块性和代码的重复利用率。通过前面几章的学习,我们已经了解了很多Python内置函数,通过使用这些内置函数可给编程带来很多便利,提高开发程序的效率。除了使用Python内置函数,也可以根据实际需要定义符合我们要求的函数,这被称为用户自定义函数。

4.1 为什么要用函数

通过前面章节的学习,我们已经能够编写一些简单的 Python 程序。但如果程序的功能比较多,规模比较大,把所有的代码都写在一个程序文件里,就会使文件中的程序变得庞杂,使阅读和维护程序变得困难。此外,有时程序中要多次实现某一功能,就要多次重复编写实现此功能的程序代码,这会使程序冗长。下面通过举例来进一步说明这个问题。

假如需要计算 3 个长方形的面积和周长,这 3 个长方形的长和宽分别是 18 和 12、27和 14、32 和 26。如果创建一个程序来对这 3 个长方形求面积和周长,可能编写如下所示的代码:

```
length=18
width=12
area=length * width
perimeter=2 * length+2 * width
print('长为%d、宽为%d的长方形的面积为%d, 周长为%d'%(length, width, area,
perimeter))

length=27
width=14
area=length * width
perimeter=2 * length+2 * width
print('长为%d、宽为%d的长方形的面积为%d, 周长为%d'%(length, width, area,
perimeter))
```

```
length=32
width=26
area=length * width
perimeter=2 * length+2 * width
print('长为%d、宽为%d 的长方形的面积为%d, 周长为%d'%(length, width, area,
perimeter))
```

上述代码在 IDLE 中运行的结果如下：

长为 18、宽为 12 的长方形的面积为 216, 周长为 60
长为 27、宽为 14 的长方形的面积为 378, 周长为 82
长为 32、宽为 26 的长方形的面积为 832, 周长为 116

从上述 3 段代码可以看出，这 3 段代码除了开始和结束的数字不同外，其他都相同。这 3 段相同的代码是否能够只写一次呢？对于这样的问题，可以使用函数来解决，使计算长方形的面积和周长的这段代码得以重用。上面的代码使用函数后，可简化成下面所示的代码：

```
1. def rectangle(length,width):
2.     area=length * width
3.     perimeter=2 * length+2 * width
4.     print('长%d、宽%d 的长方形面积为%d, 周长为%d'%(length,width,area,perimeter))
5.
6. def main():
7.     rectangle(18,12)
8.     rectangle(27,14)
9.     rectangle(32,26)
10.
11. main()                                      #调用 main() 函数
```

上述代码在 IDLE 中运行的结果和前面 3 段代码运行的结果相同。

在第 1～4 行定义了带 2 个参数 length 和 width 的 rectangle() 函数。第 6～9 行定义了 main() 函数，它通过调用 rectangle(18,12)、rectangle(27,14) 和 rectangle(32,26) 分别计算长和宽分别是 18 和 12、27 和 14、32 和 26 的长方形的面积和周长。第 11 行调用 main() 函数。

从本质上来说，函数用来完成一定的功能。函数可看作是实现特定功能的小方法或小程序。函数可简单地理解成：你编写了一些语句，为了方便重复使用这些语句，把这些语句组合在一起，给它起一个名字。使用时只要调用这个名字，就可以实现这些语句的功能。另外，每次使用函数时可以提供不同的参数作为输入，以便对不同的数据进行处理；函数处理后，还可以将相应的结果反馈给我们。在前面章节中，已经学习了像 range(a,b)、int(x) 和 abs(x) 这样的函数。当调用 range(a,b) 函数时，系统就会执行该函数里的语句，并返回结果。

4.2　怎样定义函数

在 Python 中，程序中用到的所有函数，必须"先定义，后使用"。例如，想用 rectangle() 函数去求长方形的面积和周长，必须事先按 Python 规范对它进行定义，指定它的名称、参数、函数实现的功能、函数的返回值。

在 Python 中定义函数的语法如下：

```
def 函数名([参数列表]):
    '''注释'''
    函数体
```

在 Python 中使用 def 关键字来定义函数，定义函数时需要注意以下几项。

（1）函数代码块以 def 关键词开头，代表定义函数。

（2）def 之后是函数名，这个名字由用户自己指定，def 和函数名中间至少要有一个空格。

（3）函数名后跟括号，括号后要加冒号，括号内用于定义函数参数，称为形式参数或简称为形参，参数是可选的，函数可以没有参数。如果有多个参数，参数之间用逗号隔开。参数就像一个占位符，当调用函数时，就会将一个值传递给参数，这个值被称为实际参数或实参。在 Python 中，函数形参不需要声明其类型。

（4）函数体，指定函数应当完成什么操作，是由语句组成，要有缩进。

（5）如果函数执行完之后有返回值，称为带返回值的函数，函数也可以没有返回值。带有返回值的函数，需要使用以关键字 return 开头的返回语句来返回一个值，执行 return 语句意味着函数执行终止。函数返回值的类型由 return 后要返回的表达式的值的类型决定，表达式的值是整型，函数返回值的类型就是整型；表达式的值是字符串，函数返回值的类型就是字符串。

（6）在定义函数时，开头部分的注释通常用来描述函数的功能和参数的相关说明，但这些注释并不是定义函数时必需的，可以使用内置函数 help() 来查看函数开头部分的注释内容。

下面定义一个找出两个数中较小数的函数。这个函数被命名为 min()，它有两个参数：num1 和 num2，函数返回这两个数中较小的那个。图 4-1 解释了函数的组件及函数的调用。

Python 允许嵌套定义函数，即在一个函数中定义另外一个函数。内层函数可以访问外层函数中定义的变量，但不能重新赋值，内层函数的局部命名空间不能包含外层函数定义的变量。嵌套函数定义举例如下：

```
def f1():          #定义函数 f1()
    m=3            #定义变量 m=3
    def f2():      #在 f1()内定义函数 f2()
        n=4        #定义局部变量 n=4
```

```
        print(m+n)                              #m 相当于函数 f2()的全局变量

    f2()                                        #在 f1()函数内调用函数 f2()
f1()
```

在 IDLE 中运行的结果如下：

7

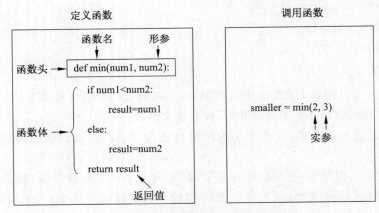

图 4-1　函数的组件及函数的调用

4.3　函数调用

　　在函数定义中，定义了函数的功能，即定义了函数要执行的操作。要使函数发挥功能，必须调用函数，调用函数的程序被称为调用者。调用函数的方式是**函数名（实参列表）**，实参列表中的参数个数要与形参个数相同，参数类型也要一致。当程序调用一个函数时，程序的控制权就会转移到被调用的函数上。当执行完函数的返回值语句或执行到函数结束时，被调用函数就会将程序控制权交还给调用者。根据函数是否有返回值，函数调用有两种方式：带有返回值的函数调用和不带返回值的函数调用。

4.3.1　带有返回值的函数调用

　　对这种函数的调用通常当作一个值处理，例如：

```
smaller =min(2, 3)                    #这里的 min()函数指的是图 4-1 里面定义的函数
```

调用 min(2,3)，并将函数的返回值赋值给变量 smaller。

　　另外一个把函数当作值处理的调用函数的例子：

```
print(min(2, 3))
```

这条语句将调用函数 min(2,3)后的返回值输出。

【例 4-1】　简单的函数调用。(4-1.py)

```
def fun():                    #定义函数
    print('简单的函数调用 1')
    return  '简单的函数调用 2'
a=fun()                       #调用函数 fun()
print(a)
```

4-1.py 在 IDLE 中运行的结果如下：

```
简单的函数调用 1
简单的函数调用 2
```

注意：即使函数没有参数,调用函数时也必须在函数名后面加上(),只有见到这个括号(),调用者才会根据函数名从内存中找到函数体,然后执行它。

【例 4-2】　函数的执行顺序。(4-2.py)

```
def fun():
    print('第一个 fun()函数')
def fun():
    print('第二个 fun()函数')
fun()
```

4-2.py 在 IDLE 中运行的结果如下：

```
第二个 fun()函数
```

从上述执行结果可以看出,fun()调用函数时执行的是第二个 fun()函数,下面的 fun()函数将上面的 fun()函数覆盖掉了,也就是说程序中如果有多个同函数名、同参数的函数,调用函数时只有最近的函数发挥作用。

在 Python 中,**一个函数可以返回多个值**。下面的程序定义了一个输入 2 个数并以升序返回这 2 个数的函数。

```
>>>def sortA(num1, num2):
    if num1<num2:
        return num1,num2
    else:
        return num2, num1
>>>n1, n2=sortA(2, 5)
>>>print('n1 是', n1, '\nn2 是', n2)
n1 是 2
n2 是 5
```

sortA()函数返回 2 个值。当它被调用时,需要用 2 个变量同时接收函数返回的 2 个值。

【例 4-3】　包含程序主要功能的名为 main()的函数。

下面的程序文件 TestSum.py 用于求 2 个整数的和。

```
1. def sum(num1, num2):                                    #定义 sum()函数
2.     result = 0
3.     for i in range(num1, num2 +1):
4.         result += i
5.     return result
6. def main():                                             #定义 main()函数
7.     print("Sum from 1 to 10 is", sum(1, 10))            #调用 sum()函数
8.     print("Sum from 11 to 20 is", sum(11, 20))          #调用 sum()函数
9.     print("Sum from 21 to 30 is", sum(21, 30))          #调用 sum()函数
10. main()                                                 #调用 main()函数
```

TestSum.py 在 IDLE 中运行的结果如下：

```
Sum from 1 to 10 is 55
Sum from 11 to 20 is 155
Sum from 21 to 30 is 255
```

这个程序包含 sum()函数和 main()函数，在 Python 中 main()函数也可以写成其他任何合适的标识符。程序脚本在第 10 行调用 main()函数。习惯上，程序里通常定义一个包含程序主要功能的名为 main()的函数。

这个程序的执行流程：解释器从 TestSum.py 文件的第 1 行开始一行一行地读取程序语句；读到第 1 行的函数头时，将函数以及函数体（第 1~5 行）存储在内存中。然后，解释器将 main()函数的定义（第 6~9 行）读取到内存。最后，解释器读取到第 10 行时，调用 main()函数，main()函数中的语句被执行。程序的控制权转移到 main()函数，main()函数中的 3 条 print 输出语句分别调用 sum()函数求出 1~10、11~20、21~30 的整数和并将各自的计算结果输出。TestSum.py 中函数调用的流程图如图 4-2 所示。

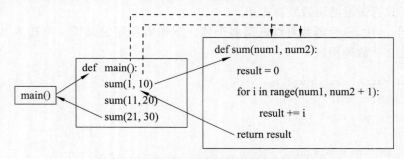

图 4-2   TestSum.py 中函数调用的流程图

注意：这里的 main()函数定义在 sum()函数之后，但也可以定义在 sum()函数之前。在 Python 中，函数在内存中被调用，在调用某个函数之前，该函数必须已经调入内存，否则系统会出现函数未被定义的错误。也就是说，在 Python 中不允许前向引用，即在函数定义之前，不允许调用该函数，下面进一步举例说明：

```
test FunctionCall.py
print(printhello())                                        #在函数 printhello()定义之前调用该函数
```

```
def printhello():                      #定义 printhello()函数
    print('hello')
```

在 IDLE 中运行,出现运行错误,运行结果如下:

```
==========RESTART: C:\Users\cao\Desktop\test FunctionCall.py =========
Traceback (most recent call last):
  File "C:\Users\cao\Desktop\test FunctionCall.py", line 1, in <module>
    print(printhello())
NameError: name 'printhello' is not defined
```

4.3.2 不带返回值的函数调用

如果函数没有返回值,对函数的调用是通过将函数调用当作一条语句来实现的。如下面含有一个形式参数的输出字符串的函数 printStr(str1)的调用。

```
>>>def printStr(str1) :
  "输出任何传入的字符串"
  print(str1)

>>>printStr('hello world')      #调用函数 printStr(),将'hello world'传递给形参
hello world
```

另外,也可将要执行的程序保存成 file.py 文件,打开 cmd 命令窗口,将路径切换到 file.py 文件所在的文件夹,在命令提示符后输入 file.py,按 Enter 键就可执行。

4.4 函数参数传递

在 Python 中,数字、元组和字符串对象是不可更改的对象,而列表、字典对象则是可以修改的对象。Python 中一切都是对象,严格意义上说,调用函数时的参数传递不能说是值传递和引用传递,应该说是传可变对象和传不可变对象。因此,函数调用时传递的参数类型分为可变类型和不可变类型。

不可变类型:若 a 是数字、字符串、元组这三种类型中的一种,则函数调用 fun(a)时,传递的只是 a 的值,在 fun(a)内部修改 a 的值,只是修改另一个复制的对象,不会影响 a 本身。

可变类型:若 a 是列表、字典这两种类型中的一种,则函数调用 fun(a)时,传递的是 a 所指的对象,在 fun(a)内部修改 a 的值,fun(a)外部的 a 也会受影响。

```
>>>b=2
>>>def changeInt(x):
    x = 2 * x
    print(x)
>>>changeInt(b)
```

```
4
>>>b
2                                          #changeInt(b)外的 b 没发生变化

>>>c=[1, 2, 3]
>>>def changeList(x):
    x.append([4, 5, 6])
    print(x)
>>>changeList(c)
[1, 2, 3, [4, 5, 6]]
>>>c
[1, 2, 3, [4, 5, 6]]                       #changeList(c)外的 c 发生了变化
```

4.5 函数参数的类型

函数的作用在于它处理参数的能力,当调用函数时,需要将实参传递给形参。函数参数的使用可以分为两个方面:一是函数形参是如何定义的;二是函数在调用时实参是如何传递给形参的。在 Python 中,定义函数时不需要指定参数的类型,形参的类型完全由调用者传递的实参本身的类型来决定。函数形参的表现形式主要有位置参数、关键字参数、默认值参数、可变长度参数。

4.5.1 位置参数

函 数 参 数
的类型

位置参数函数的定义方式为 functionName(参数 1,参数 2,…)。调用位置参数形式的函数时,是根据函数定义的参数位置来传递参数的,也就是说在给函数传参数时,按照顺序,依次传值,要求实参和形参的个数必须一致。下面举例说明:

```
>>>def print_person(name, sex):
    sex_dict={1:'男',2:'女'}
    print('来人的姓名是%s,性别是%s'%(name,sex_dict[sex]))
```

上面定义的 print_person(name,sex)函数中,name 和 sex 这两个参数都是位置参数,调用时,传入的两个值按照顺序,依次赋值给 name 和 sex。

```
>>>print_person('李明', 1)          #必须包括两个实参,第一个是姓名,第二个是性别
来人的姓名是李明,性别是男
```

通过 print_person('李明', 1)调用该函数,则'李明'传递给 name,1 传递给 sex,实参与形参的含义要相对应,即不能颠倒'李明'和 1 的顺序。

4.5.2 关键字参数

关键字参数用于函数调用,通过“键:值”形式加以指定。关键字参数主要指调用函数时的参数传递方式。使用关键字参数调用函数时,是按参数名字传递实参值,关键字

参数的顺序可以和形参顺序不一致,不影响参数值的传递结果,避免了用户需要牢记参数位置和顺序的麻烦。

```
>>>print_person(name='李明', sex=1) #name、sex 为定义函数时函数的形参名
来人的姓名是李明,性别是男
>>>print_person(sex=1,name='李明')
来人的姓名是李明,性别是男
```

4.5.3　默认值参数

在定义函数时,Python 支持默认值参数,即在定义函数时为形参设置默认值。在调用设置了默认值参数的函数时,可以通过显示赋值来替换其默认值,如果没有给设置了默认值的形式参数传递实参,这个形参就将使用函数定义时设置的默认值。定义带有默认值参数的函数的语法格式如下:

```
def  functionName (…,参数名=默认值):
    函数体
```

可以使用函数名.__defaults__查看函数所有默认值参数的当前值,其返回值为一个元组,其中的元素依次表示每个默认值参数的当前值。例如,下面的带默认值参数的函数定义:

```
>>>def add(x, y=5):
    return(x +y)


>>>add.__defaults__
(5,)
```

通过 add(6,8)调用该函数,表示将 6 传递给 x,8 传递给 y,y 不再使用默认值 5。此外,add(9)这个形式也是可以的,表示将 9 传递给 x,y 取默认值 5。

```
>>>add (6, 8)
14
>>>add (9)
14
```

注意:在定义带有默认值参数的函数时,默认值参数必须出现在函数形参列表的最右端,其任何一个默认值参数右边都不能再出现非默认值参数。

4.5.4　可变长度参数

定义带有可变长度参数的函数的语法格式如下:

```
functionName (arg1, * tupleArg, * * dictArg))
```

tupleArg 和 dictArg 称为可变长度参数。tupleArg 前面的 * 表示这个参数是一个

元组参数，用来接收任意多个实参并将其放在一个元组中。dictArg 前面的∗∗表示这个参数是个字典参数（"键：值"对参数），用来接收类似于关键字参数一样显示赋值形式的多个实参并将其放入字典中。可以把 tupleArg、dictArg 看成两个默认参数，调用带有可变长度参数的函数时，多余的非关键字参数放在元组参数 tupleArg 中，多余的关键字参数放在字典参数 dictArg 中。

下面的程序演示了第一种形式的可变长度参数的用法，即无论调用该函数时传递了多少个实参，统统将其放入元组中。

```
>>>def f( * x):
    print(x)
>>>f(1,2,3)
(1, 2, 3)
```

下面的代码演示了第二种形式可变长度参数的用法，即在调用该函数时自动接收关键字参数形式的实参，将其转换为"键：值"对放入字典中。

```
>>>def f( * * x):
    print(x)
>>>f(x='Java',y='C',z='Python')
{'x': 'Java', 'y': 'C', 'z': 'Python'}
>>>f(a=1,b=3,c=5)
{'a': 1, 'b': 3, 'c': 5}
```

下面的代码演示了定义函数时几种不同形式的参数混合使用的方法：

```
>>>def varLength (arg1, * tupleArg, * * dictArg):
    print("arg1=", arg1)
    print("tupleArg=", tupleArg)
    print("dictArg=", dictArg)
>>>varLength ("Python ")
arg1=Python                          #表明函数定义中的 arg1 是位置参数
tupleArg= ()                         #表明函数定义中的 tupleArg 的数据类型是元组
dictArg={}                           #表明函数定义中的 dictArg 的数据类型是字典
>>>varLength('hello world','Python',a=1)
arg1=hello world
tupleArg=('Python',)
dictArg={'a': 1}
>>>varLength('hello world','Python','C',a=1,b=2)
arg1=hello world
tupleArg=('Python', 'C')
dictArg={'a': 1, 'b': 2}
```

4.5.5 序列解包参数

序列解包参数主要指调用函数时参数的传递方式，与函数定义无关。使用序列解包参数调用的函数通常是一个位置参数函数,序列解包参数由一个 * 和序列连接而成,Python 解释器将自动把序列解包成多个元素,并一一传递给各个位置参数。

创建列表、元组、集合、字典以及其他可迭代对象,称为序列打包,因为值被打包到序列中。序列解包是指将多个值的序列解开,然后放到变量的序列中。下面举例说明:

```
#用序列解包的方法将一个元组的 3 个元素同时赋给 3 个变量,注意:变量的数量和序列元素的
#数量必须一样多
>>>x, y, z = (1, 2, 3)                    #元组解包赋值
>>>print('x:%d, y:%d, z:%d'%(x, y, z))
x:1, y:2, z:3


>>>list1 =['春', '夏', '秋', '冬']         #list1 中有 4 个元素
>>>Spring, Summer, Autumn, Winter =list1   #列表解包赋值
>>>print(Spring, Summer, Autumn, Winter)
春 夏 秋 冬
```

如果变量个数和元素的个数不匹配,就会出现错误:

```
>>>Spring, Summer, Autumn =list1    #变量的个数小于 list1 中元素的个数
Traceback (most recent call last):
  File "<pyshell#79>", line 1, in <module>
    Spring, Summer, Autumn =list1
ValueError: too many values to unpack (expected 3)


>>>dict1 = {"one":1,"two":2,"three":3}
>>>x, y, z =dict1                    #字典解包默认的是解包字典的键
>>>print(x,y,x)
one two one
>>>x1,y1,z1 =dict1.items()           #用字典对象的 items()方法解包字典的"键:值"对
>>>print(x1,y1,x1)
('one', 1) ('two', 2) ('one', 1)
```

下面举例说明调用函数时的序列解包参数的用法:

```
>>>def print1(x, y, z):
    print(x, y, z)


>>>tuple1=('姓名', '性别', '籍贯')
>>>print1( * tuple1)        #调用函数时, * 将 tuple1 解开成 3 个元素并分别赋给 x、y、z
//姓名 性别 籍贯


>>>print( *[1, 2, 3])       #调用 print()函数,将列表[1, 2, 3]解包输出
1 2 3


>>>range( * (1,6))          #将(1,6)解包成 range()函数的 2 个参数
range(1, 6)
```

4.6　　函数模块化

在程序中定义函数可以用来减少冗余的代码并提高代码的可重用性。当程序中的代码逐渐变得庞大时，可能想要把它分成几个文件，以便能够更简单地维护。同时，如果希望在一个文件中写的代码能够被其他文件重用，这时应该使用模块。在 Python 中，一个.py 文件就构成一个模块。可以把多个模块（即多个.py 文件）放在同一个文件夹中，构成一个包（Package）。

在 Python 中，可以将函数的定义放在一个模块中，然后，将模块导入其他程序中，这些程序就可以使用模块中定义的函数。通常，一个模块可以包含不止一个函数，但同一个模块中的函数名不允许相同。例如，random、math 都是定义在 Python 库里的模块，这样，它们可以被导入任何一个 Python 程序中，被这个 Python 程序使用。

```
>>>import platform          #将整个 platform 模块导入
>>>s =platform.platform()   #使用 platform 的 platform()方法来查看操作平台信息
>>>print(s)
Windows-7-6.1.7601-SP1      #计算机不同,输出的信息可能不同


>>>import time as t         #导入模块 time,并将模块 time 重命名为 t
>>>t.ctime()                #获取当前的时间
'Sat Feb  3 22:37:10 2018'


>>>from math import sqrt    #把 math 模块里的函数 sqrt()导入当前模块里
>>>sqrt(4)       #这时可以直接调用 sqrt()函数求 4 的平方根,而不用再使用 math.sqrt()
2.0
```

下面编写一个求两个整数的最小公倍数的函数 lcm()，并将其放在 LCMFunction.py 模块中。

```
LCMFunction.py
def lcm(x, y):
    #获取最大的数
    if x >y:
        greater =x
    else:
        greater =y

    while(True):
        if((greater %x ==0) and (greater %y ==0)):
            lcm =greater
            break
        greater +=1
```

```
    return lcm
```

现在,编写一个独立的程序使用 lcm()函数,如下面的程序 TestLCMFunction.py 所示。

```
TestLCMFunction.py
from LCMFunction import lcm        #导入 lcm()函数
num1=eval(input('请输入第一个整数:'))
num2=eval(input('请输入第二个整数:'))
print(num1,'和',num2,'的最小公倍数是', lcm(num1,num2))
=========RESTART: C:/Users/caojie/Desktop/TestLCMFunction.py ==========
请输入第一个整数:24
请输入第二个整数:54
24 和 54 的最小公倍数是 216
```

第 1 行从模块 LCMFunction 中导入 lcm()函数,这样,就可以在程序中调用 lcm()函数(第 4 行)。也可以使用下面的语句导入它:

```
import LCMFunction
```

如果使用这个语句,必须使用 LCMFunction. lcm 才能调用函数 lcm()。

将求最小公倍数的代码封装在函数 lcm()中,并将函数 lcm()封装在模块中,从这样的程序组织方式可以看到模块化具备以下几个优点。

(1)它将计算最小公倍数的代码和其他代码分隔开,使程序的逻辑更加清晰,程序的可读性更强,大大提高了代码的可维护性。

(2)编写代码不必从零开始。当一个模块编写完毕,就可以被其程序引用。在编写程序时,也经常引用其他模块,包括 Python 内置的模块和来自第三方的模块。

(3)使用模块还可以避免函数名和变量名冲突。相同名字的函数和变量完全可以分别存在不同的模块中。

4.7 lambda 表达式

lambda 表达式

Python 使用 lambda 表达式来创建匿名函数,即没有函数名字的临时使用的小函数。lambda 表达式的主体是一个表达式,而不是一个代码块,但在表达式中可以调用其他函数,并支持默认值参数和关键字参数,表达式的计算结果相当于函数的返回值。lambda 表达式拥有自己的名字空间,且不能访问自有参数列表之外或全局名字空间里的参数。可以直接把 lambda 定义的函数赋值给一个变量,用变量名来表示 lambda 表达式所创建的匿名函数。

lambda 表达式的语法:

```
lambda [参数 1[,参数 2,…,参数 n]]:表达式
```

可以看出 lambda 表达式一般形式:关键字 lambda 后面有一个空格,后跟一个或多

个参数，紧跟一个冒号，之后是一个表达式。冒号前是参数，冒号后是返回值。lambda 表达式返回一个值。

单个参数的 lambda 表达式：

```
>>>g =lambda x:x * 2
>>>g(3)
6
```

多个参数的 lambda 表达式：

```
>>>f=lambda x,y,z:x+y+z              #定义一个 lambda 表达式，求 3 个数的和
>>>f(1,2,3)
6
>>>h =lambda x, y =2, z =3 : x +y +z      #创建带有默认值参数的 lambda 表达式
>>>print(h(1, z =4, y =5))
10
```

4.7.1　lambda 和 def 的区别

（1）def 创建的函数是有名称的，而 lambda 创建的是匿名函数。

（2）lambda 会返回一个函数对象，但这个对象不会赋给一个标识符，而 def 则会把函数对象赋值给一个变量，这个变量名就是定义函数时的"函数名"，下面举例说明：

```
>>>def f(x,y):
    return x+y
>>>a=f
>>>a(1,2)
3
```

（3）lambda 只是一个表达式，而 def 则是一个语句块。

正是由于 lambda 只是一个表达式，它可以直接作为 Python 列表或 Python 字典的成员，例如：

```
info =[lambda x: x * 2, lambda y: y * 3]
```

在这个地方没有办法用 def 语句直接代替，因为 def 是语句，不是表达式不能嵌套在里面。lambda 表达式中"："后只能有一个表达式，包含 return 返回语句的 def 可以放在 lambda 后面，不包含 return 返回语句的不能放在 lambda 后面。因此，像 if、for 或 print 这种语句就不能用于 lambda 中，lambda 一般只用来定义简单的函数。

lambda 表达式常用来编写带有行为的列表或字典。例如：

```
>>>L =[(lambda x: x * * 2),
    (lambda x: x * * 3),
    (lambda x: x * * 4)]
>>>print(L[0](2), L[1](2), L[2](2))
4 8 16
```

　　列表 L 中的 3 个元素都是 lambda 表达式，每个表达式是一个匿名函数，一个匿名函数表达一个行为。下面是带有行为的字典举例。

```
>>>D = {'f1':(lambda x, y: x +y),
    'f2':(lambda x, y: x -y),
    'f3':(lambda x, y: x * y)}
>>>print(D['f1'](5, 2),D['f2'](5, 2),D['f3'](5, 2))
7 3 10
```

　　lambda 表达式可以嵌套使用，但是从可读性的角度来说，应尽量避免使用嵌套的 lambda 表达式。

　　map()函数可以在序列中对 lambda 表达式进行映射操作。

　　map()函数接收两个参数：一个是函数；另一个是序列，map 将传入的函数依次作用到序列的每个元素，并以 map 对象的形式返回作用后的结果。

```
>>>def f(x):
    return x * 2
>>>L =[1, 2, 3, 4, 5]
>>>list(map(f, L))
[2, 4, 6, 8, 10]
>>>list(map((lambda x: x+5),L))            #对列表 L 中的每个元素加 5
[6, 7, 8, 9, 10]
>>>list(map(str, [1, 2, 3, 4, 5, 6, 7, 8, 9])) #将一个整型列表转换成字符串类型的列表
['1', '2', '3', '4', '5', '6', '7', '8', '9']
```

　　lambda 表达式可以用在列表对象的 sort()方法中：

```
>>>import random
>>>data =list(range(0, 20, 2))
>>>data
[0, 2, 4, 6, 8, 10, 12, 14, 16, 18]
>>>random.shuffle(data)
>>>data
[2, 12, 10, 6, 16, 18, 14, 0, 4, 8]
>>>data.sort(key =lambda x: x)            #使用 lambda 表达式指定排序规则
>>>data
[0, 2, 4, 6, 8, 10, 12, 14, 16, 18]
#使用 lambda 表达式指定排序规则，按数字转换成字符串后的长度来排序
>>>data.sort(key =lambda x: len(str(x)))
>>>data
[0, 2, 4, 6, 8, 10, 12, 14, 16, 18]
>>>data.sort(key =lambda x: len(str(x)), reverse=True)
>>>data
[10, 12, 14, 16, 18, 0, 2, 4, 6, 8]
```

　　(4) lambda 表达式“：”后面只能有一个表达式，返回一个值；而 def 则可以在 return

后面有多个表达式,返回多个值。

```
>>>def function(x):
    return x+1,x*2,x**2
>>>print(function(3))
(4, 6, 9)
>>>(a, b, c) =function(3)        #通过元组接收返回值,并存放在不同的变量里
>>>print(a,b,c)
4 6 9
```

function 函数返回 3 个值。当它被调用时,需要 3 个变量同时接收函数返回的 3 个值。

4.7.2 自由变量对 lambda 表达式的影响

Python 中函数是一个对象,与整数、字符串等对象有很多相似之处。例如,可以作为其他函数的参数,Python 中的函数还可以携带自由变量。通过下面的测试用例来分析 Python 函数在执行时是如何确定自由变量的值的。

```
>>>i =1
>>>def f(j):
    return i+j
>>>print(f(2))
3
>>>i =5
>>>print(f(2))
7
```

可见,当定义函数 f() 时,Python 不会记录函数 f() 里面的自由变量 i 对应什么对象,只会告诉函数 f() 有一个自由变量,它的名字叫 i。接着,当函数 f() 被调用执行时,Python 告诉函数 f():①空间上,需要在被定义时的外层命名空间(也称为作用域)里面去查找 i 对应的对象,这里将这个外层命名空间记为 S;②时间上,在函数 f() 运行时,在 S 里面查找 i 对应的最新对象。上面测试用例中的 i= 5 之后,f(2) 随之返回 7,恰好反映了这一点。继续看下面类似的例子:

```
>>>fTest =map(lambda i:(lambda j: i**j), range(1,6))
>>>print([f(2) for f in fTest])
[1, 4, 9, 16, 25]
```

在上面的测试用例中,fTest 是一个行为列表,里面的每个元素是一个 lambda 表达式,每个表达式中的 i 值通过 map() 函数映射确定下来,执行 print([f(2) for f in fTest]) 语句时,f() 依次在 fTest 中选取里面的 lambda 表达式并将 2 传递给 lambda 表达式中的 j,所以输出结果为[1, 4, 9, 16, 25]。再如下面的例子:

```
>>>fs =[lambda j:i*j for i in range(6)]
```

```
#fs中的每个元素相当于是含有参数 j 和自由变量 i 的函数
>>>print([f(2) for f in fs])
[10, 10, 10, 10, 10, 10]
```

之所以会出现[10,10,10,10,10,10]这样的输出结果,是因为列表 fs 中的每个函数在定义时其包含的自由变量 i 都是循环变量。因此,列表中的每个函数被调用执行时其自由变量 i 都是对应循环结束 i 所指对象值 5。

4.8 变量的作用域

变量起作用的代码范围称为变量的作用域。在 Python 中,使用一个变量时并不需要预先声明它,但在真正使用它之前,它必须被绑定到某个内存对象(即变量被定义、赋值),变量名绑定将在当前作用域中引入新的变量,同时屏蔽外层作用域中的同名变量。

4.8.1 变量的局部作用域

在函数内部定义的变量被称为局部变量,局部变量起作用的范围是函数内部,称为局部作用域。也就是说,局部变量的作用域从创建变量的地方开始,直到包含该变量的函数结束为止。当函数运行结束后,在该函数内部定义的局部变量被自动删除而不可再访问。

(1) 函数内部的变量名 x 如果是第一次出现,且在赋值符号"="前,那么就可以认为在函数内部定义了一个局部变量 x。在这种情况下,不论全局变量名中是否有变量名 x,函数中使用的 x 都是局部变量。例如:

```
1. num =1
2. def func():
3.     num =2
4.     print(num)
5. func()
```

输出结果是 2。说明函数 func()中定义的变量名 num 是一个局部变量,覆盖全局变量。

(2) 函数内部的变量名如果是第一次出现,且出现在赋值符号"="后面,并且在之前已被定义为全局变量,则这里将引用全局变量。例如:

```
num =10
def func():
  x =num +10
  print(x)
func()
```

输出结果是 20。

(3) 函数中使用某个变量时,如果该变量名既有全局变量也有局部变量,则默认使用局部变量。例如:

```
num = 10                                        #全局变量
def func():
  num = 20                                      #局部变量
  x = num * 10                                  #此处的 num 为局部变量
  print(x)
func()
```

输出结果是 200。

（4）有些情况下需要在函数内部定义全局变量，这时可以使用 global 关键字来声明变量的作用域为全局。全局变量默认可读，如果需要改变全局变量的值，需要在函数内部使用 global 关键字来声明。

```
num = 100
def func():
  global num                                    #声明 num 是全局变量
  num = 200                                     #修改 num 全局变量的值
  print('在函数内输出 num:', num)
func()
print('在函数外输出 num:', num)
```

上述程序代码在 IDLE 中运行的结果如下：

```
在函数内输出 num:200
在函数外输出 num:200
```

num 在函数内外都输出 200。这说明函数中的变量名 num 被定义为全局变量，并被赋值为 200。

4.8.2　变量的全局作用域

不属于任何函数的变量一般为全局变量，它们在所有的函数之外创建，可以被所有的函数访问，即模块层次中定义的变量，每一个模块都是一个全局作用域。也就是说，在模块文件顶层声明的变量具有全局作用域，模块的全局变量就像是一个模块对象的属性。

注意：全局作用域的范围仅限于单个模块文件内。

```
name = 'Jack'                                   #全局变量,具有全局作用域
def f1():
  age = 18                                      #局部变量
  print(age, name)
def f2():
  age = 19                                      #局部变量
  print(age, name)
f1()
f2()
```

上述程序代码在 IDLE 中运行的结果如下：

```
18 Jack
19 Jack
```

注意：列表、字典可修改，但不能重新赋值，如果需要重新赋值，需要在函数内部使用 global 定义全局变量。

```
name =['Chinese','Math']                     #全局变量
name1 =['Java','Python']                      #全局变量
name2 =['C','C++']                            #全局变量
def f1():
    name.append('English')                   #列表的 append()方法可改变外部全局变量的值
    print('函数内 name: %s'%name)
    name1 =['Physics','Chemistry']           #重新赋值不可改变外部全局变量的值
    print('函数内 name1: %s'%name1)
    global name2           #如果需重新给全局变量 name2 赋值,需使用 global 声明全局变量
    name2 ='123'
    print('函数内 name2: %s'%name2)
f1()
print('函数外输出 name: %s'%name)
print('函数外输出 name1: %s'%name1)
print('函数外输出 name2: %s'%name2)
```

上述程序代码在 IDLE 中运行的结果如下：

```
函数内 name: ['Chinese', 'Math', 'English']
函数内 name1: ['Physics', 'Chemistry']
函数内 name2: 123
函数外输出 name: ['Chinese', 'Math', 'English']
函数外输出 name1: ['Java', 'Python']
函数外输出 name2: 123
```

4.8.3　变量的嵌套作用域

嵌套作用域也包含在函数中，嵌套作用域和局部作用域是相对的，嵌套作用域相对于更上层的函数而言也是局部作用域。与局部作用域的区别在于，对一个函数而言，局部作用域是定义在此函数内部的局部作用域，而嵌套作用域是定义在此函数的上一层父级函数的局部作用域。

嵌套作用域应用的示例代码如下：

```
x=5
def test1():
    x=10
    def test2():
        print(x)
```

```
    test2()
    print(x)

test1()
```

上述程序代码在 IDLE 中运行的结果如下：

```
10
10
```

从上面的例子可以看出，test1()和 test2()函数里面的 print 都是输出 test1()方法里面定义的 x，而没有涉及函数外的 x。其查找 x 的过程：调用 test1()函数，依次从上到下执行其里面的语句，执行到 test2()，进入 test2()内部执行，执行到 print(x)语句时，要解析 x，先在 test2()内部搜索，结果没有搜到，然后在 test2()的父级函数 test1()内搜索，搜索到 x＝10，于是搜索在此处停止，变量的含义就定位到该处，即 x 的值是 10，执行 print(x)输出 10。print(x)执行后，其后面不再有 test2()函数的语句，于是控制权重新回到 test1()，然后执行 test2()下面的语句 print(x)，在 test1()里搜到 x＝10，于是搜索在此处停止，变量的含义就定位到该处，即 x 的值是 10，执行 print(x)输出 10。

由变量的局部作用域、变量的全局作用域和变量的嵌套作用域的介绍可知，搜索变量名的优先级：局部作用域＞嵌套作用域＞全局作用域，即变量名解析机制：在局部找不到时，便会去局部外的局部找，再找不到就会去全局找。

4.9 函数的递归调用

在调用一个函数的过程中又出现直接或间接地调用该函数本身，称为函数的递归调用。递归函数就是一个调用自己的函数。递归常用来解决结构相似的问题。结构相似是指构成原问题的子问题与原问题在结构上相似，可以用类似的方法求解。具体地，整个问题的求解可以分为两部分：第一部分是一些特殊情况（也称为最简单的情况），有直接的解法；第二部分与原问题相似，但比原问题的规模小，并且依赖第一部分的结果。每次递归调用都会简化原始问题，让它不断地接近最简单的情况，直至它变成最简单的情况。实际上，递归是把一个大问题转化成一个或几个小问题，再把这些小问题进一步分解成更小的小问题，直至每个小问题都可以直接解决。因此，递归有两个基本要素。

（1）边界条件：确定递归到何时终止，也称为递归出口。

（2）递归模式：大问题是如何分解为小问题的，也称为递归体。

递归函数只有具备了这两个要素，才能在有限次计算后得出结果。

许多数学函数都是使用递归来定义的，如数字 n 的阶乘 $n!$ 可以按下面的递归方式进行定义：

$$n! = \begin{cases} n! = 1 & (n=0) \\ n \times (n-1)! & (n>0 \quad n \in \mathbf{N}^*) \end{cases}$$

对于给定的 n，如何求 $n!$ 呢？

　　求 $n!$ 可以用递推方法,即从 1 开始,乘 2,再乘 3……一直乘到 n。这种方法容易理解,也容易实现。递推法的特点是从一个已知的事实(如 $1!=1$)出发,按一定规律推出下一个事实(如 $2!=2\times1!$),再从这个新的已知的事实出发,再向下推出一个新的事实($3!=3\times2!$),直到推出 $n!=n\times(n-1)!$。

　　求 $n!$ 也可以用递归方法,即假设已知 $(n-1)!$,使用 $n!=n\times(n-1)!$ 就可以立即得到 $n!$。这样,计算 $n!$ 的问题就简化为计算 $(n-1)!$。当计算 $(n-1)!$ 时,可以递归地应用这个思路直到 n 递减为 0。

　　假定计算 $n!$ 的函数是 factorial(n)。如果 $n=1$ 调用这个函数,立即就能返回它的结果,这种不需要继续递归就能知道结果的情况称为基础情况或终止条件。如果 $n>1$ 调用这个函数,它会把这个问题简化为计算 $(n-1)!$ 的子问题。这个子问题和原问题本质上是一样的,具有相同的计算特点,但比原问题更容易计算、计算规模更小,所以可以用不同的参数来调用这个函数,即递归调用。

　　计算 $n!$ 的函数 factorial(n) 可简单地描述如下:

```
def factorial (n):
    if n==0:
        return 1
    return n * factorial (n -1)
```

　　一个递归调用可能导致更多的递归调用,因为这个函数会持续地把一个子问题分解为规模更小的新的子问题,但这种递归不能无限地继续下去,必须有终止的那一刻,即通过若干次递归调用之后能终止继续调用。也就是说,要有一个递归调用终止的条件,这时很容易求出问题的结果。当递归调用达到终止条件时,就将结果返回给调用者。然后调用者据此进行计算并将计算的结果返回给它自己的调用者。这个过程持续进行,直到结果被传回给原始的调用者为止。例如,y= factorial(n),y 调用 factorial(n),结果被传回给原始的调用者就是传给 y。

　　如果计算 factorial(5),可以根据函数定义看到如下计算 5!的过程:

```
===>factorial (5)
===>5 * factorial (4)                      #递归调用 factorial (4)
===>5 * (4 * factorial (3))                #递归调用 factorial (3)
===>5 * (4 * (3 * factorial (2)))          #递归调用 factorial (2)
===>5 * (4 * (3 * (2 * factorial (1))))    #递归调用 factorial (1)
===>5 * (4 * (3 * (2 * (1* factorial (0))))) #递归调用 factorial (0)
===>5 * (4 * (3 * (2 * (1*1))))    #factorial(0)的结果已经知道,返回结果,接着计
                                   #算 1×1
===>5 * (4 * (3 * (2 * 1)))        #返回 1×1 的计算结果,接着计算 2×1
===>5 * (4 * (3 * 2))             #返回 2×1 的计算结果,接着计算 3×2
===>5 * (4 * 6)                   #返回 3×2 的计算结果,接着计算 4×6
===>5 * 24                        #返回 4×6 的计算结果,接着计算 5×24
===>120                           #返回 5×24 的计算结果到调用处,计算结束
```

图 4-3 以图形的方式描述了从 $n=2$ 开始的递归调用过程。

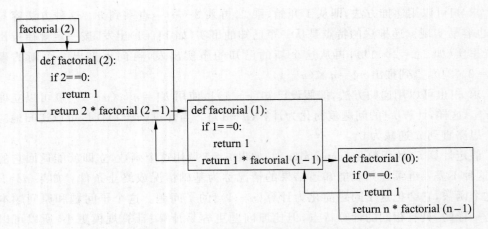

图 4-3　factorial()函数的递归调用过程

```
>>>factorial(5)                              #计算 5!
120
```

可以修改一下代码，详细地输出计算 5!的每一步：

```
>>>def factorial(n):
    print("当前调用的阶乘 n =" +str(n))
    if n ==0:
        return 1
    else:
        res =n * factorial(n -1)
        print("目前已计算出%d * factorial(%d)=%d"%(n, n -1, res))
        return res
>>>factorial(5)
当前调用的阶乘 n =5
当前调用的阶乘 n =4
当前调用的阶乘 n =3
当前调用的阶乘 n =2
当前调用的阶乘 n =1
当前调用的阶乘 n =0
目前已计算出 1 * factorial(0)=1
目前已计算出 2 * factorial(1)=2
目前已计算出 3 * factorial(2)=6
目前已计算出 4 * factorial(3)=24
目前已计算出 5 * factorial(4)=120
120
```

【例 4-4】　通过递归函数输出斐波那契数列的第 n 项。斐波那契数列指的是这样一个数列：1、1、2、3、5、8、13、21、34、…，可通过递归的方法定义：$f(1)=1, f(2)=1, f(n)=f(n-1)+f(n-2)(n \geqslant 3, n \in \mathbf{N}^*)$。（4-4.py）

分析：由斐波那契数列的递归定义可以看出：数列的第 1 项和第 2 项的值都是 1，从第 3 项起，数列中的每一项的值都等于该项前面两项的值之和。因为已知 $f(1)$ 和 $f(2)$，容易求得 $f(3)$。假设已知 $f(n-1)$ 和 $f(n-2)$，由 $f(n-1)+f(n-2)$ 就可以立即得到 $f(n)$。这样计算 $f(n)$ 的问题就简化为计算 $f(n-1)$ 和 $f(n-2)$ 的问题，据此可以编写如下求解斐波那契数列第 n 项的递归函数。

```
def fib(n):
    if n==1 or n==2:                #递归终止的条件
        return 1
    else:
        return fib(n-1)+fib(n-2)    #继续递归调用
```

下面的程序 4-4.py 给出了一个完整的程序，提示用户输入一个正整数，然后输出这个整数所对应的斐波那契数列的项。

```
def fib(n):
    if n==1 or n==2:                #递归终止的条件
        return 1
    else:
        return fib(n-1)+fib(n-2)    #继续递归调用
n=int(input("请输入一个正整数:"))
print("斐波那契数列的第%d项是:%d"%(n, fib(n)))
```

4-4.py 在 IDLE 中运行的结果如下：

```
请输入一个正整数:19
斐波那契数列的第 19 项是:4181
```

更进一步，可写出输出斐波那契数列的前 n 项的递归函数：

```
>>>def func(arg1, arg2, n):
    if arg2 ==1:
        print(arg1,arg2,end=' ')
    arg3 =arg1 +arg2
    print(arg3,end=' ')
    if n<=3:
        return
    func(arg2, arg3, n-1)
>>>func(1, 1, 8)                    #输出斐波那契数列的前 8 项
1 1 2 3 5 8 13 21
```

【例 4-5】 编写一个递归函数遍历输出嵌套列表中的所有元素。

```
>>>def traverse_list(list_name):
    for item in list_name:
        if isinstance(item,list):
            traverse_list(item)
```

```
        else:
            print (item)
>>>movies=["The Holy Grail", 1975, "Terry Jones & Terry Gilliam", 91,
            ["Graham Chapman", ["Michael Palin", "John Cleese",
                "Terry Gilliam", "Eric Idle", "Terry Jones"]]]
>>>traverse_list(movies)
The Holy Grail
1975
Terry Jones & Terry Gilliam
91
Graham Chapman
Michael Palin
John Cleese
Terry Gilliam
Eric Idle
Terry Jones
```

4.10 常用内置函数

4.10.1 map()函数

map（func，seq1[，seq2，…]）：第一个参数接收一个函数名，后面的参数接收一个或多个可迭代的序列，将 func 依次作用在序列 seq1[，seq2，…]的每个元素，得到一个新的序列。

（1）当序列 seq 只有一个时，将函数 func 作用于这个 seq 的每个元素上，并得到一个新的 seq。

```
>>>L=[1, 2, 3, 4, 5]
>>>list(map((lambda x: x+5), L))    #将 L 中的每个元素加 5
[6, 7, 8, 9, 10]
>>>list(map(str, L))                #将 L 中的每个元素转换为字符串
['1', '2', '3', '4', '5']
```

（2）当序列 seq 多于一个时，每个 seq 的同一位置的元素同时传入多元的 func()函数（有几个列表，func()就应该是几元函数），把得到的每一个返回值存放在一个新的序列中。

```
>>>def add(a, b):                   #定义一个二元函数
    return a+b
>>>a=[1, 2, 3]
>>>b=[4, 5, 6]
>>>list(map(add, a, b))             #将 a、b 两个列表同一位置的元素相加求和
[5, 7, 9]
```

```
>>>list(map(lambda x, y : x * * y, [2, 4, 6],[3, 2, 1]))
[8, 16, 6]
>>>list(map(lambda x, y, z : x +y +z, (1, 2, 3), (4, 5, 6), (7, 8, 9)))
[12, 15, 18]
```

（3）如果函数有多个序列参数，若每个序列的元素数量不一样多，则会根据最少元素的序列进行。

```
>>>list1 =[1, 2, 3, 4, 5, 6, 7]        #7个元素
>>>list2 =[10, 20, 30, 40, 50, 60]     #6个元素
>>>list3 =[100, 200, 300, 400, 500]    #5个元素
>>>list(map(lambda x, y, z : x * * 2 +y +z, list1, list2, list3))
[111, 224, 339, 456, 575]
```

4.10.2　reduce()函数

reduce()函数在库 functools 里，如果要使用它，要从这个库里导入。reduce()函数的语法格式如下：

```
reduce(function, sequence[, initializer])
```

参数：

function——函数，有两个参数；

sequence—— 序列对象；

initializer——可选，初始参数。

（1）不带初始参数 initializer 的 reduce()函数：reduce(function，sequence)，先将 sequence 的第一个元素作为 function()函数的第一个参数，sequence 的第二个元素作为 function()函数第二个参数进行 function()函数运算，然后将得到的返回结果作为下一次 function()函数的第一个参数，并将序列 sequence 的第三个元素作为 function()的第二个参数进行 function()函数运算，得到的结果再与 sequence 的第四个元素进行 function()运算，依次进行下去直到 sequence 中的所有元素都得到处理。

```
>>>from functools import reduce
>>>def add(x, y):
    return x+y
>>>reduce(add, [1, 2, 3, 4, 5])              #计算列表和：1+2+3+4+5
15
>>>reduce(lambda x, y: x * y, range(1, 11))  #求得 10!
3628800
```

（2）带初始参数 initializer 的 reduce()函数：reduce(function, sequence, initializer)，先将初始参数 initializer 的值作为 function()函数的第一个参数，sequence 的第一个元素作为 function()的第二个参数进行 function()函数运算，然后将得到的返回结果作为下一次 function()函数的第一个参数，并将序列 sequence 的第二个元素作为

function()的第二个参数进行 function()函数运算，得到的结果再与 sequence 的第三个元素用 function()进行函数运算，依次进行下去直到 sequence 中的所有元素都得到处理。

```
>>>from functools import reduce
>>>reduce(lambda x, y: x +y, [2, 3, 4, 5, 6], 1)
21
```

【例 4-6】 统计一段文字的词频。

```
>>>from functools import reduce
>>>import re
>>>str1="Youth is not a time of life; it is a state of mind; it is not a matter of
rosy cheeks, red lips and supple knees; it is a matter of the will, a quality of
the imagination, a vigor of the emotions; it is the freshness of the deep springs
of life. "
>>>words=str1.split()                          #以空字符为分隔符对 str1 进行分隔
>>>words
['Youth', 'is', 'not', 'a', 'time', 'of', 'life;', 'it', 'is', 'a', 'state',
'of', 'mind;', 'it', 'is', 'not', 'a', 'matter', 'of', 'rosy', 'cheeks,', 'red',
'lips', 'and', 'supple', 'knees;', 'it', 'is', 'a', 'matter', 'of', 'the',
'will,', 'a', 'quality', 'of', 'the', 'imagination,', 'a', 'vigor', 'of', 'the',
'emotions;', 'it', 'is', 'the', 'freshness', 'of', 'the', 'deep', 'springs',
'of', 'life.']
>>>words1=[re.sub('\W', '', i) for i in words]  #将字符串中的非单词字符替换为''
>>>words1
['Youth', 'is', 'not', 'a', 'time', 'of', 'life', 'it', 'is', 'a', 'state', 'of',
'mind', 'it', 'is', 'not', 'a', 'matter', 'of', 'rosy', 'cheeks', 'red', 'lips',
'and', 'supple', 'knees', 'it', 'is', 'a', 'matter', 'of', 'the', 'will', 'a',
'quality', 'of', 'the', 'imagination', 'a', 'vigor', 'of', 'the', 'emotions',
'it', 'is', 'the', 'freshness', 'of', 'the', 'deep', 'springs', 'of', 'life']
>>>def fun(x,y):
    if y in x:
        x[y]=x[y]+1
    else:
        x[y]=1
    return x
>>>result=reduce(fun, words1, {})              #统计词频
>>>result
{'Youth': 1, 'is': 5, 'not': 2, 'a': 6, 'time': 1, 'of': 8, 'life': 2, 'it': 4,
'state': 1, 'mind': 1, 'matter': 2, 'rosy': 1, 'cheeks': 1, 'red': 1, 'lips': 1,
'and': 1, 'supple': 1, 'knees': 1, 'the': 5, 'will': 1, 'quality': 1, 'imagination':
1, 'vigor': 1, 'emotions': 1, 'freshness': 1, 'deep': 1, 'springs': 1}
```

4.10.3　filter()函数

filter()函数：filter(func，iterable)，用于过滤序列，即用函数 filter()过滤掉 iterable 序列中不符合条件的元素，返回由符合条件元素组成的新序列。第一个参数为函数，第二个参数为序列，序列的每个元素作为参数传递给函数进行判断，最后将返回 True 的元素放到新序列中。

【例 4-7】　过滤出列表中的所有奇数。

```
>>>def is_odd(n):
    return n%2 ==1
>>>newlist =filter(is_odd, range(20))
>>>list(newlist)
[1, 3, 5, 7, 9, 11, 13, 15, 17, 19]
```

【例 4-8】　过滤出列表中的所有回文数。

分析：回文数是一种正读倒读都一样的数字，如 98789 倒读也为 98789。

```
>>>def is_palindrome(n):                          #定义判断是不是回文数的函数
    n=str(n)
    m=n[::-1]
    return n==m
>>>newlist =filter(is_palindrome, range(100,200))  #过滤出列表中的所有回文数
>>>list(newlist)
[101, 111, 121, 131, 141, 151, 161, 171, 181, 191]
```

4.11　函 数 举 例

【例 4-9】　编写一个求两个数的最大公约数的程序。(4-9.py)

分析：两个数的最大公约数是指两个整数公约数中最大的一个。求解最大公约数的方法有如下三种。

(1)质因数分解法：把每个数分别分解质因数，再把各数中的全部公有质因数提取出来连乘，所得的积就是这几个数的最大公约数。

(2)短除法：先用这两个数的公约数连续去除，一直除到所有的商互质为止，然后把所有的除数连乘起来，所得的积就是这几个数的最大公约数。

(3)辗转相除法：用较小数除较大数，再用出现的余数(第一余数)去除除数，再用出现的余数(第二余数)去除第一余数，如此反复，直到最后余数是 0 为止，最后的除就是这两个数的最大公约数。

```
def gcd(x, y):
    """该函数返回两个数的最大公约数"""
    if x >y:                                      #求出两个数的最小值
```

```
        smaller =y
    else:
        smaller =x
    i,gcd=2,1
    while i<=smaller:
        if((x %i ==0) and (y %i ==0)):
            gcd=i
        i+=1
    return gcd
```

```
#用户输入两个数字
num1 =int(input("输入第一个数字："))
num2 =int(input("输入第二个数字："))
print( num1,"和", num2,"的最大公约数为", gcd(num1, num2))
```

4-9.py 在 IDLE 中运行的结果如下：

```
输入第一个数字：45
输入第二个数字：75
45 和 75 的最大公约数为 15
```

【例 4-10】 编写一个递归函数求两个数的最大公约数。（4-10.py）
分析：利用求两个数的最大公约数的辗转相除法来写递归函数。

```
def gcd_digui(a, b):
    if a>b:
        a, b =b, a
    if b%a==0:
        return a
    else:
        return gcd_digui(a,b%a)
```

```
#用户输入两个数字
num1 =int(input("输入第一个数字："))
num2 =int(input("输入第二个数字："))
print( num1,"和", num2,"的最大公约数为", gcd_digui(num1, num2))
```

4-10.py 在 IDLE 中运行的结果如下：

```
输入第一个数字：45
输入第二个数字：75
45 和 75 的最大公约数为 15
```

【例 4-11】 写一个判断数是否素数的函数。

```
>>>def is_prime(n):
    import math
```

```
    if n==1:
        return '%d不是素数'%n
    for i in range(2, int(math.sqrt(n) +1)):
        if n %i ==0:
            return '%d不是素数'%n
    return '%d是素数'%n
```

```
>>>is_prime(13)
'13是素数'
>>>is_prime(14)
'14不是素数'
```

【例 4-12】　使用递归函数实现汉诺塔问题。

汉诺塔问题源于印度的一个古老传说：大梵天创造世界时，做了三根金刚石柱子，在一根柱子上从下往上按照大小顺序摆着 64 片黄金圆盘，称为汉诺塔。大梵天命令婆罗门把圆盘从一根柱子上按大小顺序重新摆放在另一根柱子上。并且规定，小圆盘上不能放大圆盘，在三根柱子之间一次只能移动一个圆盘。这个问题称为汉诺塔问题。

汉诺塔问题可描述为：假设柱子编号为 a、b、c，开始时 a 柱子上有 n 个盘子，要求把 a 上面的盘子移动到 c 柱子上，在三根柱子之间一次只能移动一个圆盘，且小圆盘上不能放大圆盘。在移动过程中可借助 b 柱子。

要想完成把 a 柱子上的 n 个盘子借助 b 柱子移动到 c 柱子上这一任务，只需完成以下三个子任务。

（1）把 a 柱子上面的 n−1 个盘移动到 b 柱子上。

（2）把 a 柱子最下面的第 n 个盘移动到 c 柱子上。

（3）把（1）步中移动到 b 柱子上的 n−1 个盘移动到 c 柱子上，任务完成。

基于上面的分析，汉诺塔问题可以用递归函数来实现。定义函数 move(n，a，b，c)表示把 n 个圆盘从柱子 a 移动到柱子 c，在移动过程中可借助 b 柱子。

递归终止的条件：当 n=1 时，move(1，a，b，c)是最简单的情况，可直接求解，即直接将盘子从 a 柱子移动到 c 柱子。

递归过程：把 move(n，a，b，c)细分为 move(n−1，a，c，b)、move(1，a，b，c)和 move(n−1，b，a，c)。

实现汉诺塔问题的递归函数如下：

```
>>>def move(n,a,b,c):
    if n==1:
        print(a,'-->', c, end=';')    #将a柱子上面的第一个盘子移动到c柱子上
    else:
        move(n-1, a, c, b)                #将a柱子上面的n-1个盘子移动到b柱子上
        move(1, a, b, c)                  #将a柱子剩下的最后一个盘子移动到c柱子上
        move(n-1, b, a, c)                #将b柱子上的n-1个盘子移动到c柱子上
>>>move(3,'A','B','C')
```

```
A -->C;A -->B;C -->B;A -->C;B -->A;B -->C;A -->C;
>>>move(4,'A','B','C')
A -->B;A -->C;B -->C;A -->B;C -->A;C -->B;A -->B;A -->C;B -->C;B -->A;
C -->A;B -->C;A -->B;A -->C;B -->C;
```

【例 4-13】 列表 s = ['第一章-10.doc', '第一章-1. doc ',' 第一章2. doc ', '第一章-14. doc ',' 第一章-3. doc ', '第一章-20. doc ', '第一章-5. doc ', '第一章-8. doc ', '第一章-6. doc ']，按列表中元素"-"后的数字的大小对列表升序排序。

```
>>>s =['第一章-10.doc', '第一章-1. doc ',' 第一章-2. doc ', '第一章-14. doc ',' 第一章-3. doc ', '第一章-20. doc ', '第一章-5. doc ', '第一章-8. doc ', '第一章-6. doc ']
>>>s.sort(key=lambda x : int(x.split('-')[-1].split('.')[0]))
>>>s
['第一章-1. doc ', ' 第一章-2. doc ', ' 第一章-3. doc ', '第一章-5. doc ', '第一章-6. doc ', ' 第一章-8. doc ', '第一章-10.doc', '第一章-14. doc ', '第一章-20. doc ']
```

【例 4-14】 编写函数，接收一个字符串，分别统计大写字母、小写字母、数字、其他字符的个数。（4-14.py）

```
def demo(s1):
    capital =little =digit =other =0
    for i in s1:
        if 'A'<=i<='Z':
            capital+=1
        elif 'a'<=i<='z':
            little+=1
        elif '0'<=i<='9':
            digit+=1
        else:
            other+=1
    return (capital,little,digit,other)
s2 =input('请输入一段英文字符:')
print('输入的字符串中有大写字母%d个、小写字母%d个、数字%d个、其他字符%d个'%demo(s2))
```

4-14.py 在 IDLE 中运行的结果如下：

请输入一段英文字符:In 2005 when Kendall was sixteen, we thought she was pretty much out of the woods—or at least heading in that direction.
输入的字符串中有大写字母 2 个、小写字母 90 个、数字 4 个、其他字符 26 个

【例 4-15】 编写函数计算下面数列前 n 项的和。（4-15.py）
2,3/2,5/3,8/5,13/8,21/13,…
分析：数列的各项是有规律的。
（1）后一项的分母是前一项的分子。

（2）后一项的分子是前一项的分子与分母之和。

```
def func_sum(n):
    fenmu = 1                             #数列第一项的分母为1
    fenzi = 2                             #数列第一项的分子为2
    sum = 0
    count = 1
    while count<=n:
        sum = sum + fenzi/fenmu
        temp = fenmu + fenzi
        fenmu = fenzi
        fenzi = temp
        count = count + 1
    return sum


x = int(input("输入求和的项数:"))
print("数列前%d项的和为%f"%(x,func_sum(x)))
```

4-15.py 在 IDLE 中运行的结果如下：

```
输入求和的项数:20
数列前 20 项的和为 32.660261
```

【例 4-16】 编写函数，可以接收任意多个整数并输出其中的最大值和所有整数之和。

```
>>>def demo(*x):
    print("%s的最大值是%d"%(x,max(x)))
    print("%s的各元素的数值之和是%d"%(x,sum(x)))
>>>demo(1,2,3,4,5)
(1, 2, 3, 4, 5)的最大值是 5
(1, 2, 3, 4, 5)的各元素的数值之和是 15
```

【例 4-17】 编写函数，接收一个包含若干整数的列表，返回一个元组，元组的第一个元素为列表的最大值，另一个元素为最大值在列表中的下标。

```
>>>def demo(lista):
    m = max(lista)
    i = 1
    while i<=len(lista):
        if lista[i]==m:
            break
        i = i + 1
    return tuple([m,i])
>>>print(demo([1, 2, 3, 4, 8, 6, 7]))
(8, 4)
```

【例 4-18】 编写函数对一个正整数分解质因数。(4-18.py)

```python
def factoring(n):
    for i in range(2,n//2+1):
        if n%i==0:
            print(i, end='')
            print(" * ", end='')
            return factoring(n//i)
    print(n)
#获取用户输入
num =int(input("输入第一个正整数："))
print(num, "的分解质因数是:",end='')
factoring(num)
```

4-18.py 在 IDLE 中运行的结果如下：

```
输入第一个正整数：72
72 的分解质因数是：2 * 2 * 2 * 3 * 3
```

【例 4-19】 求两个正整数的最小公倍数。

方法一：穷举法。

```python
def common_multiple(x, y):
    #获取最大的数
    if x >y:
        greater =x
    else:
        greater =y
    while(True):
        if((greater % x ==0) and (greater % y ==0)):
            mcm =greater
            break
        greater +=1
    return mcm
#获取用户输入
num1 =int(input("输入第一个数字："))
num2 =int(input("输入第二个数字："))
print("%d 和%d 的最小公倍数为%d"%(num1, num2, common_multiple(num1, num2)))
```

方式二：公式法。

a 和 b 两个数的乘积 a * b 等于这两个数的最大公约数 gcd(a，b)与最小公倍数 lcm(a，b)的积，则 lcm(a，b) =a * b/gcd(a，b)。(4-19.py)

```python
def gcd(n1,n2):
    """最大公约数函数 """
    if(n1%n2 ==0):
        return n2
    return gcd(n2,n1%n2)
```

```
#获取用户输入
num1 = int(input("输人第一个数字: "))
num2 = int(input("输人第二个数字: "))
print("%d 和%d 的最小公倍数为%d"%(num1, num2, (num1 * num2)//gcd(num1,num2)))
```

4-19.py 在 IDLE 中运行的结果如下:

```
输人第一个数字: 18
输人第二个数字: 84
18 和 84 的最小公倍数为 252
```

习　题

1. Python 如何定义一个函数?

2. 使用函数有什么好处?

3. 简述位置参数、关键字参数、默认值参数、可变长度参数、序列解包参数的区别。

4. 假设函数头如下所示:

```
def f(p1, p2, p3, p4)
```

下列哪些调用是正确的?

```
f(1, p2=2, p3=3, p4=4)
f(1, p2=2, 3, p4=4)
f(p1=1, p2=2, 3, p4=4)
f(p1=1, p2=2, p3=3, p4=4)
f(p4=4, p2=2, p3=3, p1=1)
```

5. 什么是 lambda 函数? 它有什么好处?

6. 求 $s = a + aa + aaa + aaaa + aa\cdots a$ 的值,其中 a 是一个数字。例如,$2 + 22 + 222 + 2222 + 22222$(此时共有 5 个数相加),多少个数相加由键盘输入控制。

7. 编写函数显示如下模式:

$$
\begin{matrix}
 & & & & 1 \\
 & & & 2 & 1 \\
 & & 3 & 2 & 1 \\
 & & & & \vdots \\
n & n-1 & \cdots & 3 & 2 & 1
\end{matrix}
$$

8. 编写函数反向显示一个整数,如 1234,反向为 4321。

9. 双素数是指一对差值为 2 的素数,例如,3 和 5 就是一对双素数。编写程序,找出所有小于 1000 的双素数。

10. * tupleArg、* * dictArg 这两个参数是什么意思? 为什么要使用它们?

11. 一只青蛙一次可以跳上 1 级台阶,也可以跳上 2 级……它也可以跳上 n 级。求该青蛙跳上一个 n 级的台阶总共有多少种跳法。

第 5 章

正则表达式

正则表达式(Regular Expression,Regex)描述了一种字符串匹配的模式,可以用来检查一个字符串是否含有某种子字符串。构造正则表达式的方法和创建数学表达式的方法一样。也就是用多种元字符与运算符,可以将小的表达式结合在一起来创建更大的表达式。正则表达式的组件可以是单个字符、字符集合、字符范围、字符间的选择或者所有这些组件的任意组合。

什么是正则
表达式

5.1 什么是正则表达式

字符是计算机处理文字时的最基本单位,可能是字母、数字、标点符号、空格、换行符、汉字等。文本是字符的集合,文本也就是字符串。在处理字符串时,常常需要检查字符串中是否有满足某些规则(模式)的字符串。正则表达式就是用于描述这些规则的。说某个字符串匹配某个正则表达式,通常是指这个字符串里有一部分(或几部分分别)能满足正则表达式给出的规则。具体地说,正则表达式是一些由字符和特殊符号组成的字符串。例如:

'feelfree+b',可以匹配'feelfreeb'、'feelfreeeb'、'feelfreeeeeb'等,+号表示匹配位于+之前的字符一次或多次出现。

'feelfree * b',可以匹配'feelfreb'、'feelfreeb'、'feelfreeeeb'等, * 号表示匹配位于 * 之前的字符 0 次或多次出现。

'colou? r',可以匹配'color'或者'colour',? 表示匹配位于? 之前的字符 0 次或一次出现。

正则表达式
的构成

5.2 正则表达式的构成

正则表达式是由普通字符(例如大写和小写字母、数字等)、预定义字符(例如\d 表示 0~9 的 10 个数字集[0-9],用于匹配数字)以及元字符(例如 * 匹配位于 * 之前的字符或子表达式 0 次或多次出现)组成的字符序列模式,也称为模板。模式描述了在搜索文本时要匹配的字符串。在 Python 中,通过 re 模块来实现正则表达式处理的功能。导入 re

模块后,使用如下的 search()函数可进行匹配。

re.search(pattern, string, flags=0)　　　　　　#扫描整个字符串并返回第一个成功的匹配

函数参数说明如下。

pattern:匹配的正则表达式。

string:要匹配的字符串。

flags:标志位,用于控制正则表达式的匹配方式,如是否区分大小写、多行匹配等。

一些用"\"开始的字符表示预定义的字符,表 5-1 列出了一些常用的预定义字符。

表 5-1　常用的预定义字符

预定义字符	描　　述
\d	表示 0～9 的 10 个数字集[0-9],用于匹配数字
\D	表示非数字字符集,等价于[^0-9],用于匹配一个非数字字符
\f	用于匹配一个换页符
\n	用于匹配一个换行符
\r	用于匹配一个回车符
\s	表示空白字符集[\f\n\r\t\v],用于匹配空白字符,包括空格、制表符、换页符等
\S	表示非空白字符集,等价于[^ \f\n\r\t\v],用于匹配非空白字符
\w	表示单词字符集[a-zA-Z0-9_],用于匹配单词字符
\W	表示非单词字符集[^a-zA-Z0-9_],用于匹配非单词字符
\t	用于匹配一个制表符
\v	用于匹配一个垂直制表符
\b	匹配单词头或单词尾
\B	与\b 含义相反

元字符是一些有特殊含义的字符。若要匹配元字符,必须首先使元字符"转义",即将反斜杠字符"\"放在它们前面,使之失去特殊含义,成为一个普通字符。表 5-2 列出了一些常用的元字符。

表 5-2　常用的元字符

元字符	描　　述
\	将下一个字符标记为特殊字符、原义字符、向后引用等。例如,\n' 匹配换行符, '\\' 匹配 "\", \(' 则匹配 "("
.	匹配任何单字符(换行符\n 除外)。要匹配".",需使用\.
^...	匹配以^后面的"..."字符序列开头的行首,要匹配^字符本身,需使用 \^
...$	匹配以 $ 之前的字符结束的行尾。要匹配 $ 字符本身,需使用\ $
(...)	标记一个子表达式的开始和结束位置,即将位于()内的字符作为一个整体看待

续表

元字符	描　　　述
*	匹配位于 * 之前的字符或子表达式 0 次或多次。要匹配 * 字符，需使用 \ *
+	匹配位于＋之前的字符或子表达式的 1 次或多次。要匹配＋字符，需使用\＋
?	匹配位于"?"之前的字符或子表达式 0 次或 1 次。当"?"紧随任何其他限定符（ * 、＋、?、{n}、{n,}、{m,n}）之后时，匹配模式是"非贪心的"。"非贪心的"模式匹配搜索到尽可能短的字符串，而默认的"贪心的"模式匹配搜索到尽可能长的字符串，如在字符串"oooo"中，"o＋?"只匹配单个 o，而 o＋匹配所有 o
{m}	匹配{m}之前的字符 m 次
{m，n}	匹配{m，n}之前的字符 m～n 次，m 和 n 可以省略，若省略 m，则匹配 0～n 次；若省略 n，则匹配 m 至无限次
[...]	匹配位于[...]中的任意一个字符
[^...]	匹配不在[...]中的字符，[^abc]表示匹配除了 a、b、c 之外的字符
|	匹配位于|之前或之后的字符。要匹配|，需使用 \\|

下面给出正则表达式的应用实例。

1. 匹配字符串字面值

正则表达式最为直接的功能就是用一个或多个字符字面值来匹配字符串。所谓字符字面值，就是字符看起来是什么就是什么。这和在 Word 等字符处理程序中使用关键字查找类似。当以逐个字符对应的方式在文本中查找字符串时，就是在用字符串字面值查找。

```
'python'                                    #匹配字符串'python3 python2'中的'python'
```

2. 匹配数字

预定义的字符\d 用于匹配任一阿拉伯数字，也可用字符组[0-9]替代\d 来匹配相同的内容，即 \ d 与 [0-9]的效果是一样的。此外，也可以列出 0～9 内的所有数字[0123456789]来进行匹配。如果只想匹配 1 和 2 两个数字，可以使用字符组[12]来实现。

3. 匹配非数字字符

预定义的字符\D 用于匹配一个非数字字符，\D 与字符组[0-9]取反后的[^0-9]的作用相同（字符组取反的意思就是"不匹配这些"或"匹配除这些以外的内容"），也与[^\d]的作用一样。

'a\de'可以匹配'a1e'、'a2e'、'a0e'等，\d 匹配 0～9 的任一数字。

'a\De'可以匹配'aDe'、'ase'、'ave'等，\D 匹配一个非数字字符。

4. 匹配单词和非单词字符

预定义的字符\w用于匹配单词字符,与\w匹配相同内容的字符组为[a-zA-Z0-9_]。用\W匹配非单词字符,即用\W匹配空格、标点以及其他非字母、非数字字符。此外,\W与[^a-zA-Z0-9_]的作用一样。

'a\we'可以匹配'afe'、'a3e'、'a_e',\w用于匹配大小写字母、数字或下画线字符。

'a\We'可以匹配'a.e'、'a,e'、'a﹡e'等字符串,\W用于匹配非单词字符。

'a[bcd]e'可以匹配'abe'、'ace'和'ade',[bcd]匹配'b'、'c'和'd'中的任意一个。

5. 匹配空白字符

预定义的字符\s用于匹配空白字符,与\s匹配内容相同的字符组为[\f\n\r\t\v],包括空格、制表符、换页符等。用\S匹配非空白字符,或者用[^\s],或者用[^\f\n\r\t\v]。

'a\se'可以匹配'a e',\s用于匹配空白字符。

'a\Se'可以匹配'afe'、'a3e'、'ave'等字符串,\S用于匹配非空白字符。

6. 匹配任意字符

用正则表达式匹配任意字符的一种方法是使用点号".",点号可以匹配任何单字符(换行符\n之外)。要匹配"hello world"这个字符串,可使用11个点号。但这种方法太麻烦,推荐使用量词.{11},{11}表示匹配{11}之前的字符11次。再如'a.c'可以匹配'abc'、'acc'、'adc'等。

'ab{2}c'可以匹配'abbc'。'ab{1,2}c',可完整匹配的字符串有'abc'和'abbc',{1,2}表示匹配{1,2}之前的字符'b' 1次或2次。

'abc﹡'可以匹配'ab'、'abc'、'abcc'等字符串,﹡表示匹配位于﹡之前的字符'c' 0次或多次。

'abc＋'可以匹配'abc'、'abcc'、'abccc'等字符串,＋表示匹配位于＋之前的字符'c' 1次或多次。

'abc? '可以匹配'ab'和'abc'字符串,? 表示匹配位于? 之前的字符'c' 0次或1次。

如果想查找元字符本身,例如用'.'查找".",就会出现问题,因为它们会被解释成特殊含义。这时就得使用\来取消该元字符的特殊含义。因此,查找"."应该使用'\.'。要查找'\'本身,需要使用'\\'。

例如,'baidu\.com'匹配'baidu.com','C：\\ Program Files'匹配'C：\ Program Files'。

5.3　正则表达式的模式匹配

5.3.1　正则表达式的边界匹配

要对关键位置进行字符串匹配。例如,匹配一行文本的开头、一个字符串的开头或者结尾,这时就需要使用正则表达式的边界符来进行匹配。常用的边界符如表5-3所示。

正则表达
式的模式
匹配

表 5-3 常用的边界符

边界符	描　　述	边界符	描　　述
^	匹配字符串的开头或一行的开头	\b	匹配单词头或单词尾
$	匹配字符串的结尾或一行的结尾	\B	与\b 含义相反

匹配行首或字符串的起始位置要使用字符^。要匹配行或字符串的结尾位置要使用字符$。

正则表达式'^We. * \. $'可以匹配以 We 开头的整行。请注意结尾的点号之前有一个反斜杠，对点号进行转义，这样点号就被解释为字面值。如果不对点号进行转义，它就会匹配任意字符。

匹配单词边界要使用\b，如正则表达式'\bWe\b'匹配单词 We。\b 匹配一个单词的边界，如空格等，\b 匹配的字符串不会包括那个分界的字符，而如果用\s 来匹配，则匹配出的字符串中会包含那个边界符，如'\bHe\b'匹配一个单独的单词 He，而当它是其他单词的一部分时不匹配。

可以使用\B 匹配非单词边界，非单词边界匹配的是单词或字符串中间的字母或数字。

'^asddg' 可以匹配行首以'asddg'开头的字符串。

'rld $' 可以匹配行尾以'rld'结束字符串。

5.3.2　正则表达式的分组、选择和引用匹配

在使用正则表达式时，括号是一种很有用的工具。可以根据不同的目的用括号进行分组、选择和引用匹配。

1. 分组

在前面我们已经知道了怎么重复单个字符，即直接在字符后面加上诸如＋、＊、{m，n}等重复操作符即可。但如果想要重复一个字符串，需要使用小括号来指定子表达式（也叫作分组或子模式），然后通过在小括号后面加上重复操作符来指定这个子表达式的重复次数。例如，'(abc){2}'可以匹配'abcabc'，{2}表示匹配{2}之前的表达式（abc）两次。

在 Python 中，分组就是用一对括号括起来的子正则表达式，匹配出的内容就表示匹配出了一个分组。从正则表达式的左边开始，遇到第一个左括号"（"表示该正则表达式的第一个分组，遇到第二个左括号"（"表示该正则表达式的第二个分组，以此类推。需要注意的是，有一个隐含的全局分组（就是 0 组）表示整个正则表达式。正则表达式分组匹配后，要想获得已经匹配的分组的内容时，就可以使用 group(num)和 groups()函数对各个分组进行提取。这是因为分组匹配到的内容会被临时存储于内存中，所以能够在需要时被提取。

```
>>>import re
```

```
>>>m=re.match(r'www\.(.*)\..{3}','www.python.org')    #正则表达式只包含一个分组
>>>print(m.group(1))                                  #提取分组 1 的内容
python
```

按照正则表达式进行匹配后,就可以通过分组提取到我们想要的内容,但是如果正则表达式中括号比较多,在提取想要的内容时,就需要去逐个数想要的内容是第几个括号中的正则表达式匹配的,这样会很麻烦。这时 Python 又引入了另一种分组,那就是命名分组,上面的叫无名分组。

命名分组就是给具有默认分组编号的组另外再取一个别名。命名分组的语法格式如下:

```
(?P<name>正则表达式)                                  #name 是一个合法的标识符
>>>import re
>>>s ="ip='230.192.168.78',version='1.0.0'"
>>>h=re.search(r"ip='(?P<ip>\d+\.\d+\.\d+\.\d+).*", s)    #只有一个分组
>>>print(h.group('ip'))                              #通过分组别名提取分组 1 的内容
230.192.168.78
>>>print(h.group(1))                                 #提取分组 1 的内容
230.192.168.78
```

2. 选择操作

括号的另一个重要的应用是表示可选择性,根据可以选择的情况建立支持二选一或多选一的应用,这涉及括号()和竖线|两种元字符。|表示逻辑或的意思,如'a(123|456)b'可以匹配'a123b'和'a456b'。

假如要统计文本"When the fox first saw1 the lion he was2 terribly3 frightened4. He ran5 away, and hid6 himself7 in the woods."中的 he 出现了多少次,he 的形式应包括 he 和 He 两种形式。查找 he 和 He 两个字符串的正则表达式可以写成:(he|He)。另一个可选的模式是(h|H)e。

假如要查找一个高校具有博士学位的教师,在高校的教师数据信息中,博士的写法可能有 Doctor、doctor、Dr.或 Dr,要匹配这些字符串可用下面的模式:

```
(Doctor|doctor|Dr\. |Dr)
```

注意:句点在正则表达式模式中是一个元字符,它可以匹配任何单字符(换行符\n除外)。要匹配".",需使用'\.'。上述模式的另一个可选的模式如下。

```
(Doctor|doctor|Dr\.?)
```

借助不区分大小写选项可使上述分组匹配更简单,选项(?i)可使匹配模式不再区分大小写,带选择操作的模式(he|He)就可以简写成(?i)he。表 5-4 列出了正则表达式中常用的选项。

表 5-4　正则表达式中常用的选项

选项	描　　述	选项	描　　述
(?i)	不区分大小写	(?s)	单行
(?m)	多行	(?U)	默认最短匹配

3. 分组后向引用

正则表达式中,用括号括起来的表示一个组。所谓分组后向引用,就是对前面出现过的分组再一次引用。当用括号定义了一个正则表达式组后,正则引擎就会把被匹配到的组按照顺序编号,存入缓存。

注意:()用于定义组,[]用于定义字符集,{}用于定义重复操作。

我们想在后面对已经匹配过的分组内容进行引用时,可以用"\数字"的方式或者通过命名分组"(?P=name)"的方式进行引用。\1 表示引用第一个分组,\2 表示引用第二个分组,以此类推,\n 表示引用第 n 个组。\0 则引用整个被匹配的正则表达式本身。这些引用都必须是在正则表达式中才有效,用于匹配一些重复的字符串。例如:

```
>>>import re
>>>re.search(r'(?P<name>\w+)\s+(?P=name)\s+(?P=name)', 'python python
python').group('name')            #通过命名分组进行后向引用
'python'
>>>re.search(r'(?P<name>\w+)\s+(?P=name)\s+(?P=name)', 'python python
python').group()
'python python python'
>>>re.search(r'(?P<name>\w+)\s+\1\s+\1', 'python python python').group()
'python python python'          #通过默认分组编号进行后向引用
```

下面看一个嵌套分组的例子:

```
>>>s='2017-10-10 18:00'
>>>import re
>>>p=re.compile(r'(((\d{4})-\d{2})-\d{2}) (\d{2}):(\d{2})')
>>>re.findall(p,s)
[('2017-10-10', '2017-10', '2017', '18', '00')]
>>>se=re.match(p,s)
>>>print(se.group())
2017-10-10 18:00
>>>print(se.group(0))
2017-10-10 18:00
>>>print(se.group(1))
2017-10-10
>>>print(se.group(2))
2017-10
>>>print(se.group(3))
```

```
2017
>>>print(se.group(4))
18
>>>print(se.group(5))
00
```

可以看出,分组的序号是以左小括号"("从左到右的顺序为准的。

```
>>>import re
>>>s = '1234567890'
>>>s = re.sub(r'(...)',r'\1,',s)    #在字符串中从前往后每隔 3 个字符插入一个","符号
>>>s
'123,456,789,0'
```

5.3.3　正则表达式的贪婪匹配与懒惰匹配

当正则表达式中包含重复的限定符时,通常的行为是(在使整个表达式能得到匹配的前提下)匹配尽可能多的字符。例如'a.＊b',它将会匹配最长的以 a 开始、以 b 结束的字符串。如果用它来匹配'aabab',它会匹配整个字符串'aabab'。这被称为贪婪匹配。

有时,我们需要懒惰匹配,也就是匹配尽可能少的字符。前面给出的限定符都可以被转化为懒惰匹配模式,只要在 ＊ 后面加上一个问号"?"。这样'a.＊? b'就意味着匹配任意数量的重复,但是在使整个表达式能得到匹配的前提下使用最少的重复。

'a.＊? b'匹配最短的以 a 开始、以 b 结束的字符串。如果把它应用于'aabab',它会匹配'aab'(第一到第三个字符)和'ab'(第 4～5 个字符)。匹配的结果为什么不是最短的'ab'而是'aab'和'ab'? 这是因为正则表达式有另一条规则,比懒惰/贪婪规则的优先级更高,这就是"最先开始的匹配拥有最高的优先权"。表 5-5 列出了常用的懒惰限定符。

表 5-5　常用的懒惰限定符

懒惰限定符	描　　述
＊?	重复任意次,但尽可能少重复
＋?	重复 1 次或更多次,但尽可能少重复
??	重复 0 次或 1 次,但尽可能少重复
{n,m}?	重复 n～m 次,但尽可能少重复
{n, }?	重复 n 次以上,但尽可能少重复

```
>>>import re
>>>s ="abcdakdjd"
>>>p =re.compile("a.＊? d")        #懒惰匹配
>>>m =re.compile("a.＊d")          #贪婪匹配
>>>p.findall(s)
['abcd', 'akd']
```

```
>>>m.findall(s)
['abcdakdjd']
```

5.4　正则表达式模块 re

正则表达
式模块 re

Python 通过 re 模块提供对正则表达式的支持。表 5-6 列出了常用的 re 模块函数。

表 5-6　常用的 re 模块函数

函　　数	描　　述
re.compile(pattern[，flags])	把正则表达式 pattern 转化成正则表达式对象，然后可以通过正则表达式对象调用 match()和 search()方法
re.split(pattern，string[，maxsplit＝0，flags])	用匹配 pattern 的子串来分隔 string，并返回一个列表
re.match(pattern，string[，flags])	从字符串 string 的起始位置匹配模式 pattern，string 如果包含 pattern 子串，则匹配成功，返回 Match 对象，失败则返回 None
re.search(pattern，string[，flags])	若 string 中包含 pattern 子串，则返回 Match 对象，否则返回 None。注意，如果 string 中存在多个 pattern 子串，只返回第一个
re.findall(pattern，string[，flags])	找到模式 pattern 在字符串 string 中的所有匹配项，并把它们作为一个列表返回
re.sub(pattern，repl，string[，count＝0，flags])	替换匹配到的字符串，即用 pattern 在 string 中匹配要替换的字符串，然后把它替换成 repl
re.escape(string)	对字符串 string 中的非字母数字进行转义，返回非字母数字前加反斜杠的字符串

函数参数说明如下。

pattern：匹配的正则表达式。

string：要匹配的字符串。

flags：用于控制正则表达式的匹配方式，flags 的值可以是 re.I(表示忽略大小写)、re.L(支持本地字符集的字符)、re.M(多行匹配模式)、re.S(使元字符“.”匹配任意字符，包括换行符)、re.X(忽略模式中的空格，并可以使用♯注释)的不同组合(使用|进行组合)。

repl：用于替换的字符串，也可为一个函数。

count：模式匹配后替换的最大次数，默认 0 表示替换所有的匹配。

1. re.search()函数

re.search()函数会在字符串内查找模式的匹配字符串，只要找到第一个和模式相匹配的字符串就立即返回，返回一个 Match 对象，如果没有匹配的字符串，则返回 None。Match 对象有以下方法。

group()：返回被 re.search()匹配的字符串。

start()：返回匹配开始的位置。

end()：返回匹配结束的位置。

span()：返回一个元组(匹配开始的位置,匹配结束的位置)。

group（m，n）：返回组号 m、n 所匹配的字符串组成的元组,如果组号不存在,则返回 indexError 异常。

groups()：返回正则表达式中所有小组匹配到的字符串所组成的元组。

```
>>>import re
>>>print(re.search('www', 'www.baidu.com'))              #在起始位置匹配
<_sre.SRE_Match object; span=(0, 3), match='www'>
>>>print(re.search('www', 'www.baidu.com').span())
(0, 3)
>>>print(re.search('com', 'www.baidu.com'))              #不在起始位置匹配
<_sre.SRE_Match object; span=(10, 13), match='com'>
>>>print(re.search('com', 'www.baidu.com').end())        #返回匹配结束的位置
13
>>>print(re.search('com', 'www.baidu.com').start())      #返回匹配开始的位置
10
>>>str1="abc123def"
>>>print(re.search("([a-z]*)([0-9]*)([a-z]*)",str1).group())
                                                         #返回 abc123def 整体
abc123def
>>>print(re.search("([a-z]*)([0-9]*)([a-z]*)",str1).group(1))
                                                         #列出第一个括号匹配部分
abc
>>>print(re.search("([a-z]*)([0-9]*)([a-z]*)",str1).group(2))
                                                         #列出第二个括号匹配部分
123
>>>print(re.search("([a-z]*)([0-9]*)([a-z]*)",str1).group(3))
                                                         #列出第三个括号匹配部分
def
>>>print(re.search("([a-z]*)([0-9]*)([a-z]*)",str1).group(1,3))
                                                         #列出第一、第三个括号匹配部分
('abc', 'def')
>>>print(re.search("([a-z]*)([0-9]*)([a-z]*)",str1).groups())
('abc', '123', 'def')
```

2. re.match()函数

re.match()尝试从字符串的起始位置匹配一个模式,如果不是起始位置匹配成功,re.match ()就返回 None。

```
>>>import re
>>>print(re.match('www', 'www.baidu.com'))               #在起始位置匹配
<_sre.SRE_Match object; span=(0, 3), match='www'>
```

```
>>>print(re.match('com', 'www.baidu.com'))                #不在起始位置匹配
None
```

举例：使用 re.match()进行分组匹配(match.py)。

```
import re
str1 ="Your IP address is 171.15.195.218"
MatchObj =re.match( '(.*) is (((2[0-4]\d|25[0-5]|[01]?\d\d?)\.){3}(2[0-4]\d|
25[0-5]|[01]?\d\d?)).', str1)
if MatchObj:
  print ("MatchObj.group(): ", MatchObj.group())
  print ("MatchObj.group(1): ", MatchObj.group(1))
  print ("MatchObj.group(2): ", MatchObj.group(2))
else:
  print ("No match!!")
```

match.py 在 IDLE 中运行的结果如下：

```
MatchObj.group():  Your IP address is 171.15.195.218
MatchObj.group(1):  Your IP address
MatchObj.group(2):  171.15.195.218
```

re.match()与 re.search()的区别如下。

re.match()只匹配字符串的开始，如果字符串开始不符合正则表达式，则匹配失败，函数返回 None；而 re.search()匹配整个字符串，并返回第一个成功的匹配。

3. re.split()函数

re.split(pattern，string[，maxsplit = 0，flags])用匹配 pattern 的子串来分割 string，并返回一个列表。

```
>>>import re
#\W 表示非单词字符集[^a-zA-Z0-9_],用于匹配非单词字符
>>>re.split('\W+', 'Words,,, words. words? words')
['Words', 'words', 'words', 'words']
#如果 pattern 里使用了括号,那么被 pattern 匹配到的串也将作为返回值列表的一部分
>>>re.split('(\W+)', 'Words, words, words.')
['Words', ', ', 'words', ', ', 'words', '.', '']
>>>s ='23432werwre2342werwrew'
>>>print(re.match('(\d*)([a-zA-Z]*)',s))                #匹配成功
<_sre.SRE_Match object; span=(0, 11), match='23432werwre'>
>>>print(re.search('(\d*)([a-zA-Z]*)',s))               #匹配成功
<_sre.SRE_Match object; span=(0, 11), match='23432werwre'>
```

4. re.findall()函数

在字符串中找到正则表达式所匹配的所有子串，并返回一个列表，如果没有找到匹

16000

配的,则返回空列表。

注意:match()和 search()是匹配一次,findall()匹配所有。

```
>>>import re
>>>str1='Whatever is worth doing is worth doing well.'
>>>print(re.findall('(\w) * ort(\w)', str1))          # ()表示子表达式
[('w', 'h'), ('w', 'h')]
```

5. re.sub()函数

re.sub()的语法格式如下:

```
re.sub(pattern, repl, string[, count=0, flags])
```

说明:re.sub()函数用来替换匹配到的字符串,即用 pattern 在 string 中匹配要替换的字符串,然后把它替换成 repl。

```
>>>import re
>>>text ="He is a good person, he is tall, clever, and so on…"
>>>text= "hello java,I like java"
>>>text1=re.sub("java","python",text)
>>>print(text1)
hello python,I like python
```

5.5 正则表达式对象

可以把那些经常使用的正则表达式,使用 re 模块的 compile()方法将其编译,返回正则表达式对象 RegexObject,然后可以通过正则表达式对象 RegexObject 提供的方法进行字符串处理。使用编译后的正则表达式对象进行字符串处理,不仅可以提高处理字符串的速度,还可以提供更强大的字符串处理功能。

在 Python 中,是通过 re.compile(pattern)把正则表达式 pattern 转化成正则表达式对象的,之后可以通过正则表达式对象调用 match()、search()和 findall()方法进行字符串处理,以后就不用每次去重复写匹配模式。

```
p =re.compile(pattern)                      #把模式 pattern 编译成正则表达式对象 p
```

result = p.match(string)与 result = re.match(pattern,string)是等价的。

```
>>>s ="Miracles sometimes occur, but one has to work terribly for them"
>>>reObj =re.compile('\w+\s+\w+')
>>>print(reObj.match(s))                    #匹配成功
<_sre.SRE_Match object; span=(0, 18), match='Miracles sometimes'>
>>>reObj.findall(s)
['Miracles sometimes', 'but one', 'has to', 'work terribly', 'for them']
```

正则表达式对象的 match(string[，start])方法用于在字符串开头或指定位置匹配正则表达式，若能在字符串 string 开头或指定位置包含正则表达式所要表示的子串，则匹配成功，返回 Match 对象，失败则返回 None。正则表达式对象的 search(string[，start[，end]])方法用于在整个字符串或指定范围中进行搜索，若 string 中包含正则表达式所要表示的子串，则返回 Match 对象，否则返回 None，如果 string 中存在多个正则表达式所要表示的子串，只返回第一个。findall(string[，start [，end]])方法用于在整个字符串或指定范围中进行搜索，找到 string 中包含正则表达式所要表示的子串的所有匹配项，并把它们作为一个列表返回。

```
>>>import re
>>>s='The man who has made up his mind to win will never say " Impossible".'
>>>pattern =re.compile (r'\bw\w+\b')  #编译建立正则表达式对象，查找以 w 开头的单词
>>>pattern.findall (s)  #使用正则表达式对象的 findall()方法查找所有以 w 开头的单词
>>>pattern1 =re.compile (r'\b\w+e\b')      #查找以字母 e 结尾的单词
>>>pattern1.findall (s)
['The', 'made', 'Impossible']
>>>pattern2 =re.compile (r'\b\w{3,5}\b')  #查找 3~5 个字母长的单词
>>>pattern2.findall (s)
['The', 'man', 'who', 'has', 'made', 'his', 'mind', 'win', 'will', 'never', 'say']
>>>pattern2.match (s)                      #从行首开始匹配，匹配成功返回 Match 对象
<_sre.SRE_Match object; span=(0, 3), match='The'>
>>>pattern3 =re.compile (r'\b\w*[id]\w*\b')   #查找含有字母 i 或 d 的单词
>>>pattern3.findall (s)
['made', 'his', 'mind', 'win', 'will', 'Impossible']
>>>pattern4=re.compile('has')              #编译生成正则表达式对象，匹配 has
>>>pattern4.sub('*',s)                    #将 has 替换为 *
'The man who * made up his mind to win will never say " Impossible".'
>>>pattern5=re.compile(r'\b\w*s\b')        #编译生成正则表达式对象，匹配以 s 结尾
                                           #的单词
>>>pattern5.sub('**',s)                    #将符合条件的单词替换为**
'The man who ** made up ** mind to win will never say " Impossible".'
>>>pattern5.sub('**',s,1)                  #将符合条件的单词替换为**，只替换一次
'The man who ** made up his mind to win will never say " Impossible".'
>>>s='''一段感情，随岁月风干，一帘心事，随落花凋零。谁解落花语？谁为落花赋？忆往昔，一
个转身，一个回眸，你我便沾惹一身红尘。如今，没有别离，你我便了却一生情缘，染指苍苍，岁月
蹉跎多少记忆终成灰；多少思念化云烟；多少青丝变白发。'''
#搜索以"一"开头的子句，[\u4e00-\u9fa5]+匹配一个或多个中文
>>>print(re.findall(r'一[\u4e00-\u9fa5]+',s))
['一段感情', '一帘心事', '一个转身', '一个回眸', '一身红尘', '一生情缘']
>>>pattern6=re.compile(r'一[\u4e00-\u9fa5]+')
                                    #生成匹配"一"开头的子句的表达式对象
>>>pattern6.sub('***',s)            #将符合条件的子句替换为'***
'***,随岁月风干,***,随落花凋零。谁解落花语？谁为落花赋？忆往昔,***,***,你我便沾惹**
```

*。如今,没有别离,你我便了却***,染指苍苍,岁月蹉跎多少记忆终成灰;多少思念化云烟;多少青丝变白发。'

举例:单词词频统计。统计一篇文档中各单词出现的频次,并按频次由高到低排序。

```
>>>import re
>>>str1='I have thought that Walden Pond would be a good place for business, not
solely on account of the railroad and the ice trade; it offers advantages which
it may not be good policy to divulge; it is a good port and a good foundation. No
Neva marshes to be filled; though you must everywhere build on piles of your own
driving. It is said that a flood-tide, with a westerly wind, and ice in the Neva,
would sweep St. Petersburg from the face of the earth.'
>>>str1=str1.lower()
>>>words=str1.split()
>>>words
['i', 'have', 'thought', 'that', 'walden', 'pond', 'would', 'be', 'a', 'good',
'place', 'for', 'business,', 'not', 'solely', 'on', 'account', 'of', 'the',
'railroad', 'and', 'the', 'ice', 'trade;', 'it', 'offers', 'advantages', 'which',
'it', 'may', 'not', 'be', 'good', 'policy', 'to', 'divulge;', 'it', 'is', 'a',
'good', 'port', 'and', 'a', 'good', 'foundation.', 'no', 'neva', 'marshes', 'to',
'be', 'filled;', 'though', 'you', 'must', 'everywhere', 'build', 'on', 'piles',
'of', 'your', 'own', 'driving.', 'it', 'is', 'said', 'that', 'a', 'flood-tide,',
'with', 'a', 'westerly', 'wind,', 'and', 'ice', 'in', 'the', 'neva,', 'would',
'sweep', 'st.', 'petersburg', 'from', 'the', 'face', 'of', 'the', 'earth.']
>>>words1=[re.sub('\W', '', i) for i in words]   #将字符串中的非单词字符替换为''
>>>words1
['i', 'have', 'thought', 'that', 'walden', 'pond', 'would', 'be', 'a', 'good',
'place', 'for', 'business', 'not', 'solely', 'on', 'account', 'of', 'the',
'railroad', 'and', 'the', 'ice', 'trade', 'it', 'offers', 'advantages', 'which',
'it', 'may', 'not', 'be', 'good', 'policy', 'to', 'divulge', 'it', 'is', 'a',
'good', 'port', 'and', 'a', 'good', 'foundation', 'no', 'neva', 'marshes', 'to',
'be', 'filled', 'though', 'you', 'must', 'everywhere', 'build', 'on', 'piles',
'of', 'your', 'own', 'driving', 'it', 'is', 'said', 'that', 'a', 'floodtide',
'with', 'a', 'westerly', 'wind', 'and', 'ice', 'in', 'the', 'neva', 'would',
'sweep', 'st', 'petersburg', 'from', 'the', 'face', 'of', 'the', 'earth']
>>>words_index=set(words1)
>>>dict1={i:words1.count(i) for i in words_index}    #生成字典,键值是单词出现的次数
>>>re=sorted(dict1.items(), key=lambda x:x[1], reverse=True)
>>>print(re)
[('a', 5), ('the', 5), ('it', 4), ('good', 4), ('be', 3), ('of', 3), ('and', 3),
('that', 2), ('not', 2), ('to', 2), ('is', 2), ('on', 2), ('neva', 2), ('would',
2), ('ice', 2), ('for', 1), ('i', 1), ('earth', 1), ('floodtide', 1), ('marshes',
1), ('business', 1), ('railroad', 1), ('walden', 1), ('trade', 1), ('your', 1),
('wind', 1), ('which', 1), ('petersburg', 1), ('place', 1), ('sweep', 1),
```

('thought', 1), ('filled', 1), ('everywhere', 1), ('westerly', 1), ('face', 1), ('must', 1), ('account', 1), ('divulge', 1), ('you', 1), ('said', 1), ('offers', 1), ('foundation', 1), ('in', 1), ('may', 1), ('though', 1), ('policy', 1), ('driving', 1), ('own', 1), ('build', 1), ('piles', 1), ('with', 1), ('solely', 1), ('st', 1), ('pond', 1), ('from', 1), ('port', 1), ('no', 1), ('have', 1), ('advantages', 1)]

5.6　Match 对象

正则表达式模块 re 和正则表达式对象的 match()方法和 search()方法匹配成功后都会返回 Match 对象，其包含了很多关于此次匹配的信息，可以使用 Match 提供的可读属性或方法来获取这些信息。

Match 对象提供的可读属性如下。

(1) string：匹配时使用的文本。

(2) re：匹配时使用的正则表达式模式 pattern。

(3) pos：文本中正则表达式开始搜索的索引。

(4) endpos：文本中正则表达式结束搜索的索引。

(5) lastindex：最后一个被捕获的分组在文本中的索引。如果没有被捕获的分组，将为 None。

(6) lastgroup：最后一个被捕获的分组的别名。如果这个分组没有别名或者没有被捕获的分组，将为 None。

```
>>>m = re.match('hello', 'hello world!')
>>>m.string
'hello world!'
>>>m.re
re.compile('hello')
>>>m.pos
0
>>>m.endpos
12
>>>print(m.lastindex)
None
>>>print(m.lastgroup)
None
```

Match 对象提供的方法如下。

1. group([group1，group2，…])

获得一个或多个分组截获的字符串；指定多个参数时将以元组形式返回。group1 可以使用编号也可以使用别名；编号 0 代表整个匹配的子串；不填写参数时，返回 group(0)；没有截获字符串的组返回 None；截获了多次的组返回最后一次截获的子串。

2. groups()

以元组形式返回全部分组截获的字符串。相当于调用 group(1,2,…,last)。没有截获字符串的组默认为 None。

3. groupdict()

返回以有别名的组的别名为键、以该组截获的子串为值的字典，没有别名的组不包含在内。

4. start([group])

返回指定的组截获的子串在 string 中的起始索引（子串第一个字符的索引）。group 的默认值为 0。

5. end([group])

返回指定的组截获的子串在 string 中的结束索引（子串最后一个字符的索引＋1）。group 的默认值为 0。

6. span([group])

返回指定的组截获的子串在 string 中的起始索引和结束索引的元组（start(group)，end(group)）。

7. expand(template)

将匹配到的分组代入 template 中返回。template 中可以使用 \id 或 \g<id>、\g<name> 引用分组，但不能使用编号 0。\id 与 \g<id> 是等价的；但 \10 将被认为是第 10 个分组，如果想表达 \1 之后是字符 '0'，只能使用 \g<1>0。

```
>>>s = '13579helloworld13579helloworld'
>>>p = r'(\d*)([a-zA-Z]*)'
>>>m = re.match(p,s)
>>>m.group(1,2)
('13579', 'helloworld')
>>>m.group()        #返回整个匹配的子串
'13579helloworld'
>>>m.group(0)
'13579helloworld'
>>>m.group(1)
'13579'
>>>m.group(2)
'helloworld'
```

```
>>>m.group(3)        #出错,没有这一组
Traceback (most recent call last):
IndexError: no such group
>>>m.groups()
('13579', 'helloworld')
>>>m1=re.match(r'(\d*)([a-zA-Z]*)','13579')
>>>m1.groups()
('13579', '')
>>>m.groupdict()
{}
>>>m.start(2)        #返回指定的第二组截获的子串'helloworld'在 string 中的起始索引
5
>>>m.end(2)          #返回指定的第二组截获的子串在 string 中的结束索引
15
>>>m.span(2)         #返回指定的第二组截获的子串在 string 中的起始索引和结束索引
(5, 15)
>>>m.expand(r'\2\1\2')
'helloworld13579helloworld'
>>>m.expand(r'\2\1\1')
'helloworld1357913579'
```

5.7　正则表达式举例

【例 5-1】　匹配数字的正则表达式。

数字："^[0-9]*$"。

n 位的数字："\b\d{n}\b"。

至少 n 位的数字："\b\d{n,}\b"。

m～n 位的数字："\b\d{m,n}\b"。

零和非零开头的数字："\b(0|[1-9][0-9]*)\b"。

非零开头的最多带两位小数的数字："\b([1-9][0-9]*).\d{1,2}?\b"。

正数、负数和小数："^(\-)?\d+(\.\d+)?$"。

有 1～3 位小数的正实数："^[0-9]+(.[0-9]{1,3})?$"。

非负整数："^[1-9]*\d*$"。

【例 5-2】　匹配字符的正则表达式。

汉字："^[\u4e00-\u9fa5]+$"。

英文和数字："^[A-Za-z0-9]+$"。

长度为 3～10 的所有字符："^.{3,10}$"。

由 26 个英文字母组成的字符串："^[A-Za-z]+$"。

由 26 个大写英文字母组成的字符串："^[A-Z]+$"。

由 26 个小写英文字母组成的字符串："^[a-z]+$"。

由数字和 26 个英文字母组成的字符串：" ^[A-Za-z0-9]＋ \$ "。

由数字、26 个英文字母或者下画线组成的字符串：" ^\w＋ \$ "。

中文、英文、数字、下画线：" ^[\u4e00-\u9fa5\w]＋ \$ "。

中文、英文、数字但不包括下画线等符号：" ^[\u4e00-\u9fa5A-Za-z0-9]＋ \$ "。

匹配%&'",;=? \$^等字符组成的字符串：" [%&'",;=? \$^]＋ "。

【例 5-3】 匹配特殊需求的正则表达式。

E-mail 地址：" ^\w+([-+.]\w+)＊@\w+([-.]\w+)＊\.\w+([-.]\w+)＊ \$ "。

域名：" [a-zA-Z0-9][-a-zA-Z0-9]{0,62}(/.[a-zA-Z0-9][-a-zA-Z0-9]{0,62})＋/.?"。

InternetURL：" [a-zA-z]＋://[^\s]＊ 或 ^http://([\w-]＋\.)＋[\w-]＋(/[\w-./?%&=]＊)? \$ "。

手机号码：" ^(13[0-9]|14[5|7]|15\d|18\d)\d{8} \$ "。

国内电话号码(0371-4405222、010-87888822)：" ^(\d{3}-\d{8})|(\d{4}-\d{7}) \$ "。

身份证号(15 位、18 位数字)：" ^\d{15}|\d{18} \$ "。

以字母开头，允许 5～16 个字符，允许字母、数字、下画线：" ^[a-zA-Z][a-zA-Z0-9_]{4,15} \$ "。

以字母开头，长度 6～18，只能包含字母、数字和下画线：" ^[a-zA-Z]\w{5,17} \$ "。

日期格式：" ^\d{4}-\d{1,2}-\d{1,2}"。

一年的 12 个月(01～09 和 10～12)：" ^(0?[1-9]|1[0-2]) \$ "。

XML 文件：" ^([a-zA-Z]+-?)+[a-zA-Z0-9]+\\.[x|X][m|M][l|L] \$ "。

中文字符的正则表达式：" [\u4e00-\u9fa5]"。

HTML 标记的正则表达式：" <(\S＊?)[^>]＊>.＊? </\1>|<.＊?/>"。

IP 地址：" ((2[0-4]\d|25[0-5]|[01]? \d\d?)\.){3}(2[0-4]\d|25[0-5]|[01]? \d\d?)"。

【例 5-4】 当"?"紧随任何其他限定符(＊、＋、?、{n}、{n,}、{m,n})之后时，匹配模式是"非贪心的"。"非贪心的"模式匹配搜索到尽可能短的字符串，而默认的"贪心的"模式匹配搜索到尽可能长的字符串。

对于字符串'aabab'，用贪婪匹配'a.＊b'得到'aabab'；用懒惰匹配'a.＊? b'得到'aab'和'ab'。

```
>>>import re
>>>re.findall('a.＊b', 'aabab')
['aabab']
>>>re.findall('a.＊?b', 'aabab')
['aab', 'ab']
```

【例 5-5】 将所有地址中的 ROAD 写成 RD。

```
>>>import re
#\b 匹配单词头或单词尾，$匹配以$之前的字符结束的行尾
>>>re.sub(r'\bROAD$', 'RD.',s)
'100 BROAD ROAD APT.3'
```

```
>>>re.sub(r'\bROAD','RD.',s)
'100 BROAD RD. APT.3'
```

【例5-6】 将字符串中的"元""人民币"、RMB替换为¥。

```
>>>import re
>>>str1="10 元 1000 人民币 10000 元 100000RMB"
>>>re.sub(r'(元|人民币|RMB)','¥',str1)
'10¥ 1000¥ 10000¥ 100000¥'
```

【例5-7】 检测字符串是否由字母或者数字组成。

```
>>>import re
>>>pattern=re.compile('^[a-zA-Z0-9]+$')
>>>str1='abcd45A'
>>>pattern.findall(str1)
['abcd45A']                              #匹配出的结果'abcd45A'和str1完全一样
```

【例5-8】 匹配出字符串中的所有网址。

```
>>>import re
>>>string ="网址之家 https://www.hao268.com/, 百度 https://www.baidu.com/?tn
=90380016_s_hao_pg,凤凰网 http://www.ifeng.com/"
>>>new_string =re.findall(r"http[s]?://(?:[a-zA-Z]|[0-9]|[$-_@.&+]|[!*,]|
(?:%[0-9a-fA-F][0-9a-fA-F]))+",string)
>>>print(new_string)                       #输出匹配的结果
['https://www.hao268.com/,', 'https://www.baidu.com/?tn=90380016_s_hao_pg,',
'http://www.ifeng.com/']
```

习 题

1. 不定项选择题

(1) 能够完全匹配字符串'(010)-62661617'和字符串'01062661617'的正则表达式包
括(   )。

    A. \(? \d{3}\)? -? \d{8}   B. [0-9()-]+

    C. [0-9(-)]*\d*   D. [()]? \d*[)-]*\d*

(2) 能够完全匹配字符串'c:\rapidminer\lib\plugs'的正则表达式包括(   )。

    A. c:\rapidminer\lib\plugs

    B. c:\\rapidminer\\lib\\plugs

    C. (?i)C:\\RapidMiner\\Lib\\Plugs

    D. (?s)C:\\RapidMiner\\Lib\\Plugs

(3) 能够完全匹配字符串'back'和'back-end'的正则表达式包括(   )。

    A. \w{4}-\w{3}|\w{4}   B. \w{4}|\w{4}-\w{3}

    C. \S+-\S+|\S+   D. \w*\b-\b\w*|\w*

（4）能够在字符串'aabaaabaaaab'中匹配'aab'，而不能匹配'aaab'和'aaaab'的正则表达式包括（　　）。

    A. a * ? b　　　　　B. a{,2}b　　　　　C. aa?? b　　　　　D. aaa?? b

2. 简述 search() 和 match() 的区别。

3. 简述使用正则表达式对象的好处。

4. 有一段英文文本，其中有单词连续重复了 2 次，编写程序检查重复的单词并只保留一个。

5. 编写程序，用户输入一段英文，然后输出这段英文中所有长度为 3 个字母的单词。

6. 使用正则表达式清除字符串中的 HTML 标记。

7. 判断字符串是否全部小写。

8. 假设有一段英文，其中有单独的字母 I 误写为 i，编写程序进行纠正。

chapter **6**

第6章

文件与文件夹操作

程序中使用的数据都是暂时的,当程序执行终止时它们就会丢失,除非这些数据被保存起来。为了能永久地保存程序中创建的数据,需要将它们存储到硬盘中。计算机文件是以计算机硬盘为载体存储在计算机上的信息集合。文件的属性包括 5 个。

(1) 文件的类型,即从不同的角度来对文件进行分类。

(2) 文件的长度,可以用字节、字或块表示。

(3) 文件的位置,指示文件保存在哪个存储介质上以及在介质上的具体位置。

(4) 文件的存取控制,指文件的存取权限,包括读、写和执行。

(5) 文件的建立时间,指文件最近的修改时间。

从文件编码的方式来看,文件可分为文本文件和二进制文件两种。文本文件用于存储编码的字符串,二进制文件直接存储字节码。

6.1 文 本 文 件

文本文件

6.1.1 文本文件的字符编码

文本文件是基于字符编码的文件,常见的编码有 ASCII 编码、Unicode 编码、UTF-8 编码等。在 Windows 平台中,扩展名为 txt、log、ini 的文件都属于文本文件,可以使用字处理软件(如记事本)进行编辑。

由于计算机只能处理数字,若要处理文本,就必须先把文本转换为数字才能处理。最早的计算机采用 8 比特(bit)作为 1 字节(byte),1 字节能表示的最大的整数就是 255,如果要表示更大的整数,就必须用更多的字节。例如,2 字节可以表示的最大整数是 65 535,4 字节可以表示的最大整数是 4 294 967 295。

计算机最早使用 ASCII 编码将 127 个字母编码到计算机里。1 个 ASCII 编码是 1 字节,字节的最高位作为奇偶校验位,ASCII 编码实际使用 1 字节中的 7 比特来表示字符,第一个 00000000 表示空字符。因此,ASCII 编码实际上只包括了字母、标点符号、特殊符号等共 127 个字符。

随着计算机的发展,非英语国家的人要处理他们的语言,但 ASCII 编码用上了全部 256 个字符都不够用。因此,后来出现了统一的、囊括多国语言的 Unicode 编码。

Unicode 编码通常由 2 字节组成,一共可表示 256×256 个字符,某些生僻字还会用到 4 字节。

在 Unicode 编码中,原本 ASCII 编码中的 127 个字符只需在前面补一个全零的字节即可,例如字符 a(01100001),在 Unicode 编码中变成了 00000000 01100001。这样原本只需 1 字节就能传输的英文字母现在变成 2 字节,非常浪费存储空间和传输速度。

针对空间浪费问题,出现了 UTF-8 编码。UTF-8 编码是可变长短的,从英文字母的 1 字节,到中文的通常的 3 字节,再到某些生僻字的 6 字节。UTF-8 编码还兼容了 ASCII 编码。注意除了英文字母相同,汉字在 Unicode 编码和 UTF-8 编码中通常是不同的。例如,汉字的“中”字在 Unicode 编码中是 01001110 00101101,而在 UTF-8 编码中是 11100100 10111000 10101101。

现在计算机系统通用的字符编码工作方式:在计算机内存中,统一使用 Unicode 编码,当需要保存到硬盘或者需要传输的时候,就转换为 UTF-8 编码。用记事本编辑时,从文件读取的 UTF-8 字符被转换为 Unicode 字符保存到内存里,编辑完成后,再把 Unicode 字符转换为 UTF-8 字符保存到文件。浏览网页时,服务器会把动态生成的 Unicode 字符转换为 UTF-8 字符再传输到浏览器。

Python3 中的默认编码方式是 UTF-8,通过以下代码可以查看 Python3 的默认编码:

```
>>>import sys
>>>sys.getdefaultencoding()           #查看 Python3 的默认编码
'utf-8'
```

对于单个字符的编码,Python 提供了 ord()函数获取字符的整数表示,chr()函数把编码转换为对应的字符。

```
>>>ord('A')
65
>>>ord('中')
20013
>>>chr(20013)
'中'
```

Python 的字符类型是 str,在内存中以 Unicode 表示,一个字符对应若干字节。如果要在网络上传输,或者保存到磁盘上,就需要把 str 变为以字节为单位的 bytes 类型。Python 对 bytes 类型的数据用带 b 前缀的单引号或双引号表示。

```
x =b'ABC'
```

注意:'ABC'和 b'ABC'之间的区别,前者是 str,后者虽然内容看起来和前者一样,但 bytes 的每个字符只占用 1 字节。以 Unicode 表示的 str 通过 encode()方法可以编码为指定的 bytes,例如:

```
>>>'ABC'.encode('ascii')               #编码成 ASCII 字节的形式
b'ABC'
```

```
>>>'中国'.encode('utf-8')                          #编码成 UTF-8 字节的形式
b'\xe4\xb8\xad\xe5\x9b\xbd'
```

1 个中文字符经过 UTF-8 编码后通常会占用 3 字节，而 1 个英文字符只占用 1 字节。

注意：纯英文的 str 可以用 ASCII 编码为 bytes，内容是一样的，含有中文的 str 可以用 UTF-8 编码为 bytes。但含有中文的 str 无法用 ASCII 编码，因为中文编码的范围超过了 ASCII 编码的范围，Python 会报错。

要把 bytes 变为 str，需要用 decode()方法：

```
>>>b'ABC'.decode('ascii')
'ABC'
>>>b'\xe4\xb8\xad\xe5\x9b\xbd'.decode('utf-8')
'中国'
```

在操作字符串时，会经常遇到 str 和 bytes 的互相转换。为了避免乱码问题，应当始终坚持使用 UTF-8 编码对 str 和 bytes 进行转换。Python 源代码也是一个文本文件，所以，在保存包含中文源代码时，务必指定保存为 UTF-8 编码。当 Python 解释器读取源代码时，为了让它按 UTF-8 编码读取，通常在文件开头写上下面一行：

```
#-*-coding: utf-8-*-
```

告诉 Python 解释器，按照 UTF-8 编码读取源代码，否则，在源代码中写的中文输出可能会有乱码。

6.1.2　文本文件的打开

向（从）一个文件写（读）数据之前，需要先创建一个和物理文件相关的文件对象，然后通过该文件对象对文件内容进行读取、写入、删除、修改等操作，最后关闭并保存文件内容。Python 内置的 open()函数可以按指定的模式打开指定的文件并创建文件对象。

```
file_object =open(file, mode='r', buffering=-1)
```

open()函数打开文件 file，返回一个指向文件 file 的文件对象 file_object。

各个参数说明如下。

file：file 是一个包含文件所在路径及文件名称的字符串值，如'c：\\User\\test.txt'。

mode：mode 指定打开文件的模式，如只读、写入、追加等，默认文件访问模式为只读'r'。

buffering：表示是否需要缓冲，设置为 0 时，表示不使用缓冲区，直接读写，仅在二进制模式下有效。设置为 1 时，表示在文本模式下使用行缓冲区方式。设置为大于 1 的值时，表示缓冲区的设置大小。默认值为−1，表示使用系统默认的缓冲区大小。

文件打开的不同模式如表 6-1 所示。

表 6-1　文件打开的不同模式

模式	描　　述
r	以只读方式打开文件,文件的指针放在文件的开头。这是默认模式,可省略
rb	以只读二进制方式打开一个文件,文件的指针放在文件的开头
r +	以读写方式打开一个文件,文件指针放在文件的开头
rb +	以读写二进制方式打开一个文件,文件指针放在文件的开头
w	以写入方式打开一个文件,如果该文件已存在,则将其覆盖;如果该文件不存在,则创建新文件
wb	以二进制方式打开一个文件,只用于写入,如果该文件已存在,则将其覆盖;如果该文件不存在,则创建新文件
w +	以读写方式打开一个文件,如果该文件已存在,则将其覆盖;如果该文件不存在,则创建新文件
wb +	以读写二进制方式打开一个文件,如果该文件已存在,则将其覆盖;如果该文件不存在,则创建新文件
a	以追加方式打开一个文件,如果该文件已存在,文件指针将会放在文件的结尾。也就是说,新的内容将会被写入到已有内容之后。如果该文件不存在,创建新文件进行写入
ab	以追加二进制方式打开一个文件,如果该文件已存在,文件指针将会放在文件的结尾。也就是说,新的内容将会被写入到已有内容之后。如果该文件不存在,创建新文件进行写入
a +	以读写方式打开一个文件,如果该文件已存在,文件指针将会放在文件的结尾;如果该文件不存在,创建新文件用于读写
ab +	以读写二进制方式打开一个文件,如果该文件已存在,文件指针将会放在文件的结尾;如果该文件不存在,创建新文件用于读写

+:表示可以同时读写某个文件。

r +:读写,即可读可写,可理解为先读后写,不擦除原文件内容,指针在 0。

w +:写读,即可写可读,可理解为先写后读,擦除原文件内容,指针在 0。

a +:写读,即可读可写,不擦除原文件内容,指针指向文件的结尾,要读取原内容需先重置文件指针。

不同模式打开文件的异同点如表 6-2 所示。

表 6-2　不同模式打开文件的异同点

模式	可做操作	若文件不存在	是否覆盖	指针位置
r	只能读	报错	否	0
r +	可读可写	报错	否	0
w	只能写	创建	是	0
w +	可写可读	创建	是	0
a	只能写	创建	否,追加写	最后
a +	可读可写	创建	否,追加写	最后

下面的语句以读的模式打开当前目录下一个名为 scores.txt 的文件。

```
file_object1=open('scores.txt', 'r')
```

也可以使用绝对路径文件名来打开文件：

```
file_object=open(r'D:\Python\scores.txt', 'r')
```

上述语句以读的模式打开 D：\Python 目录下的 scores.txt 文件。绝对路径文件名前的 r 前缀可使 Python 解释器将文件名中的反斜杠理解为字面意义上的反斜杠。如果没有 r 前缀，需要使用反斜杠字符转义"\"，使之成为字面意义上的反斜杠：

```
file_object=open('D:\\Python\\scores.txt', 'r')
```

一个文件被打开后，返回一个文件对象 file_object，通过文件对象 file_object 可以得到有关该文件的各种信息。

```
>>>file_object=open('D:\\Python\\scores.txt', 'r')
>>>print('文件名: ', file_object.name)
文件名： D:\Python\scores.txt
>>>print('是否已关闭 : ',file_object.closed)
是否已关闭: False
>>>print('访问模式 : ', file_object.mode)
访问模式: r
```

文件对象的常用属性如表 6-3 所示。

表 6-3　文件对象的常用属性

属性	描　　　　述
closed	判断文件是否关闭，如果文件已被关闭，返回 True；否则返回 False
mode	返回被打开文件的访问模式
name	返回文件的名称

文件对象使用 open()函数来创建，文件对象的常用方法如表 6-4 所示。文件读写操作相关的方法都会自动改变文件指针的位置。例如，以读模式打开一个文本文件，读取 10 个字符，会自动把文件指针移到第 11 个字符，再次读取字符的时候总是从文件指针的当前位置开始读取。写文件操作的方法也具有相同的特点。

表 6-4　文件对象的常用方法

方　　　法	功　能　说　明
close()	刷新缓冲区里还没写入的信息，并关闭该文件
flush()	刷新文件内部缓冲区，把内部缓冲区的数据立刻写入文件，但不关闭文件
next()	返回文件下一行
read([size])	从文件的开始位置读取指定的 size 个字符数，如果未给定则读取所有

续表

方　　法	功　能　说　明
readline()	读取整行,包括"\n"字符
readlines()	把文本文件中的每行文本作为一个字符串存入列表中,并返回该列表
seek(offset[,whence])	用于移动文件读取指针到指定位置,offset 为需要移动的字节数;whence 指定从哪个位置开始移动,默认值为 0,0 代表从文件开头开始,1 代表从当前位置开始,2 代表从文件末尾开始
tell()	返回文件的当前位置,即文件指针当前位置
truncate([size])	删除从当前指针位置到文件末尾的内容。如果指定了 size,则不论指针在什么位置都只留下前 size 个字符,其余的删除
write(str)	把字符串 str 的内容写入文件中,没有返回值。由于缓冲,字符串内容可能没有加入到实际的文件中,直到调用 flush() 或 close()方法
writelines([str])	向文件中写入字符串序列
writable()	测试当前文件是否可写
readable()	测试当前文件是否可读

6.1.3　文本文件的写入

当一个文件以"写"的方式打开后,可以使用 write()方法和 writelines()方法,将字符串写入文本文件。

file_object.write(str):把字符串 str 写入到文件 file_object 中,write()并不会在 str 后自动加上一个换行符。

file_object.writelines(seq):它接收一个字符串列表 seq 作为参数,把字符串列表 seq 写入到文件 file_object 中,这个方法也只是忠实地写入,不会在每行后面加上换行符。

```
>>>file_object =open('test.txt', 'w')      #以写的方式打开文件 test.txt
>>>file_object.write('Hello, world!')        #将"Hello, world!"写入到文件 test.txt
13                                          #成功写入的字符数量
>>>file_object.close()
```

注意:可以反复调用 file_object.write()来写入文件,写完之后一定要调用 file_object.close()来关闭文件。这是因为当写文件时,操作系统往往不会立刻把数据写入磁盘,而是放到内存缓存起来,空闲时再慢慢写入。只有调用 close()方法时,操作系统才保证把没有写入磁盘的数据全部写入磁盘。忘记调用 close()的后果是数据可能只写了一部分到磁盘,剩下的丢失了。Python 中提供了 with 语句,可以防止上述事情的发生,当 with 语句块执行完毕时,会自动关闭文件释放内存资源,不用特意加 file_object.close()。上面的语句可改写为如下 with 语句块:

```
with open('test.txt', 'w') as file_object:
    file_object.write('Hello, world!')      #with 语句块
```

这里使用了 with 语句，不管在处理文件过程中是否发生异常，都能保证 with 语句块执行完之后自动关闭打开的文件 test.txt。with 语句可以对多个文件同时操作。

```
>>>f =open('test.txt', 'w')
>>>f.writelines(["hello"," ","Python"])
                              #把字符串列表["hello"," ","Python"]写入文件 f
>>>f.close()
>>>f =open("test.txt","r")
>>>f.read()
'hello Python'

>>>fo =open("test.txt", "w")        #打开文件
>>>seq =["君子赠人以言\n", "庶人赠人以财"]
>>>fo.writelines( seq )             #向文件中写入字符串序列
>>>fo.close()                       #关闭文件
>>>fo =open("test.txt", "r")
>>>print(fo.read())
君子赠人以言
庶人赠人以财
```

【例 6-1】 创建一个新文件，内容是 0～9 的整数，每个数字占一行。

```
f=open('file1.txt','w')
for i in range(0,10):
    f.write(str(i)+'\n')
f.close()
```

6.1.4 文本文件的读取

当一个文件被打开后，可使用 3 种方式从文件中读取数据：read()、readline()、readlines()。

read([size])：从文件读取指定的 size 个字符数，如果未给定则读取所有。

readline()：该方法每次读出一行内容，返回一个字符串对象。

readlines()：把文本文件中的每行文本作为一个字符串存入列表中并返回该列表。

这里假设在当前目录下有一个文件名为 test.txt 的文本文件，里面的数据如下：

白日不到处
青春恰自来
苔花如米小
也学牡丹开

1. 读取整个文件

人们经常需要从一个文件中读取全部数据，这里有两种方法可以完成这个任务。

（1）使用 read()方法从文件读取所有数据,然后将它作为一个字符串返回。

（2）使用 readlines()方法从文件中读取每行文本,然后将它们作为一个字符串列表返回。

方法 1：

```
with open('test.txt') as f:              #默认模式为只读模式
    contents =f.read()                    #读取文件全部内容
    print(contents)
```

上述代码在 IDLE 中运行的结果如下：

白日不到处
青春恰自来
苔花如米小
也学牡丹开

方法 2：

```
with open('test.txt') as f:              #默认模式为只读模式
    contents1 =f.readlines()              #读取文件全部内容
    print(contents1)
```

上述代码在 IDLE 中运行的结果如下：

［'白日不到处\n', '青春恰自来\n', '苔花如米小\n', '也学牡丹开\n'］

2. 逐行读取

使用 read()方法和 readlines()方法从一个文件中读取全部数据,对于小文件来说是简单而且有效的,但是如果文件大到它的内容无法全部读到内存时该怎么办？这时可以编写循环,每次读取文件的一行,并且持续读取下一行直到文件末端。

方法 1：

```
with open('test.txt') as f:
    for line in f:
        print(line, end='')
```

上述代码在 IDLE 中运行的结果如下：

白日不到处
青春恰自来
苔花如米小
也学牡丹开

方法 2：

```
f =open("test.txt")
line =f.readline()
```

```
print(type(line))                        #输出 line 的数据类型
while line:
    print(line, end='')
    line =f.readline()
f.close()
```

上述代码在 IDLE 中运行的结果如下：

```
<class 'str'>
白日不到处
青春恰自来
苔花如米小
也学牡丹开
```

6.1.5 文本文件指针的定位

文件对象的 tell()方法返回文件的当前位置，即文件指针的当前位置。使用文件对象的 read()方法读取文件之后，文件指针到达文件的末尾，如果再来一次 read()将会发现读取的是空内容。如果想再次读取全部内容，或读取文件中的某行字符，必须将文件指针移动到文件开始或某行开始，这可通过文件对象的 seek()方法来实现，其语法格式如下：

```
seek(offset[,whence])
```

说明：用于移动文件读取指针到指定位置，offset 为需要移动的字节数；whence 指定从哪个位置开始移动，默认值为 0，0 代表从文件开头开始，1 代表从当前位置开始，2 代表从文件末尾开始。

注意：相对于文件末尾的定位只运用于用二进制方式打开的文件。

```
>>>f =open('file2.txt', 'a+')
>>>f.write('123456789abcdef')
15
>>>f.seek(3)                         #移动文件指针,并返回移动后的文件指针的当前位置
3
>>>f.read(1)
'4'
>>>f.seek(-3,2)                      #报错
Traceback (most recent call last):
  File "<pyshell#5>", line 1, in <module>
    f.seek(-3,2)
io.UnsupportedOperation: can't do nonzero end-relative seeks
>>>f.close()
>>>f =open('file2.txt', 'rb+')       #以二进制模式读写文件
>>>f.seek(-3,2)                      #移动文件指针,并返回移动后的文件指针的当前位置
12                                   #没有报错
```

```
>>>f.tell()                      #返回文件指针的当前位置
12
>>>f.read(1)
b'd'
```

【例 6-2】　修改模式下打开文件,然后输出观察指针。

其中,file2.txt 的内容如下:

```
123456789abcdef
```

程序代码:

```
f=open(r'D:\Python\file2.txt','r+')
print('文件指针在:',f.tell())
if f.writable():
    f.write('Python\n')
else:
    print("此模式不可写")
print('文件指针在:',f.tell())
f.seek(0)
print("最后的文件内容:")
print(f.read())
f.close()
```

程序代码在 IDLE 中运行的结果如下:

```
文件指针在: 0
文件指针在: 8
最后的文件内容:
Python
9abcdef
```

6.2　二进制文件

二进制文件是基于值编码的文件,二进制文件直接存储字节码,可以根据具体应用,指定某个值是什么意思(这样一个过程,可以看作是自定义编码)。二进制文件可看成是变长编码的,多少 bit 代表一个值,完全由用户决定。二进制文件编码是变长的,存储利用率高,但译码难(不同的二进制文件格式,有不同的译码方式)。常见的图形图像文件、音频和视频文件、可执行文件、资源文件、各种数据库文件等均属于二进制文件。

6.2.1　二进制文件的写入

二进制文件的写入一般包括 3 个步骤:打开文件、写入数据和关闭文件。

通过内置函数 open()可以创建或打开二进制文件,返回一个指向文件的文件对象。

```
>>>f1=open('data1', 'rb')          #以只读二进制格式打开一个文件
>>>f2=open('data2', 'wb')          #以二进制格式创建或打开一个文件,只用于写入
```

以二进制的方式打开二进制文件后,可以使用文件对象的 write() 方法将二进制数据写入文件。可以使用文件对象的 flush() 方法强制把缓冲区的数据更新到文件中。

```
>>>f2.write(b'Python')             #将字节数据 b'Python'写入文件 data2
6
```

可以使用文件对象的 close() 方法关闭文件,之后再写入数据将报错:

```
>>>f2.close()
>>>f2.write(b'Python')             #将字节数据 b'Python'写入文件 data2
Traceback (most recent call last):
  File "<pyshell#38>", line 1, in <module>
    f2.write(b'Python')            #将字节数据 b'Python'写入文件 data2
ValueError: write to closed file
```

6.2.2　二进制文件的读取

二进制文件的读取一般包括 3 个步骤:打开文件、读取数据和关闭文件。

通过内置函数 open() 以只读'rb'的方式打开二进制文件。

```
>>>f2=open('data2', 'rb')
```

打开文件后,可以使用文件对象的下列方法来读取数据。

f2.read():从 f2 中读取剩余内容直至文件结尾,返回一个 bytes 对象。

f2.read(n):从 f2 中读取至多 n 字节,返回一个 bytes 对象。

```
>>>f2.read()
b'Python'
>>>type(f2.read())
<class 'bytes'>
```

可以使用文件对象的 close() 方法关闭文件,之后再读取数据将报错:

```
>>>f2.close()
>>>f2.read()
Traceback (most recent call last):
  File "<pyshell#43>", line 1, in <module>
    f2.read()
ValueError: read of closed file
```

6.2.3　字节数据类型的转换

Python 没有二进制类型,但可以存储二进制类型的数据,就是用字符串类型来存储二进制数据。Python 通过 struct 模块来支持二进制的操作。struct 模块中最重要的两

个函数是 pack()和 unpack()。

　　pack()用于将 Python 值,根据格式符转换为字符串,因为 Python 中没有字节类型,可以把这里的字符串理解为字节流,或字节数组。pack()的语法格式如下:

```
pack(fmt, v1, v2, …)
```

　　说明:按 fmt 这个格式把后面的数据 v1,v2,…给封装成指定的数据,返回一个包含了 v1,v2,…的字节对象,v1,v2,…参数必须和 fmt 格式完全对应。fmt 是格式字符串,v1,v2,…表示要转换的值。

　　unpack()做的工作刚好与 pack()相反,用于将字节流转换成 Python 某种数据类型的值(也称为解码、反序列化)。unpack()的语法格式如下:

```
unpack(fmt, string)
```

　　说明:按照给定的格式 fmt 解析字节流 string,返回解析出来的数据所组成的元组。

　　【例 6-3】　将两个整数转换为字符串(字节流)。

```
import struct
a =10
b =20
buf1 =struct.pack("ii", a, b)              #i 代表 integer,将 a、b 转换为字节流
print("buf1's length:", len(buf1))
ret1 =struct.unpack('ii', buf1)
print(buf1, ' <====>', ret1 )
```

上述代码在 IDLE 中运行的结果如下:

```
buf1's length: 8
b'\n\x00\x00\x00\x14\x00\x00\x00'  <====>  (10, 20)
```

　　【例 6-4】　将不同类型的数据转换为字符串(字节流)。

```
import struct
bytes=struct.pack('5s6sis',b'hello',b'world!',2,b'd')  #5s 表示占 5 个字符的字符串
ret1 =struct.unpack('5s6sis', bytes)
print(bytes, ' <====>', ret1 )
```

上述代码在 IDLE 中运行的结果如下:

```
b'helloworld!\x00\x02\x00\x00\x00d'  <====>  (b'hello', b'world!', 2, b'd')
```

　　注意:在 Python 3.x 中,字符串统一为 unicode,不需要加前缀 u,而字符串前要加标注 b 才会被识别为字节。

　　【例 6-5】　使用 struct 模块写入二进制文件。

```
import struct
a=16
b=True
```

```
c='Python'
buf=struct.pack('i?', a, b)    #字节流化，i表示整型格式，"?"表示逻辑格式
f=open("test.txt", 'wb')
f.write(buf)
f.write(c.encode())            #c.encode()返回c编码后的字符串，它是一个bytes对象
f.close()
```

【例6-6】　使用struct模块读取例6-5中的二进制文件内容。

```
import struct
f=open("test.txt",'rb')
txt=f.read()
ret =struct.unpack('i?6s', txt)          #对二进制字符串进行解码
print(ret)
```

上述代码在IDLE中运行的结果如下：

```
(16, True, b'Python')
```

6.3　文件与文件夹操作

Python的os和shutill模块提供了大量操作文件与文件夹的方法。

6.3.1　使用os操作文件与文件夹

os模块既可以对操作系统进行操作，也可以执行简单的文件夹及文件操作。通过import os导入os模块后，可用help(os)或dir(os)查看os模块的用法。os操作文件与文件夹的方法有的在os模块中，有的在os.path模块中。os模块的常用方法如表6-5所示。

表6-5　os模块的常用方法

方　　法	功　能　说　明
os.getcwd()	获取当前工作目录
os.chdir()	改变工作目录
os.listdir()	列出目录下的文件
os.mkdir()	创建单级目录
os.makedirs()	创建多级目录
os.rmdir()	删除空目录
os.removedirs()	递归删除文件夹，必须都是空目录
os.rename()	文件或文件夹重命名

（1）getcwd()：获取当前工作目录，当前工作目录默认都是当前所要运行的程序文

件所在的文件夹。

```
>>>import os
>>>os.getcwd()                          #获取 Python 的安装目录,即 Python 的默认目录
'D:\\Python'
```

(2) chdir():改变当前工作目录。

```
>>>os.chdir('D:\\Python_os_test')    #写目录时用\\或/
>>>os.getcwd()
'D:\\Python_os_test'
>>>open('01.txt','w')                   #在当前目录下创建文件
<_io.TextIOWrapper name='01.txt' mode='w' encoding='cp936'>
>>>open('02.txt','w')
<_io.TextIOWrapper name='02.txt' mode='w' encoding='cp936'>
```

(3) listdir():返回指定目录下的文件名称列表。

```
>>>os.listdir('D:\\Python')
['12.py', 'aclImdb', 'add.py', 'DLLs', 'Doc', 'include', 'iris.dot', 'iris.pdf',
'Lib', 'libs', 'LICENSE.txt', 'mypath.pth', 'NEWS.txt', 'python.exe',
'python3.dll', 'python36.dll', 'pythonw.exe', 'Scripts', 'share', 'tcl',
'Tools', 'vcruntime140.dll', '__pycache__']
```

(4) mkdir():创建文件夹(目录)。

```
>>>os.mkdir('D:\\Python_os_test\\python1')       #创建文件夹 python1
>>>os.mkdir('D:\\Python_os_test\\python2')       #创建文件夹 python2
>>>os.listdir('D:\\Python_os_test')              #获取文件夹中所有内容的名称列表
['01.txt', '02.txt', 'python1', 'python2']
```

(5) makedirs():递归创建文件夹(目录)。

```
>>>os.makedirs('D:/Python_os_test/a/b/c/d')
>>>os.listdir('D:\\Python_os_test')
['01.txt', '02.txt', 'a', 'python1', 'python2']
```

(6) rmdir():删除空目录。

```
>>>os.rmdir('D:/Python_os_test/a/b/c/d')         #删除 d 目录
```

(7) removedirs():递归删除文件夹,必须都是空目录。

```
>>>os.removedirs('D:/Python_os_test/a/b/c')      #递归删除 a、b、c 目录
>>>os.listdir('D:\\Python_os_test')              #a 目录已经不存在了
['01.txt', '02.txt', 'python1', 'python2']
```

(8) rename():重命名文件或文件夹。

```
>>>os.rename('D:/Python_os_test/01.txt','011.txt')    #将 01.txt 重命名为 011.txt
#将文件夹 python1 重命名为 python11
```

```
>>>os.rename('D:/Python_os_test/python1','python11')
>>>os.listdir('D:\\Python_os_test')
['011.txt', '02.txt', 'python11', 'python2']
```

（9）os 模块中的常用值。

curdir：表示当前文件夹，"."表示当前文件夹，一般情况下可以省略。

```
>>>os.curdir
'.'
```

pardir：表示上一层文件夹，".."表示上一层文件夹，不可省略。

```
>>>os.pardir
'..'
```

sep：获取系统路径间隔符号，Windows 系统下为\，Linux 系统下为/。

```
>>>os.sep
'\\'
>>>print(os.sep)
\
```

6.3.2　使用 os.path 操作文件与文件夹

os.path 模块主要用于文件的属性获取，在编程中经常用到。os.path 模块提供了大量用于路径判断、切分、连接以及文件夹遍历的方法，os.path 模块的常用方法如表 6-6 所示。

表 6-6　os.path 模块的常用方法

方　　法	功　能　说　明
os.path.abspath(path)	返回 path 规范化的绝对路径
os.path.dirname(path)	获取完整路径 path 当中的目录部分
os.path.basename(path)	获取路径 path 的主题部分，即 path 最后的文件名
os.path.split(path)	将路径 path 分隔成目录和文件名，并以二元组形式返回
os.path.splitext (path)	分隔路径，返回路径名和文件扩展名的元组
os.path.splitdrive(path)	返回驱动器名和路径组成的元组
os.path.join(path1，path2[，…])	将多个路径组合成一个路径后返回
os.path.isfile(path)	如果 path 是一个存在的文件，返回 True，否则返回 False
os.path.isdir(path)	如果 path 是一个存在的目录，返回 True，否则返回 False
os.path.getctime(path)	获取文件的创建时间
os.path.getmtime(path)	获取文件的修改时间
os.path.getatime(path)	获取文件的访问时间
os.path.getsize(path)	返回 path 的文件的大小（字节）

(1) os.path.abspath(path)。

```
>>>os.chdir('D:/Python_os_test')                    #改变当前目录
>>>os.getcwd()
'D:\\Python_os_test'
>>>path ='./02.txt'                                 #相对路径
>>>os.path.abspath(path )                           #相对路径转化为绝对路径
'D:\\Python_os_test\\02.txt'
```

(2) os.path.dirname(path)和 basename(path)。

```
>>>path="D:\\Python_os_test\\a\\b\\c\\d"
>>>os.path.dirname(path)
'D:\\Python_os_test\\a\\b\\c'
>>>os.path.basename(path)
'd'
```

(3) os.path.split(path)。

```
>>>path='D:\\Python_os_test\\02.txt'
>>>os.path.split(path)
('D:\\Python_os_test', '02.txt')
```

(4) os.path.join(path1，path2[，…])。

```
>>>path1='D:\\Python_os_test'
>>>path2='02.txt'
>>>result =os.path.join(path1,path2)
>>>result
'D:\\Python_os_test\\02.txt'
>>>print(result)
D:\Python_os_test\02.txt                            #注意和前一个输出结果的差异
>>>os.path.join( 'c:\\', 'User', 'test.py')
'c:\\User\\test.py'
```

(5) os.path.getsize(path)。

```
>>>os.path.getsize('D:\\Python_os_test\\02.txt')
0
```

(6) os.path.splitext (path)。

```
>>>path ='D:\\Python_os_test\\02.txt'
>>>result =os.path.splitext(path)
>>>print(result)
('D:\\Python_os_test\\02', '.txt')
```

(7) os.path.splitdrive(path)。

```
>>>os.path.splitdrive('c:\\User\\test.py')
```

```
('c:', '\\User\\test.py')
```

6.3.3　使用 shutil 操作文件与文件夹

shutil 模块拥有许多文件（夹）操作的功能，包括复制、移动、重命名、删除、压缩包处理等。

（1）shutil.copyfileobj（fsrc，fdst）：将文件内容从源 fsrc 文件复制到 fdst 文件中去，前提是目标文件 fdst 具备可写权限。fsrc、fdst 参数是打开的文件对象。

```
>>>import shutil
>>>f1=open( 'D:\\Python_os_test\\01.txt','w')
>>>f1.write("时间是一切财富中最宝贵的财富。")
15
>>>f1.close()
>>>shutil.copyfileobj(open('D:\\Python_os_test\\01.txt','r'), open('D:\\
Python_os_test\\02.txt', 'w'))
>>>f2=open( 'D:\\Python_os_test\\02.txt','r')
>>>print(f2.read())
时间是一切财富中最宝贵的财富。
```

（2）shutil.copy（fsrc，destination）：将 fsrc 文件复制到 destination 文件夹中，两个参数都是字符串格式。如果 destination 是一个文件名称，那么它会被用来当作复制后的文件名称，即等于"复制＋重命名"。

```
>>>import shutil
>>>import os
>>>os.chdir('D:\\Python_os_test')      #改变当前目录
>>>shutil.copy('01.txt', 'python1')    #将当前目录下的 01.txt 文件复制到 python1 文
                                       #件夹下
'python1\\01.txt'
>>>shutil.copy('01.txt', '03.txt')     #将文件复制到当前目录下，即"复制 +重命名"
'03.txt'
```

（3）shutil.copytree（source，destination）：复制整个文件夹，将 source 文件夹中的所有内容复制到 destination 中，包括 source 里面的文件、子文件夹都会被复制过去。两个参数都是字符串格式。

注意：如果 destination 文件夹已经存在，该操作会返回一个 FileExistsError 错误，提示文件已存在。shutil.copytree（source，destination）实际上相当于备份一个文件夹。

```
>>>shutil.copytree('python1', 'python3') #生成新文件夹 python3,和 python1 的内
                                         #容一样
'python3'
```

（4）shutil.move（source，destination）：将 source 文件或文件夹移动到 destination 中。返回值是移动后文件的绝对路径字符串。如果 destination 指向一个文件夹，那么

source 文件将被移动到 destination 中,并且保持其原有名字。

```
>>>import shutil
>>>shutil.move('D:\\Python_os_test\\python1', 'D:\\Python_os_test\\python3')
'D:\\Python_os_test\\python3\\python1'
```

上例中,如果 D:\\Python_os_test\\python3 文件夹中已经存在了同名文件 python1,将产生 shutil.Error:Destination path 'D:\Python_os_test\python3\python1' already exists。

如果 source 指向一个文件,destination 指向一个文件,那么 source 文件将被移动并重命名。

```
>>>shutil.move('D:\\Python_os_test\\01.txt', 'D:\\Python_os_test\\python1\\
04.txt')
'D:\\Python_os_test\\python1\\04.txt'
```

(5) shutil.rmtree(path):删除 path 路径文件夹。

```
>>>shutil.rmtree('D:\\Python_os_test\\python3')
```

(6) shutil.make_archive(base_name, format, root_dir=None):创建压缩包并返回文件路径。

base_name:压缩包的文件名,也可以是压缩包的路径,只是文件名时,保存到当前目录,否则保存到指定路径。

format:压缩包种类,包括 zip、tar、bztar、gztar。

root_dir:要压缩的文件夹路径(默认当前目录)。

```
>>>import shutil
>>>import os
>>>os.getcwd()
'D:\\Python_os_test'
>>>os.listdir()
['011.txt', '02.txt', '03.txt', '04.txt', 'a', 'f', 'python1', 'python2']
#将 D:\Python_os_test 目录下的所有文件压缩到当前目录下并取名为 www,压缩格式为 tar,
返回压缩包的绝对路径
>>>ret =shutil.make_archive("www",'tar',root_dir='D:\\Python_os_test')
>>>ret
'D:\\Python_os_test\\www.tar'
>>>print(ret)
D:\Python_os_test\www.tar
>>>os.listdir()
['011.txt', '02.txt', '03.txt', '04.txt', 'a', 'f', 'python1', 'python2', 'www.
tar']
```

(7) shutil.unpack_archive(filename[, extract_dir[, format]]):解包操作。

filename:拟要解压的压缩包的路径名。

extract_dir：解包目标文件夹，默认为当前目录，文件夹不存在会新建文件夹。
format：解压格式。

```
>>>import shutil
>>>import os
>>>os.getcwd()
'D:\\Python_os_test'
>>>os.listdir()
['011.txt', '02.txt', '03.txt', '04.txt', 'a', 'python1', 'python2', 'www.tar']
>>>shutil.unpack_archive("www.tar",'fff')
>>>os.listdir()
['011.txt', '02.txt', '03.txt', '04.txt', 'a', 'fff', 'python1', 'python2',
'www.tar']
```

csv 文件的
读取和写入

6.4 csv 文件的读取和写入

csv（comma separated values，逗号分隔值）文件是一种用来存储表格数据（数字和文本）的纯文本格式文件，文档的内容是由“，”分隔的一列列的数据构成，它可以被导入各种电子表格和数据库中。纯文本意味着该文件是一个字符序列。在 csv 文件中，数据“栏”（数据所在列，相当于数据库的字段）以逗号分隔，可允许程序通过读取文件为数据重新创建正确的栏结构（如把两个数据栏的数据组合在一起）。csv 文件由任意数目的记录组成，记录间以某种换行符分隔，一行即为数据表的一行；每条记录由字段组成，字段间的分隔符最常见的是逗号或制表符。可使用 Word、记事本、Excel 等方式打开 csv 文件。

创建 csv 文件的方法有很多，最常用的方法是用电子表格创建，如 Microsoft Excel。在 Microsoft Excel 中，选择“文件”→“另存为”命令，在“文件类型”下拉选择框中选择“CSV（逗号分隔）（ * .csv）”，然后单击“保存”按钮，即创建了一个 csv 格式的文件。

Python 的 csv 模块提供了多种读取和写入 csv 格式文件的方法。

本节基于 consumer.csv 文件，其内容如下：

```
客户年龄,平均每次消费金额,平均消费周期
23,318,10
22,147,13
24,172,17
27,194,67
```

6.4.1 使用 csv.reader()读取 csv 文件

csv.reader()用来读取 csv 文件，其语法格式如下：

```
csv.reader(csvfile, dialect='excel', * * fmtparams)
```

说明：返回一个 reader 对象,这个对象是可以迭代的,有个 line_num 参数,表示当前行数。

参数说明如下。

csvfile：可以是文件(file)对象或者列表(list)对象,如果 csvfile 是文件对象,要求该文件要以 newline＝"的方式打开,否则两行之间会空一行。

dialect：编码风格,默认为 Excel 的风格,也就是用逗号(,)分隔,dialect 方式也支持自定义,通过调用 register_dialect 方法来注册。

fmtparams：用于指定特定格式,以覆盖 dialect 中的格式。

【例 6-7】 使用 reader()读取 csv 文件。(csv_reader.py)

```
import csv
with open('consumer.csv',newline='') as csvfile:
    spamreader =csv.reader(csvfile)   #返回的是迭代类型
    for row in spamreader:
        print(', '.join(row))          #以逗号连接各字段
    csvfile.seek(0)                    #文件指针移动到文件开始
    for row in spamreader:
        print(row)
```

说明：newline 用来指定换行控制方式,可取值 None、\n、\r 或 \r\n。读取时,不指定 newline,文件中的 \n、\r 或 \r\n 被默认转换为 \n;写入时,不指定 newline,则换行符为各系统默认的换行符(\n、\r 或 \r\n),指定为 newline＝'\n',则都替换为 \n;若设定 newline＝",不论读或者写时,都表示不转换换行符。

csv_reader.py 在 IDLE 中运行的结果如下：

```
客户年龄, 平均每次消费金额, 平均消费周期
23, 318, 10
22, 147, 13
24, 172, 17
27, 194, 67
['客户年龄', '平均每次消费金额', '平均消费周期']
['23', '318', '10']
['22', '147', '13']
['24', '172', '17']
['27', '194', '67']
```

6.4.2　使用 csv.writer()写入 csv 文件

csv.writer()用来写入 csv 文件,其语法格式如下：

```
csv.writer(csvfile, dialect='excel', * * fmtparams)
```

说明：返回一个 writer 对象,使用 writer 对象可将用户的数据写入该 writer 对象所对应的文件里。

参数说明如下：

csvfile：可以是文件（file）对象或者列表（list）对象。

dialect：编码风格，默认为 Excel 的风格，也就是用逗号（,）分隔，dialect 方式也支持自定义，通过调用 register_dialect 方法来注册。

fmtparams：用于指定特定格式，以覆盖 dialect 中的格式。

csv.writer()所生成的 csv.writer 文件对象支持以下写入 csv 文件的方法。

writerow(row)：写入一行数据。

writerows(rows)：写入多行数据。

【例 6-8】 使用 writer()写入 csv 文件。（csv_ writer.py）

```python
import csv
with open('consumer.csv', 'w', newline='') as csvfile:
                                          #写入的数据将覆盖 consumer.csv 文件
    spamwriter =csv.writer(csvfile)          #生成 csv.writer 文件对象
    spamwriter.writerow(['55','555','55'])   #写入一行数据
    spamwriter.writerows([('35','355','35'),('18','188','18')])
with open('consumer.csv',newline='') as csvfile:   #重新打开文件
    spamreader =csv.reader(csvfile)
    for row in spamreader:                   #输出用 writer 对象的写入方法写入数据后的文件
        print(row)
```

csv_ writer.py 在 IDLE 中运行的结果如下：

```
['55', '555', '55']
['35', '355', '35']
['18', '188', '18']
```

【例 6-9】 使用 writer()向 csv 文件追加数据。（csv_ writer_add.py）

```python
import csv
with open('consumer.csv', 'a+', newline='') as csvfile:
    spamwriter =csv.writer(csvfile)
    spamwriter.writerow(['55','555','55'])
    spamwriter.writerows([('35','355','35'),('18','188','18')])
with open('consumer.csv',newline='') as csvfile:   #重新打开文件
    spamreader =csv.reader(csvfile)
    for row in spamreader:                   #输出用 writer 对象的写入方法写入数据后的文件
        print(row)
```

csv_ writer_add.py 在 IDLE 中运行的结果如下：

```
['客户年龄', '平均每次消费金额', '平均消费周期']
['23', '318', '10']
['22', '147', '13']
['24', '172', '17']
['27', '194', '67']
```

```
['55', '555', '55']
['35', '355', '35']
['18', '188', '18']
```

6.4.3 使用 csv.DictReader()读取 csv 文件

把一个关系型数据库保存为 csv 文档,再用 Python 读取数据或写入新数据,在数据处理中是很常见的。很多情况下,读取 csv 数据时,往往先把 csv 文件中的数据读成字典的形式,即为读出的每条记录中的数据添加一个说明性的关键字,这样便于理解。为此,csv 库提供了能直接将 csv 文件读取为字典的函数 DictReader(),也有相应将字典写入 csv 文件的函数 DictWriter()。csv.DictReader()的语法格式如下:

```
csv.DictReader(csvfile, fieldnames=None, dialect='excel')
```

说明:DictReader()返回一个 DictReader 对象,该对象的操作方法与 reader 对象的操作方法类似,可以将读取的信息映射为字典,其关键字由可选参数 fieldnames 来指定。

参数说明如下:

csvfile:可以是文件(file)对象或者列表(list)对象。

fieldnames:一个序列,用于为输出的数据指定字典关键字,如果没有指定,则以第一行的各字段名作为字典关键字。

dialect:编码风格,默认为 Excel 的风格,也就是用逗号(,)分隔,dialect 方式也支持自定义,通过调用 register_dialect 方法来注册。

【例 6-10】 使用 csv.DictReader()读取 csv 文件。(csv_DictReader.py)

```
import csv
with open('consumer.csv', 'r') as csvfile:
    dict_reader =csv.DictReader(csvfile)
    for row in dict_reader:
        print(row)
```

csv_DictReader.py 在 IDLE 中运行的结果如下:

```
OrderedDict([('客户年龄', '23'), ('平均每次消费金额', '318'), ('平均消费周期', '10')])
OrderedDict([('客户年龄', '22'), ('平均每次消费金额', '147'), ('平均消费周期', '13')])
OrderedDict([('客户年龄', '24'), ('平均每次消费金额', '172'), ('平均消费周期', '17')])
OrderedDict([('客户年龄', '27'), ('平均每次消费金额', '194'), ('平均消费周期', '67')])
```

【例 6-11】 使用 csv.DictReader()读取 csv 文件,并为输出的数据指定新的字段名。(csv_DictReader1.py)

```
import csv
print_dict_name=['年龄','消费金额','消费频率']
with open('consumer.csv', 'r') as csvfile:
    dict_reader =csv.DictReader(csvfile,fieldnames=print_dict_name)
    for row in dict_reader:
```

```
        print(row)
print("\nconsumer.csv 文件内容:")
with open('consumer.csv',newline='') as csvfile:          #重新打开文件
    spamreader =csv.reader(csvfile)
    for row in spamreader:
        print(row)
```

csv_DictReader1.py 在 IDLE 中运行的结果如下：

```
OrderedDict([('年龄', '客户年龄'), ('消费金额', '平均每次消费金额'), ('消费频率',
'平均消费周期')])
OrderedDict([('年龄', '23'), ('消费金额', '318'), ('消费频率', '10')])
OrderedDict([('年龄', '22'), ('消费金额', '147'), ('消费频率', '13')])
OrderedDict([('年龄', '24'), ('消费金额', '172'), ('消费频率', '17')])
OrderedDict([('年龄', '27'), ('消费金额', '194'), ('消费频率', '67')])
```

consumer.csv 文件内容：

```
['客户年龄', '平均每次消费金额', '平均消费周期']
['23', '318', '10']
['22', '147', '13']
['24', '172', '17']
['27', '194', '67']
```

从上述输出结果可以看出，consumer.csv 文件中第一行的数据并没发生变化。

6.4.4 使用 csv.DictWriter()写入 csv 文件

如果需要将字典形式的记录数据写入 csv 文件，则可以使用 csv.DictWriter()来实现，其语法格式如下：

```
csv.DictWriter(csvfile, fieldnames, dialect='excel')
```

说明：DictWriter()返回一个 DictWriter 对象，该对象的操作方法与 writer 对象的操作方法类似。参数 csvfile、fieldnames 和 dialect 的含义与 DictReader()函数中的参数类似。

【例 6-12】 使用 csv.DictWriter()写入 csv 文件。（csv_ DictWriter.py）

```
import csv
dict_record =[{'客户年龄': 23, '平均每次消费金额': 318, '平均消费周期': 10}, {'客户
年龄': 22, '平均每次消费金额': 147, '平均消费周期': 13}]
keys =['客户年龄', '平均每次消费金额', '平均消费周期']
#在该程序文件所在目录下创建 consumer1.csv 文件
with open('consumer1.csv', 'w+',newline='') as csvfile:
    #文件头以列表的形式传入函数,列表的每个元素表示每一列的标识
    dictwriter =csv.DictWriter(csvfile, fieldnames=keys)
    #若此时直接写入内容,会导致没有数据名,需先执行 writeheader()将文件头写入
```

```
#writeheader()没有参数,因为在建立对象 dictwriter 时,已设定了参数 fieldnames
dictwriter.writeheader()
for item in dict_record:
    dictwriter.writerow(item)
```

```
print("以 csv.DictReader()方式读取 consumer1.csv:")
with open('consumer1.csv', 'r') as csvfile:
    reader =csv.DictReader(csvfile)
    for row in reader:
        print(row)
```

```
print("\n 以 csv.reader()方式读取 consumer1.csv:")
with open('consumer1.csv',newline='') as csvfile:        #重新打开文件
    spamreader =csv.reader(csvfile)
    for row in spamreader:
        print(row)
```

csv_ DictWriter.py 在 IDLE 中运行的结果如下：

```
以 csv.DictReader()方式读取 consumer1.csv:
OrderedDict([('客户年龄', '23'), ('平均每次消费金额', '318'), ('平均消费周期', '10')])
OrderedDict([('客户年龄', '22'), ('平均每次消费金额', '147'), ('平均消费周期', '13')])

以 csv.reader()方式读取 consumer1.csv:
['客户年龄', '平均每次消费金额', '平均消费周期']
['23', '318', '10']
['22', '147', '13']
```

6.4.5　csv 文件的格式化参数

创建 csv.reader 或 csv.writer 对象时,可以指定 csv 文件格式化参数。csv 文件格式化参数包括以下几项。

delimiter：单字词,默认值为",",用来分隔字段。

doublequote：如果为 True(默认值),字符串中的双引号用""表示;若为 False,使用转义字符 escapechar 指定的字符。

escapechar：转义字符,一个单字串,当 quoting 被设置成 QUOTE_ NONE、doublequote 被设置成 False,被 writer 用来转义 delimiter。

lineterminator：被 writer 用来换行,默认为\r\n。

quotechar：单字串,用于包含特殊符号的引用字段,默认值为"。

quoting：用于指定使用双引号的规则,可取值 QUOTE_ALL(全部)、QUOTE_ MINIMAL(仅特殊字符字段)、QUOTE_NONNUMERIC(非数字字段)、QUOTE_ NONE(全部不)。

skipinitialspace：如果为 True,省略分隔符前面的空格,默认值为 False。

【例 6-13】　使用 delimiter 和 quoting 来配置分隔符和使用双引号的规则。（delimiter_ quoting.py）

```python
import csv
def read(file):
    with open(file, 'r+', newline='') as csvfile:
        reader =csv.reader(csvfile)
        return [row for row in reader]


def write(file, lst):
    with open(file, 'w+', newline='') as csvfile:
        #delimiter=':'指定写入文件的分隔符,quoting 指定双引号的规则
        writer =csv.writer(csvfile, delimiter=':',quoting=csv.QUOTE_ALL)
        for row in lst:
            writer.writerow(row)


def main():
    columns =int(input("请输入要输入的列数:"))
    input_list =[]
    i=1
    with open('consumer.csv', 'r', newline='') as csvfile:
        spamreader =csv.reader(csvfile)
        for row in spamreader:
            if i<=columns+1:
                input_list.append(row)
            else:
                break
            i+=1
    print(input_list)
    write('consumer1.csv', input_list)
    written_value =read('consumer1.csv')
    print(written_value)

main()
```

delimiter_ quoting.py 在 IDLE 中运行的结果如下：

请输入要输入的列数：3
[['客户年龄', '平均每次消费金额', '平均消费周期'], ['23', '318', '10'], ['22', '147', '13'], ['24', '172', '17']]
[['客户年龄":"平均每次消费金额":"平均消费周期"'], ['23":"318":"10"'], ['22":"147":"13"'], ['24":"172":"17"']]

程序运行后，在当前目录下创建了 consumer1.csv 文件，其文件内容如下：

"客户年龄":"平均每次消费金额":"平均消费周期"

```
"23":"318":"10"
"22":"147":"13"
"24":"172":"17"
```

6.4.6　自定义 dialect

dialect 用来指定 csv 文件的编码风格，默认为 Excel 的风格，也就是用逗号"，"分隔。dialect 支持自定义，即通过调用 register_dialect 方法来注册 csv 文件的编码风格，其语法格式如下：

```
csv.register_dialect(name[, dialect], **fmtparams)
```

说明：这个函数是用来自定义 dialect 的。

参数说明如下：

name：新格式的名称，如定义成 mydialect。

dialect：格式参数，是 Dialect 的一个子类。

fmtparams：关键字格式的参数。

假定在 consumer2.csv 中存储如下数据：

```
客户年龄:平均每次消费金额,平均消费周期
23:318,10
22:147,13
24:172,17
27:194,67
```

【例 6-14】　自定义一个名为 mydialect 的 dialect。（mydialect.py）

```
import csv
'''自定义了一个名为 mydialect 的 dialect,参数只设置了 delimiter 和 quoting 这两个,
其他的仍然采用默认值,其中以':'为分隔符'''
csv.register_dialect('mydialect', delimiter=':', quoting=csv.QUOTE_ALL)
with open('consumer.csv', newline='') as f:
    spamreader = csv.reader(f,dialect='mydialect')
    for row in spamreader:
        print(row)
```

mydialect.py 在 IDLE 中运行的结果如下：

```
['客户年龄', '平均每次消费金额,平均消费周期']
['23', '318,10']
['22', '147,13']
['24', '172,17']
['27', '194,67']
```

从上面的输出结果可以看出，自定义一个分隔符是"："的名为 mydialect 的 dialect 后，读取 csv 文件时便以"："为分隔符，不再以逗号为分隔符。

对于 writer()函数，同样可以传入 mydialect 作为参数，这里不赘述。

6.5 文件与文件操作举例

【**例 6-15**】 遍历文件夹及其子文件夹的所有文件，获取后缀是 py 的文件的名称列表。（retrieval_py.py）

```python
import os
import os.path
ls =[]

def get_file_list (path,ls):
    fileList =os.listdir(path)              #获取 path 指定的文件夹中所有文件的名称列表
    for tmp in fileList:
        pathTmp =os.path.join ('%s/%s'%(path, tmp))
        if os.path.isdir(pathTmp)==True:        #判断 pathTmp 是否是目录
            get_file_list (pathTmp,ls)
        elif pathTmp[pathTmp.rfind('.')+1:]=='py':
            ls.append(pathTmp)

def main():
    while True:
        path =input('请输入路径:').strip()          #移除字符串头尾的空格
        if os.path.isdir(path) ==True:
            break
    get_file_list (path,ls)
    print(ls)

main()
```

retrieval_py.py 在 IDLE 中运行的结果如下：

```
请输入路径:D:/Python/Scripts
['D:/Python/Scripts/f2py.py', 'D:/Python/Scripts/runxlrd.py', 'D:/Python/
Scripts/wordcloud_cli.py']
```

【**例 6-16**】 将指定目录下扩展名为 txt 的文件重命名为扩展名为 html 的文件。（rename_files.py）

```python
import os
def rename_files(filepath):
    os.chdir(filepath)                          #改变当前目录
    print('更名前%s 目录下的文件列表':%filepath)
    print(os.listdir())
    filelist =  os.listdir()                    #获取当前文件夹中所有文件的名称列表
```

```
    for item in filelist:
        if item[item.rfind('.')+1:]=='txt':
                            #rfind('.')返回'.'最后一次出现在字符串中的位置
            newname =item[:item.rfind('.')+1] +'html'
            os.rename(item, newname)

def main():
    while True:
        filepath =input('请输入路径:').strip()
        if os.path.isdir(filepath) ==True:
            break
    rename_files(filepath)
    print('更名后%s 目录下的文件列表':%filepath)
    print(os.listdir(filepath))

main()
```

rename_files.py 在 IDLE 中运行的结果如下：

请输入路径:D:\\Python_os_test
更名前 D:\\Python_os_test 目录下的文件列表：
['011.txt', '02.txt', '03.txt', '04.txt', 'a', 'fff', 'python1', 'python2',
'www.tar']
更名后 D:\\Python_os_test 目录下的文件列表：
['011.html', '02.html', '03.html', '04.html', 'a', 'fff', 'python1', 'python2',
'www.tar']

习　　题

1. 使用 open()函数时，打开指定文件的模式有哪几种？默认打开模式是什么？

2. 如何使用 os 模块提供的函数读取和写入文件？

3. 如何创建 csv 文件？如何读写 csv 文件？

4. 假设有一个英文文本文件，编写程序读取其内容，并将其中的大写字母变为小写字母，小写字母变为大写字母。

5. 简述文本文件与二进制文件的区别。

6. 创建一个 txt 文件，在其中写入学生的基本信息，包括姓名、性别、年龄和电话 4 个信息。

7. 编写程序，用户输入一个目录和一个文件名，搜索该目录及其子目录中是否存在该文件。

8. 读取文件 1.txt 中的内容，去除空行和注释行后，以行为单位进行排序，并将结果输出为 2.txt。

第7章

面向对象程序设计

面向对象程序设计(object oriented programming,OOP)是把计算机程序视为一组对象的集合,计算机程序的执行就是一系列消息在各个对象之间传递以及与这些消息相关的处理。OOP把对象作为程序的基本单元,一个对象包含数据和操作数据的函数。在现实世界中,对象就是某种人们可以感知、触摸和操纵的有形的东西,对象代表现实世界中可以被明确辨识的实体。例如,一个人、一台电视机、一支笔、一架飞机甚至一次会议、一笔贷款都可以认为是一个对象。一个对象有独特的标识、状态和操作。

(1) 每个对象都有自身唯一的标识,就像人的身份证号,通过这种标识,可找到相应的对象。在对象的整个生命周期中,它的标识都不改变,不同的对象不能有相同的标识。Python 会在运行时自动为每个对象赋予一个独特的 id 来辨识这个对象。

```
>>>'Python'
'Python'
>>>id('Python')          #id()函数用于获取对象的内存地址,唯一且不变
34372272
```

(2) 对象具有状态,一个对象的状态(也称为它的特征或属性)是用变量来描述的,称为对象的数据域,也称为实例变量。例如,一个圆形对象具有半径数据域 radius,它表示圆的属性,不同的 radius 代表不同的圆,从而有不同的周长和面积。

(3) 对象还有操作(行为),用于改变对象的状态(如重新设置圆的半径 radius)以及对对象进行处理(如求圆的周长、求圆的面积)。Python 使用函数(也称为方法)来定义一个对象的行为,例如,为圆定义函数 getPerimeter() 和 getArea(),分别用于求解半径为 radius 的圆的周长和面积。对于不同的圆对象,可以调用其 getPerimeter() 函数求出圆的周长,调用其 getArea() 函数求出圆的面积。

在 Python 中,对象用类创建。类是现实世界或思维世界中的实体在计算机中的反映,是用来描述具有相同属性和方法的对象的集合,它定义了每个对象所共有的属性和方法。Python3 统一了类与类型的概念,即类型就是类。

类与对象的关系:类是对象的抽象,而对象是类的具体实例,类的实例是对象;类是抽象的,不占用内存,而对象是具体的,占用存储空间;类是用于创建对象的模板,它定义对象的数据域和方法。

7.1　定　义　类

在 Python 中,可以通过 class 关键字定义类,然后通过定义的类创建实例对象。在 Python 中定义类的语法格式如下:

```
class 类名:
    类体
```

在定义类时需要注意以下几个事项。

(1) 类代码块以 class 关键词开头,代表定义类。

(2) class 之后是类名,这个名字由用户自己指定,类名的命名规则是,类名一般由多个单词组成,每个单词除第一个字母大写外,其余的字母均小写,这就是驼峰命名规则。class 和类名中间至少要有一个空格。

(3) 类名后跟冒号,类体由缩进的语句块组成,定义在类体内的元素都是类的成员。类的成员分为两种类型:描述状态的数据成员(也称为属性)和描述操作的函数成员(也称为方法)。

(4) 一个类通常包含一种特殊的方法:__init__()。这个方法称为初始化方法,又称为构造方法,它在创建和初始化一个新对象时被调用,初始化方法通常被设计用于完成对象的初始化工作。方法的命名也是符合驼峰命名规则,但是方法的首字母小写。

(5) 在 Python 中,类被称为类对象,类的实例被称为类的对象。Python 解释器解释执行 class 语句时,会创建一个类对象。

【例 7-1】　矩形类定义示例。(Rectangle.py)

```
class Rectangle:
    def __init__(self,width=2,height=5): #初始化方法,为 width 和 height 设置了默认值
        self.width=width                 #定义数据成员 width
        self.height=height
    def getArea(self):                   #定义方法 getArea()用于返回矩形的面积
        return self.width * self.height
    def getPerimeter(self):              #定义方法 getPerimeter()用于返回矩形的周长
        return 2 * (self.width+self.height)
```

注意:类中定义的每个方法都必须至少有一个名为 self 的参数,并且必须是方法的第一个参数(如果有多个形参),self 指向调用方法的对象。虽然每个方法的第一个参数为 self,但通过对象调用这些方法时,用户不需要也不能给该参数传递值。事实上,Python 含义自动把类的对象传递给该参数。

在 Python 中,函数和方法是有区别的。方法一般指与特定对象绑定的函数,通过对象调用方法时,对象本身将作为第一个参数传递过去,通常的函数并不具备这个特点。

7.2　创建类的对象

类是抽象的，要使用类定义的功能，就必须进行类的实例化，即创建类的对象。创建对象后，就可以使用成员运算符"."来调用对象的属性和方法。

注意：创建类的对象、创建类的实例、类的实例化等说法是等价的，都说明是以类为模板生成一个对象的操作。

使用类创建对象通常要完成两个任务：在内存中创建类的对象；调用类的 __init__() 方法来初始化对象，__init__() 方法中的 self 参数被自动设置为引用刚刚创建的对象。

创建类的对象的方式类似于函数调用方式，创建类的对象的方式如下：

对象名 =类名(参数列表)

注意：通过类的 __init__() 方法接收（参数列表中）的参数，参数列表中的参数要与无 self 的 __init__() 方法中的参数匹配。

调用对象的属性和方法的格式如下：

对象名.对象的属性
对象名.对象的方法()

以下使用类的名称 Rectangle 来创建对象：

```
>>>Rectangle1=Rectangle(3, 6)    #创建一个 width 为 3、height 为 6 的 Rectangle 对象
>>>Rectangle1.getArea()     #调用对象 Rectangle1 的方法 getArea()以返回矩形的面积
18
>>>Rectangle1.getPerimeter()
18
```

Rectangle 类中的初始化方法有默认的 width 和 height，接下来，创建默认 width 为 2、height 为 5 的 Rectangle 对象：

```
>>>Rectangle2=Rectangle()
>>>Rectangle2.getArea()
10
>>>Rectangle2.getPerimeter()
14
```

注意：可以创建一个对象并将它赋给一个变量，随后，可以使用该变量来指代这个对象。有时创建的对象后面不再被引用，在这种情况下，可以创建一个对象而不需要把它赋给变量，如下所示：

```
>>>print("width 为 5、height 为 10 矩形的面积为", Rectangle(5,10).getArea())
width 为 5、height 为 10 矩形的面积为 50
```

类中的属性

7.3 类中的属性

类的数据成员是在类中定义的成员变量,用来存储描述类的状态特征的值,也称为属性。属性可以被该类中定义的方法访问,也可以通过类的对象进行访问。在方法体中定义的局部变量,只能在其定义的范围内进行访问。

7.3.1 类的对象属性

通过"self.变量名"定义的属性,称为类的对象属性,对象属性属于类实例化的特定对象,对象属性在类的内部通过"self.变量名"访问,在外部通过"对象名.变量名"来访问。

对象属性一般是在__init__()方法中通过如下形式进行定义并初始化的:

```
self.变量名 = __init__()方法传递过来的实参
```

【例 7-2】 定义 Person1 类,其中包括对象属性。

```
>>>class Person1:
    '''Person1类'''
    def __init__(self, name_):
        self.name = name_        #定义成员变量 name,用 name_进行初始化
    def getName(self):           #定义成员方法 getName(),输出数据成员 name 的值
        print(self.name)
>>>p1=Person1('张三')
>>>p1.getName()
张三
>>>p1.age = 19                   #为 p1 添加 age 属性,该属性只属于该实例
```

可以使用以下内置函数来访问实例化对象的属性。

(1) getattr(obj,'name'):访问对象 obj 的属性名为 name 的属性。

(2) hasattr(obj,'name'):检查对象是否存在一个属性。

(3) setattr(obj,'name','value'):设置对象的属性的属性值,如果属性不存在,会创建一个新属性。

(4) delattr(obj, 'name'):删除对象的属性。

```
>>>getattr(p1, 'name')           #访问对象 p1 的名为 name 的属性
'张三'
>>>getattr(p1, 'age')            #访问对象 p1 的名为 age 的属性
19
>>>hasattr(p1, 'age')            #检查对象 p1 是否存在一个属性 age
True
>>>setattr(p1, 'sex','男')       #为对象 p1 创建一个新属性 sex
>>>getattr(p1, 'sex')
```

'男'

Python内置了类实例对象的特殊属性，由这些属性可查看类实例对象的相关信息。

__class__：获取实例对象所属的类的类名。

__module__：获取实例对象所在的模块。

__dict__：获取实例对象的数据成员信息，结果为一个字典。

```
>>>p1.__class__
<class '__main__.Person1'>
>>>p1.__module__
'__main__'
>>>p1.__dict__
{'name': '张三', 'age': 19}
```

7.3.2 类属性

Python允许声明属于类本身的变量，即类属性，也称为类变量或静态属性。类属性属于整个类，是在类中所有方法之外定义的变量，所有实例之间共享一个副本，在内部用"类名.类属性名"或"self.类属性名"调用。对于公有的类属性，在类外可以通过类对象和实例对象访问。对于私有的类属性，既不能在类外通过类对象访问，也不能通过实例对象访问。

```
class People:
    name="Mary"                 #定义公有的类属性
    __age=18                    #定义私有的类属性,以两下画线__开头,但不以两下画线__结束

>>>p=People()                                   #创建People对象
>>>print('通过对象访问类属性 name:',p.name)        #通过对象访问类属性
通过对象访问类属性 name: Mary
>>>print('通过类对象访问类属性 name:',People.name)  #通过类对象访问类属性
通过类对象访问类属性 name: Mary
```

【例7-3】 定义Person2类，其中包括类属性。

```
>>>class Person2:
    '''Person2类'''
    total_count=0               #定义类属性total_count,表示person的总计数
    classifications='正式员工'   #定义类属性classifications,表示person的类别
    def getClassifications(self):
        return Person2.classifications
>>>p1=Person2()                 #创建实例对象p1
>>>p1.getClassifications()
'正式员工'
>>>Person2.total_count +=1      #通过类名访问,将总计数加1
>>>print(Person2.total_count)   #通过类名访问,输出总计数的值
```

```
1
>>>print(p1.total_count)          #通过对象名访问,输出总计数的值
1
>>>p1.total_count+=1              #通过对象名访问,将总计数加 1
>>>print(p1.total_count)
2
#为 Person2 类添加类属性 ethnicity,该属性将被类和所有实例共有
>>>Person2.ethnicity = 'Han'
>>>p2=Person2()                   #创建实例对象 p2
>>>print(p2.ethnicity)
Han
```

虽然类属性可以使用"对象名.类属性名"来访问,但感觉像是访问实例的属性,容易造成困惑,建议不要这样使用,提倡使用"类名.类属性名"的方式来访问。

关于类属性和类的对象属性,可以总结如下。

(1) 类属性属于类本身,可以通过类名进行访问或修改。

(2) 类属性也可以被类的所有实例对象访问或修改。

(3) 在类定义之后,可以通过类名动态添加类属性,新增的类属性被类和所有实例共有。

(4) 类的对象属性只能通过类的对象访问。

(5) 在类的对象生成后,可以动态添加对象的属性,但是这些添加的对象属性只属于该对象。

Python 中的类内置了类的特殊的属性,通过这些属性可查看类的相关信息。

_ _dict_ _:获取类的所有属性和方法,结果为一个字典。

_ _doc_ _:获取类的文档字符串。

_ _name_ _:获取类的名称。

_ _module_ _:获取类定义所在的模块,如果是主文件,就是_ _main_ _。类的全名是'_ _main_ _.className',如果类位于一个导入模块 mymod 中,那么 className._ _module_ _ 等于 mymod。

_ _bases_ _:查看类的所有父类,返回一个由类的所有父类组成的元组。

```
>>>Person2.__dict__
mappingproxy({'__module__': '__main__', '__doc__': 'Person2 类', 'total_
count': 0, 'classifications': '正式员工', 'getClassifications': < function
Person2.getClassifications at 0x0000000002F067B8>, '__dict__': < attribute
'__dict__' of 'Person2' objects>, '__weakref__': <attribute '__weakref__' of
'Person2' objects>})
>>>Person2.__doc__
'Person2 类'
>>>Person2.__name__
'Person2'
>>>Person2.__module__
'__main__'
```

```
>>>Person2.__bases__
(<class 'object'>,)
>>>from math import sin
>>>sin.__module__                    #获取 sin 所在的模块
'math'
```

7.3.3 私有属性和公有属性

在定义类的属性时，如果属性名以两个下画线"__"开头，但是不以两个下画线"__"结束，则表示该属性是私有属性，如__private_attrs，其他的为公有属性。私有属性在类对象的外部不能直接访问，需要调用对象的公有成员方法来访问，或者通过 Python 支持的特殊方式来访问，在类内部使用类的私有属性的方式为"类名.__private_attrs"或 self.__private_attrs。公有属性既可以在类对象的内部进行访问，也可以在类对象的外部进行访问，此外还可以通过类的对象访问。

【例 7-4】 定义 Variables 类，其中包括私有属性和公有属性。

```
>>>class Variables:
    __secretVariable =0           #私有属性
    publicVariable =0             #公有属性
    def show(self):
        self.__secretVariable +=1
        self.publicVariable +=1
        print('私有属性__secretVariable 的值:', self.__secretVariable)
        print('公有属性 publicVariable 的值:', self.publicVariable)
>>>variable1 =Variables()
>>>variable1.show()
私有属性__secretVariable 的值: 1
公有属性 publicVariable 的值: 1
>>>variable1.show()
私有属性__secretVariable 的值: 2
公有属性 publicVariable 的值: 2
>>>variable1.publicVariable
2
>>>variable1.__secretVariable  #报错,实例不能访问私有变量
Traceback (most recent call last):
  File "<pyshell#36>", line 1, in <module>
    variable1.__secretVariable
AttributeError: 'Variables' object has no attribute '__secretVariable'
```

Python 不允许类的对象访问私有数据，但可以使用"对象名._类名__私有属性名"来访问私有属性：

```
>>>variable1._Variables__secretVariable
2
```

下面再举一个例子来说明私有属性的使用方法。

【例 7-5】　定义 Segment 类,其中包括私有属性和公有属性。

```
>>>class Segment:
    def __init__(self,valuea=0,valueb=0):
        self._valuea=valuea
        self.__valueb=valueb
    def setsegment(self,valuea,valueb):
        self._valuea=valuea
        self.__valueb=valueb
    def show(self):
        print('_valuea的值:', self._valuea)
        print('__valueb的值:', self.__valueb)
>>>segment1=Segment(2,3)
>>>segment1._valuea
2
>>>segment1._Segment__valueb    #在外部访问对象的私有属性
3
>>>segment1.show()
_valuea的值: 2
__valueb的值: 3
```

7.3.4　@ property 装饰器

【例 7-6】　定义 Student 类。

```
>>>class Student:
    def __init__(self, name, score):
        self.name =name
        self.score =score
```

当想要修改一个 Student 类的实例对象的 score 属性时,可以这么写:

```
>>>student1 =Student('李明', 89)
>>>student1.score =91
```

但是也可以这么写:

```
>>>student1.score =1000
```

显然,直接给属性赋值无法检查分数的有效性。score 为 1000 显然不合逻辑。为了防止为 score 赋不合理的值,可以通过一个 set_score()方法来设置 score,再通过一个 get_score()来获取 score,这样,在 set_score()方法里就可以检查参数。下面据此重新定义 Student 类。

【例 7-7】　定义 Student2 类。

```
>>>class Student2:
```

```
    def __init__(self, name, score):
        self.name = name
        self.__score = score          #设置私有数据成员
    def getScore(self):               #读取私有数据成员的值
        return self.__score
    def setScore(self, score):        #修改私有数据成员的值
        if not isinstance(score, int):
            print('score must be an integer!')
        elif score < 0 or score > 100:
            print('score must between 0~100!')
        else:
            self.__score = score
>>> student2 = Student2('张三', 69)
>>> student2.setScore(1000)          #修改私有数据成员的值，1000 不在 0~100 内，失败
'score must between 0~100!'
>>> student2.getScore()
69
>>> student2.setScore(80)            #修改私有数据成员的值，80 在 0~100 内，成功
>>> student2.getScore()
80
```

这样一来，student2.setScore(1000)就会输出"score must between 0~100!"。这种使用 getScore()/setScore()方法来封装对一个属性的访问，在许多面向对象编程的语言中都很常见。但是写 student2.getScore()和 student2.setScore()没有直接写 student2.score 来得直接。有没有两全其美的方法？答案是：有。在 Python 中，可以用@property 装饰器把 getScore()/setScore()方法"装饰"成属性使用。

【例 7-8】 定义 Student3 类，其中含有装饰器@property 和@setter。

```
>>> class Student3:
    def __init__(self, name, score):
        self.name = name
        self.__score = score          #设置私有数据成员
    @property                         #装饰器，提供"读属性"
    def score(self):
        return self.__score
    @score.setter                     #装饰器，提供"修改属性"
    def score(self, score):
        if not isinstance(score, int):
            print('score must be an integer!')
        elif score < 0 or score > 100:
            print('score must between 0~100!')
        else:
            self.__score = score
```

注意：第一个 score(self)是 getScore()方法，用@property 装饰；第二个 score(self, score)是 setScore()方法,用@score.setter 装饰,@score.setter 是前一个@property 装饰后的副产品。现在,就可以像使用属性一样设置 score 了:

```
>>>student3 =Student3('Mary', 95)
>>>print(student3.score)
95
>>>student3.score =98              #对 score 赋值,实际上调用的是 setScore()方法
>>>print(student3.score)
98
>>>student3.score =1000
score must between 0~100!
>>>print(student3.score)
98
>>>del student3.score              #试图删除属性,失败
Traceback (most recent call last):
  File "<pyshell#36>", line 1, in <module>
    del student3.score
AttributeError: can't delete attribute
```

注意:@property 装饰器默认提供一个只读属性,如果要修改属性,需要搭配使用 setter 装饰器;如果要删除属性,需要搭配使用 deleter 装饰器。

【例 7-9】　定义 Student4 类,其中含有装饰器@property、@setter 和@deleter。

```
>>>class Student4:
    def __init__(self, name, score):
        self.name =name
        self.__score =score        #设置私有数据成员
    @property                       #装饰器,提供"读属性"
    def score(self):
        return self.__score
    @score.setter                   #装饰器,提供"修改属性"
    def score(self, score):
        if not isinstance(score, int):
            print('score must be an integer!')
        elif score <0 or score >100:
            print('score must between 0~100!')
        else:
            self.__score =score
    @score.deleter                  #装饰器,提供"删除属性"
    def score(self):
        del self.__score
>>>student4 =Student4('李晓菲', 88)
>>>del student4.score              #试图删除属性,成功
```

```
>>>print(student4.score)          #前一条语句已经删除 score,这里显示不存在
Traceback (most recent call last):
  File "<pyshell#4>", line 1, in <module>
    print(student4.score)
  File "<pyshell#1>", line 7, in score
    return self.__score
AttributeError: 'Student' object has no attribute '_Student__score'
```

类中的方法

7.4 类中的方法

方法是与类相关的函数,类中的方法的定义与普通的函数大致相同。在类中定义的方法大致分为 3 类:对象方法、类方法和静态方法。3 类方法在内存中都归属于类,区别在于调用方式不同:对象方法,至少包含一个 self 参数,由对象调用,执行对象方法时,自动将调用该方法的对象传递给 self;类方法,至少包含一个 cls 参数,由类调用,调用类方法时,自动将调用该方法的类传递给 cls;静态方法,由类调用,无默认参数。

7.4.1 类的对象方法

若类中定义的方法的第一个形参是 self,则该方法称为对象方法,对象方法用于对类的某个实例化对象进行操作,可以通过 self 显式地访问该对象。声明对象方法的语法格式如下:

def 方法名(self,[形参列表]):
    方法体

方法的调用格式如下:

对象.方法名([实参列表])

注意:虽然对象方法的第一个参数是 self,但在调用时,用户不需要也不能给该参数传递值,Python 会自动地把对象传递给 self 参数。

【例 7-10】 定义 MyClass1 类,其中包括对象方法。

```
>>>class MyClass1:
    def __init__(self,value1,value2):
        self.value1=value1
        self.value2=value2
    def add(self,valuea,valueb):
        self.value1=valuea
        self.value2=valueb
        print('%d +%d ='%(self.value1,self.value2),self.value1+self.value2)
>>>obj1=MyClass1(1,2)
>>>obj1.add(5,10)
```

```
5 +10 =15
>>>obj2=MyClass1(5,10)
>>>MyClass1.add(obj2,10,20)  #通过类对象调用类的对象方法,需传递一个类的对象
10 +20 =30
```

调用对象 obj1 的方法 obj1.add(5，10)，Python 自动将其转换为 obj1.add(obj1，5，10)，即自动将对象 obj1 传递给 self 参数。

对象方法分为两类：公有对象方法和私有对象方法。私有对象方法的名字以两个下画线开始,但不以两个下画线结束,其他的为公有对象方法。公有对象方法可通过对象名直接调用,公有对象方法还可以通过如下方式调用：

类名.公有对象方法(对象名, 实参列表)

私有对象方法可在类的内部通过 self._ _private_methods 调用。私有对象方法不能通过对象名直接调用,但可通过"对象名._类名_ _私有对象方法名"来访问私有对象方法。

【例 7-11】 定义 MyClass2 类,其中包括私有对象方法。

```
>>>class MyClass2:
    def _ _init_ _(self,value1,value2):
        self.value1=value1
        self.value2=value2
    def _ _add(self,valuea,valueb):
        self.value1=valuea
        self.value2=valueb
        print('%d +%d ='%(self.value1,self.value2),self.value1+self.value2)
>>>obj2=MyClass2(0,0)
>>>obj2._MyClass2_ _add(5,10)        #通过"对象名._类名_ _方法名"来访问私有实例
方法
5 +10 =15
>>>obj2._ _add(5,10)                 #报错,实例不能访问私有实例方法
Traceback (most recent call last):
  File "<pyshell#37>", line 1, in <module>
    obj2._ _add(5,10)
AttributeError: 'MyClass2' object has no attribute '_ _add'
```

下面再给出一个私有属性、私有方法举例。

```
>>>class A:
    def _ _init_ _(self):
        self.value1=10
        self._ _value2=20
    def _ _test(self):
        print('value1=%d,_ _value2=%d'%(self.value1,self._ _value2))
    def test(self):
        print(self._ _value2)
        self._ _test()
>>>a=A()
```

```
>>>a.test()
20
value1=10,__value2=20
```

7.4.2 类方法

Python 允许声明属于类本身的方法，即类方法。类方法通过装饰器@classmethod 来定义，类方法的第一个参数是类对象的引用，通常为 cls(class 的缩写)。在 Python 中定义类方法的语法格式如下：

```
@classmethod
def 类方法名(cls,[形参列表]):
    方法体
```

注意：类方法至少包含一个 cls 参数，类方法一般通过类对象来访问，执行类方法时，自动将调用该方法的类对象传递给 cls。此外，也可以通过类的实例对象来访问，执行类方法时，自动将调用该方法的实例对象所对应的类对象传递给 cls。在类方法内部可以直接访问类属性，但不能直接访问属于对象的成员。

【例 7-12】 定义 MyClass3 类，其中包括类方法。

```
>>>class MyClass3:
    @classmethod                        #类方法装饰器
    def classMethod(cls):
        print('    id(cls):',id(cls))
>>>print('id(MyClass3):', id(MyClass3))
id(MyClass3): 45449000
>>>MyClass3.classMethod()              #通过类对象直接调用类方法
    id(cls): 45449000
>>>obj1=MyClass3()
>>>obj1.classMethod()
    id(cls): 45449000
```

下面再举一个类方法使用的例子：

```
class Toy:
    #定义类属性
    count = 0
    def __init__(self, name):
        self.name =name
        #让类属性的值+1
        Toy.count +=1
    @classmethod
    def show_toy_count(cls):
        #cls.count:在类方法的内部,访问当前的类属性
        print('玩具对象的数量: %d' %cls.count)
```

```
#创建玩具对象
toy1 =Toy('乐高')
toy2 =Toy('玩具车')
toy3 =Toy('玩具熊')
Toy.show_toy_count()                    #调用类方法,在类方法内部可以直接访问类属性
```

运行上述代码得到的输出结果如下:

```
玩具对象的数量: 3
```

7.4.3 类的静态方法

类的静态方法使用装饰器@staticmethod 来定义,没有默认的必需参数。静态方法不对特定实例进行操作,只能访问属于类的成员,不能直接访问属于对象的成员。在 Python 中定义静态方法的语法格式如下:

```
@staticmethod
def 静态方法名([形参列表]):
    方法体
```

静态方法通过类名和实例对象名直接调用,调用格式如下:

```
类名.静态方法([实参列表])
对象名.静态方法([实参列表])
```

【例 7-13】 定义 MyClass4 类,其中包括静态方法。

```
>>>class MyClass4:
    __number =0                          #定义类属性__number
    def __init__(self,val):
        self.value =val                  #定义实例属性 value
        MyClass4.__number+=1
    def show(self):                      #实例方法
        print('实例方法输出类属性__number:', MyClass4.__number)
    @staticmethod                        #装饰器,定义静态方法
    def staticShowNumber():
        print('静态方法输出类属性__number:', MyClass4.__number)
    @staticmethod                        #装饰器,定义静态方法
    def staticShowValue():
        print('静态方法输出实例属性 value:', self.value)
>>>MyClass4.staticShowNumber()           #通过类名调用静态方法
静态方法输出类属性__number: 0
>>>obj1=MyClass4(6)
>>>obj1.show()
实例方法输出类属性__number: 1
>>>obj1.staticShowNumber()               #通过对象调用静态方法
```

静态方法输出类属性＿＿number: 1
```
>>>obj1.staticShowValue()                      #通过静态方法访问实例属性,出错
Traceback (most recent call last):
  File "<pyshell#6>", line 1, in <module>
    obj1.staticShowValue()
  File "<pyshell#1>", line 13, in staticShowValue
    print('静态方法输出实例属性 value:', self.value)
NameError: name 'self' is not defined
```

注意：类方法和静态方法都可以通过类名和对象名调用,但不能直接访问属于对象的成员,只能访问属于类的成员。

类中的所有方法均属于类(非对象),所以在内存中只保存一份,所有对象都执行相同的代码,通过 self 参数来判断要处理哪个对象的数据。

7.5 类 的 继 承

面向对象的编程带来的主要好处之一是代码的重用,实现这种重用的方法之一是类的继承。当要建一个新类时,也许会发现要建的新类与之前的某个已有类非常相似,如绝大多数的属性和行为都相同。这时,可让新类继承已有类中的属性和方法,同时添加已有类中没有的属性和方法。这个已有类称为父类或基类,要建的新类称为子类或派生类。子类也可以成为其他类的父类。

7.5.1 单继承

子类可以继承父类的公有成员,但不能继承其私有成员。如果需要在子类中调用基类的方法,可以使用内置函数 super()或者通过"基类名.方法名()"的方式来实现。类的单继承是指新建的类只继承一个父类。

继承父类创建子类的语法格式如下:

```
class 派生类名(基类名):
    类体
```

【例 7-14】 根据人的特征定义类 Person。（Person.py）

```
class Person:
    def __init__(self,name,age,sex):
        self.name =name
        self.age =age
        self.sex =sex

    def setName(self,name):
        self.name =name
    def getName(self):
```

```
            return self.name
    def setAge(self,age):
            self.age =age
    def getAge(self):
            return self.age
    def setSex(self,sex):
            self.sex =sex
    def getSex(self):
            return self.sex
    def show(self):
            return 'name:{0}, age:{1}, sex:{2}'.format(self.name,self.age,self.sex)
```

该类对所有人均适用,但如果根据教师的特点需要定义一个教师类,则可以肯定的是教师类中,除了姓名、年龄和性别属性外,还可能有授课的课程(course)、教师的工资(salary)。此外,教师可能有上课(setCourse)、涨工资(setSalary)这样的行为。因此,可以通过继承的方式建立教师类 Teacher。

【例 7-15】 通过继承的方式建立教师类。(TeacherTeacher.py)

```
from Person import Person                              #从 Person 模块导入 Person 类
class Teacher(Person):                                 #定义一个子类 Teacher,Teacher 继承
                                                       # Person 类
    def __init__(self,name,age,sex,course,salary):
            Person.__init__(self,name,age,sex)         #调用基类构造方法初始化基类数据成员
            self.course =course                        #初始化派生类的数据成员
            self.salary =salary                        #初始化派生类的数据成员
    def setCourse(self,course):                        #在子类中定义其自身的方法
            self.course =course
    def getCourse(self):
            return self.course
    def setSalary(self,salary):
            self.salary =salary
    def getSalary(self):
            return self.salary
    def show(self):
            return(Person.show(self) + (', course:{0}, salary:{1}'.format(self.
course,self.salary)))
```

Teacher 类继承了 Person 类所有可以继承的成员。除此之外,它还有两个新的数据成员 course 和 salary,以及与 course 和 salary 相关的 setCourse()和 setSalary()方法。Teacher 类使用如图 7-1 所示的语法格式继承 Person 类。

Person.__init__(self,name,age,sex)调用父类的 __init__(self,name,age,sex)方法,也可以使用 super()来调用父类的 __init__(self, name,age,sex)方法,语法格式如下:

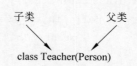

图 7-1 Teacher 类继承 Person
类的语法格式

```
super().__init__(name,age,sex)                #没有 self 参数
```

super().__init__(name,age,sex)调用父类的__init__(name,age,sex)方法，super()指向父类。

当使用 super()来调用一个方法时，不需要传递 self 参数。

子类的构造方法有以下几种形式。

（1）子类不重写 __init__()实例化子类时，会自动调用父类定义的 __init__()。

```
class Father:
    def __init__(self, name):
        self.name=name
        print ( "name: %s" % ( self.name) )
    def getName(self):
        return 'Father:' +self.name


class Son(Father):
    def getName(self):                        #重写 getName(self)方法
        return 'Son:'+self.name


son=Son('xiaoming')                           #子类实例化
print(son.getName())                          #调用子类对象的方法
```

运行上述代码得到的输出结果如下：

```
name: xiaoming
Son:xiaoming
```

（2）如果子类重写了__init__()，实例化子类时就不会调用父类定义的__init__()。

```
class Father:
    def __init__(self, name):
        self.name=name
        print( "name: %s" % ( self.name) )
    def getName(self):
        return 'Father ' +self.name


class Son(Father):
    def __init__(self, name):
        print ( "hi" )
        self.name =   name
    def getName(self):
        return 'Son '+self.name


son=Son('xiaoming')                           #子类实例化
print ( son.getName() )                       #调用子类对象的方法
```

运行上述代码得到的输出结果如下：

```
hi
Son xiaoming
```

（3）如果子类重写__init__()，又要继承父类的构造方法，可以使用 super().__init__
(参数 1，参数 2，…)或父类名称.__init__(self，参数 1，参数 2，…)来继承父类的构造
方法。

```
class Father(object):
    def __init__(self, name):
        self.name=name
        print ( "name: %s" % ( self.name))
    def getName(self):
        return 'Father ' +self.name

class Son(Father):
    def __init__(self, name):
        super().__init__(name)
        print ("hi")
    def getName(self):
        return 'Son '+self.name

son=Son('xiaoming')
print ( son.getName() )
```

运行上述代码得到的输出结果如下：

```
name: xiaoming
hi
Son xiaoming
```

【例 7-16】　创建 Person 类的实例对象和 Teacher 类的实例对象，并调用对象的
show()方法。（TestPersonTeacher.py）

```
from Person import Person
from Teacher import Teacher
def main():
    person1=Person('王芳',21,'女')
    print('person1 的 name 是: ',person1.getName())
    print('person1 的 age 是: ',person1.getAge())
    print('person1 的 sex 是: ',person1.getSex())
    print('person1 总的属性:',person1.show())
    teacher1=Teacher('李明',36,'男','Python',8600)
    print('  teacher1 的 name 是: ',teacher1.name)
```

```
        print('   teacher1 的 age 是: ',teacher1.age)
        print('   teacher1 的 sex 是: ',teacher1.sex)
        print('teacher1 的 course 是: ',teacher1.getCourse())
        print('teacher1 的 salary 是: ',teacher1.getSalary())
        print('teacher1 总的属性是: ',teacher1.show())
main()                                          #调用 main() 函数
```

TestPersonTeacher.py 在 IDLE 中运行的结果如下：

```
person1 的 name 是:   王芳
person1 的 age 是:   21
person1 的 sex 是:   女
person1 总的属性: name:王芳, age:21, sex:女
  teacher1 的 name 是:   李明
   teacher1 的 age 是:   36
   teacher1 的 sex 是:   男
teacher1 的 course 是:   Python
teacher1 的 salary 是:   8600
teacher1 总的属性是:   name:李明, age:36, sex:男, course:Python, salary:8600
```

7.5.2 类的多重继承

Python 支持类的多重继承，即一个派生类可以继承多个父类，类的多重继承的语法
格式如下：

```
class 派生类名(基类 1, 基类 2,…, 基类 n):
    类体
```

如果在类定义中没有指定基类，则默认其基类为 object，object 是所有对象的根基
类。需要注意括号中基类的顺序，使用类的实例对象调用一个方法时，若在派生类中未
找到，则会从左到右查找基类中是否包含该方法。

如果继承的情况太过于复杂，Python3 使用 mro（method resolution order，方法解释
顺序）判断在多继承时属性来自于哪个类，或者说使用拓扑排序的方式来寻找继承的父
类。mro 判断，要先确定一个线性序列，由序列中类的顺序决定查找路径。

派生类继承一个基类：

```
class B(A)
```

这时 B 的 mro 序列为 mro(B)=[B,A]。

派生类继承至多个基类：

```
class B(A1,A2,A3)
```

这时 B 的 mro 序列 mro(B) = [B] + merge(mro(A1), mro(A2), mro(A3), [A1,A2,A3])。

merge 操作思想：遍历执行 merge 操作的序列，如果一个序列的第一个元素，是其他
某些序列中的第一个元素，或不在其他序列出现，则从所有执行 merge 操作序列中删除

这个元素,合并到当前的 mro 中。merge 操作后的序列,继续执行 merge 操作,直到 merge 操作的序列为空。如果 merge 操作的序列无法为空,则说明不合法。

mro 求解举例:

```
class A(O):pass
class B(O):pass
class E(A,B):pass
```

下面给出求解 mro(E)的过程。

A、B 都继承同一个基类 O,A、B 的 mro 序列依次为[A,O]、[B,O]。

```
mro(E) =[E] +merge(mro(A), mro(B), [A,B])
       =[E] +merge([A,O], [B,O], [A,B])
```

执行 merge 操作的序列为[A,O]、[B,O]、[A,B]。

A 是序列[A,O]中的第一个元素,在序列[B,O]中不出现,但在序列[A,B]中也是第一个元素,所以从执行 merge 操作的序列([A,O]、[B,O]、[A,B])中删除 A,合并到当前 mro,即[E]中。mro(E) = [E,A] + merge([O], [B,O], [B])。

再执行 merge 操作,O 是序列[O]中的第一个元素,O 在序列[B,O]中出现但其不是序列的第一个元素。继续查看[B,O]的第一个元素 B,B 满足条件,所以从执行 merge 操作的序列中删除 B,合并到[E, A]中。mro(E) = [E,A,B] + merge([O], [O]) = [E,A,B,O]。

【例 7-17】　类的多重继承举例 1。(multiple_inheritance1.py)

```
class Student:
    def __init__(self,name,age,grade):
        self.name =name
        self.age =age
        self.grade=grade
    def speak(self):
        print("%s 说: 我 %d 岁了,我在读 %d 年级"%(self.name,self.age,self.grade))

class Speaker():
    def __init__(self,name,topic):
        self.name =name
        self.topic =topic
    def speak(self):
        print("我叫 %s,我是一个演说家,我演讲的主题是 %s"%(self.name,self.topic))

class Sample(Speaker,Student):
    def __init__(self,name,age,grade,topic):
        Student.__init__(self,name,age,grade)
        Speaker.__init__(self,name,topic)
    def speak(self):
```

```
        print("%s 说：我 %d 岁了,我在读 %d 年级,我演讲的主题是%s"%(self.name,
self.age,self.grade,self.topic))
    Student.speak(self)
    Speaker.speak(self)


test =Sample("张三", 25, 4, "I love Python!")
test.speak()      #方法名同，默认在派生类中找，未找到，则从左到右在基类中查找该方法
```

multiple_inheritance1.py 在 IDLE 中运行的结果如下：

张三 说：我 25 岁了,我在读 4 年级,我演讲的主题是 I love Python!
张三 说：我 25 岁了,我在读 4 年级
我叫 张三,我是一个演说家,我演讲的主题是 I love Python!

下面是关于继承值得注意的两点。

（1）子类并不是父类的一个子集,实际上,一个子类通常比它的父类包含更多的属性和方法。

（2）在继承中,基类的构造方法（__init__()方法）不会被自动调用,它需要在其派生类的构造方法中,使用 super().__init__()或 parentClassName.__init__(self)专门调用。

【例 7-18】 类的多重继承举例 2。（multiple_inheritance2.py）

```
class Class1(object):
    def __init__(self,value):
        self.value=value
        print('Init Class1')
        print('value is',self.value)
class Class2(object):
    def __init__(self):
        self.value * =3
        print('Init Class2')
        print('value is',self.value)


class Class3(object):
    def __init__(self):
        self.value+=5
        print('Init Class3')
        print('value is',self.value)


class SubClass(Class1,Class2,Class3):
    def __init__(self,value):
        Class1.__init__(self,value)
        Class2.__init__(self)
        Class3.__init__(self)


subclass=SubClass(1)
```

```
print(subclass.value)
```

运行上述代码得到的输出结果如下：

```
Init Class1
value is 1
Init Class2
value is 3
Init Class3
value is 8
8
```

7.5.3 类成员的继承和重写

当父类的方法不能满足子类的要求时，可以在子类中重写父类的方法，也就是在子类中写一个和父类的方法名相同的方法。可以这样理解，动物都有吃食物的方法，但不同的动物所吃的食物往往不同。例如，熊猫吃竹笋，就可以在熊猫上重写吃食物的方法来告诉熊猫吃什么。这个可以用下面的代码来体现：

```
>>>class Animal:
    def eat(self):
        print('动物%s喜欢吃%s食物'%('Animal','food'))
>>>class Panda(Animal):
    def eat(self):
        print('动物%s喜欢吃%s食物'%('Panda','竹笋'))
>>>panda1=Panda()
>>>panda1.eat()
动物Panda喜欢吃竹笋食物
```

7.5.4 查看继承的层次关系

多个类的继承可以形成层次关系，通过类的方法 mro()或类的属性__mro__可以输出其继承的层次关系。

【例 7-19】 查看类的继承关系实例。

```
>>>class A:
    pass                                #pass是空语句,不做任何事情
>>>class B(A):
    pass
>>>class D(B):
    pass
>>>class E(D):
    pass
>>>class F(A):
```

```
    pass
>>>class H(B,F):
    pass
>>>A.mro()
[<class '__main__.A'>, <class 'object'>]
>>>B.mro()
[<class '__main__.B'>, <class '__main__.A'>, <class 'object'>]
>>>E.mro()
[<class '__main__.E'>, <class '__main__.D'>, <class '__main__.B'>, <class
'__main__.A'>, <class 'object'>]
>>>H.mro()
[<class '__main__.H'>, <class '__main__.B'>, <class '__main__.F'>, <class
'__main__.A'>, <class 'object'>]
```

7.6　object 类

　　object 类是 Python 中所有类的基类，如果定义一个类时没有指定继承哪个类，则默认继承 object 类。object 类中定义的所有方法名都是以两个下画线开始、以两个下画线结束，其中重要的方法有_ _new_ _()、_ _init_ _()、_ _str_ _()和_ _eq_ _()。

```
>>>class A:
    pass
>>>issubclass(A,object)
True
```

　　object 类定义了所有类的一些公共方法。

```
>>>dir(object)
['__class__', '__delattr__', '__dir__', '__doc__', '__eq__', '__format__',
'__ge__', '__getattribute__', '__gt__', '__hash__', '__init__', '__init_
subclass__', '__le__', '__lt__', '__ne__', '__new__', '__reduce__',
'__reduce_ex__', '__repr__', '__setattr__', '__sizeof__', '__str__',
'__subclasshook__']
```

　　object 类将__new__()方法定义为静态方法，并且至少需要传递一个参数 cls，cls 表示需要实例化的类，此参数在实例化时由 Python 解释器自动提供。当创建一个对象时，__new__()方法被自动调用，这个方法随后调用__init__()方法来初始化这个对象。

　　__str__()方法会返回一个描述该对象的字符串。默认情况下，它返回一个由该对象所属的类名以及该对象十六进制形式的内存地址组成的字符串。这个信息价值不大，通常应该在派生类中重写这个方法输出更有价值的信息，以覆盖 object 类中的__str__()方法。

　　不重写__str()__ 时：

```
>>>class Member:
    def __init__(self, name, number):
```

```
        self.name =name
        self.number =number
    #def __str__(self):
    #     return ('Information: name:%s, number:%d' % (self.name , self.number))
>>>m =Member('wang', 3000)
>>>print(m)                                    #等同于 print(m.__str__())
<__main__.Member object at 0x0000000002ED2FD0>
```

重写__str()__ 时：

```
>>>class Member:
    def __init__(self, name, number):
        self.name =name
        self.number =number
    def __str__(self):
        return ('Information: name:%s, number:%d' % (self.name , self.number))
>>>m =Member('wang', 3000)
>>>print(m)
Information: name:wang, number:3000
```

如果两个对象相等，那么__eq__(other)方法返回 True：

```
>>>m =Member('wang', 3000)
>>>m.__eq__ (m)
True
>>>m1 =Member('wang', 3000)
>>>m.__eq__ (m1)
NotImplemented                #表明 Member 类型没有实现对象相等的操作
```

当 Member 类可以重写__eq__()方法使两个对象内容相同时返回 True。

7.7　对象的引用、浅复制和深复制

7.7.1　对象的引用

在 Python 中，如果要使用一个变量，不需要提前进行声明，只需要在用时，给这个变量赋值即可。在机器的内存中，系统分配一个空间，这里面就放着对象，对象可以是数字，可以是字符串。如果是数字，对象就是 int 类型；如果是字符串，对象就是 str 类型。在 Python 中赋值语句总是建立对象的引用，而不是复制对象，通过赋值语句建立对象的引用如图 7-2 所示。

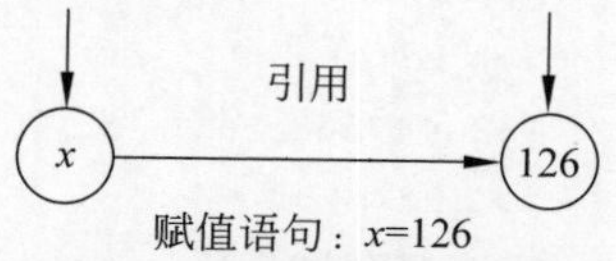

从图 7-2 中可看出变量和对象的关系，通过赋值语句使变量指向了某个对象，变量只是对象的引用。所以，严格地讲，只有放在内存空间中的对象才有类型，而变量是没有类型的，所谓变量的类型就是变量所引用的对象的类型。

图 7-2　通过赋值语句建立
对象的引用

【例 7-20】　对象的引用举例 1。

```
>>>a=1
```

这是一个简单的赋值语句。整数 1 为一个对象，a 是一个引用，利用赋值语句，引用 a 指向了对象 1。可以通过 Python 的内置函数 id()来查看对象的身份（identity），这个身份其实就是对象的内存地址。

```
>>>id(a)
1517209264
```

在 Python 中一切皆对象，所以函数和类也是一个对象，分别称为函数对象和类对象，可以使用函数和类的__doc__方法来查看函数和类的具体描述：

```
>>>id.__doc__
"Return the identity of an object.\n\nThis is guaranteed to be unique among
simultaneously existing objects.\n(CPython uses the object's memory address.)"
>>>class Animal:
    "这是一个动物类,描述动物吃的食物!"          #类的描述
    def eat(self):
        print('动物%s 喜欢吃%s 食物'%('Animal','food'))
>>>Animal.__doc__
'这是一个动物类,描述动物吃的食物!'
```

【例 7-21】　对象的引用举例 2。

```
>>>a=2
>>>id(a)
1517209296
>>>a = 'banana'
>>>id(a)
49442072
```

赋值语句 a＝2 中，2 是存储在内存中的一个整数对象，通过赋值语句，引用 a 指向了对象 2。赋值语句 a ＝ 'banana'中，内存中建立了一个字符串对象'banana'，通过赋值语句，将引用 a 指向了'banana'，同时，整数对象 2 不再有引用指向它，它会被 Python 的内存处理机制当作垃圾回收，释放所占的内存。

【例 7-22】　对象的引用举例 3。

```
>>>a=2
>>>b=2
>>>id(a)
1530447568
>>>id(b)
1530447568
```

在这里可以看到 a 和 b 这两个引用都指向了同一个对象 2，允许两个引用指向同一

个对象,这跟 Python 的内存管理机制有关系。因为频繁地进行对象的销毁和建立,特别浪费性能。所以在 Python 中,不太大的整数和短小的字符串,Python 都会缓存这些对象,以便能够重复使用。

```
>>>c=123445567778888888
>>>d=123445567778888888
>>>id(c)
5154812
>>>id(d)
5154844                         #c 和 d 的 ID 不一样
```

【例 7-23】　对象的引用举例 4。

```
>>>a=3
>>>b=a                          #这里就是让引用 b 指向引用 a 指向的那个对象
>>>id(a),id(b)
(1530447600, 1530447600)        #可以看到 a 和 b 都指向了同一对象
>>>a=a+2
>>>id(a)                        #可以看到 a 的引用改变了
1530447664
>>>id(b)                        #b 的引用并未发生改变
1530447600
```

例 7-23 表明:当多个引用指向同一个对象时,如果其中一个引用的指向发生变化,那么实际上是让这个引用指向一个新的对象,并不影响其他引用的指向。从效果上看,就是各个引用各自独立,互不影响。

【例 7-24】　对象的引用举例 5。

这个举例涉及 Python 中的可变数据类型和不可变数据类型。在 Python 中,对象分为两种:可变对象和不可变对象,不可变对象包括 int、float、long、str、tuple 对象等,可变对象包括 list、set、dict 对象等。

```
>>>list1 =[1, 2, 3]
>>>list2 =list1                 #list2 与 list1 指向了[1, 2, 3]这个列表对象
>>>id(list1)
33349320
>>>id(list2)
33349320
>>>list1.append(4)              #在 list1 所指向的列表的尾部追加了一个元素 4
>>>list1
[1, 2, 3, 4]
>>>id(list1)
33349320        #list1 所指向的列表被修改后,Python 并没有创建新列表,list1 的指向没变
>>>id(list2)            #list2 指向的地址没变
33349320
```

```
>>>list2                #list2指向的存储空间的值变了
[1, 2, 3, 4]
```

从上述代码执行结果可以看出：对可变数据类型对象操作时，不需要再在其他地方申请内存，只需要在此对象后面连续申请存储区域即可，也就是它的内存地址会保持不变，但存储对象的存储区域会变长或者变短。

可以使用 Python 的 is 关键词判断两个引用所指的对象是否相同。

```
>>>a=4
>>>b=a
>>>id(a),id(b)
(1530447632, 1530447632)
>>>a is b
True
>>>a =a +2
>>>id(a)
1530447696
>>>a is b
False
```

7.7.2 对象的浅复制

Python 里的赋值符号"＝"只是将对象进行了引用，但不复制对象，如果想新开辟地址创建一个新对象，要用 copy 模块的 copy() 函数，如 b ＝ copy.copy(a)，a 和 b 是两个独立的对象，也就是说 id(a)≠id(b)，但这两个对象中的数据还是引用，如 a[0] 和 b[0] 是同一对象的引用。copy 模块的 copy() 函数是浅复制：复制父对象，不会复制对象的内部的子对象。浅复制示意图如图 7-3 所示。

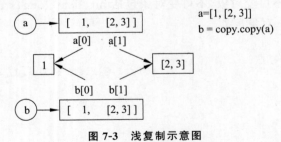

图 7-3 浅复制示意图

【例 7-25】 对象的浅复制举例。

```
>>>import copy
>>>a =[1, 2, [30, 40, 50]]     #a成为列表[1, 2, [30, 40, 50]]的引用
>>>b=copy.copy(a)              #对a指向的对象进行浅复制，所生成的新对象赋值给b变量
>>>b                #对于对象中的元素，浅复制就只会使用原始元素的引用，也就是说b[i] is a[i]
[1, 2, [30, 40, 50]]
```

```
>>>print([id(ele) for ele in a])
[1530447536, 1530447568, 51332296]
>>>print([id(ele) for ele in b])
[1530447536, 1530447568, 51332296]      #a 和 b 中对应元素的地址相同,为相同的引用
>>>a[2].append(60)                       #a[2]末尾追加元素 60,但 a[2]的地址不会变
>>>a
[1, 2, [30, 40, 50, 60]]
>>>print([id(ele) for ele in a])
[1530447536, 1530447568, 51332296]      #a[2]的地址没有变
>>>print([id(ele) for ele in b])
[1530447536, 1530447568, 51332296]      #b[2]的地址没有变,b[2]和 a[2]是同一对象的引用
>>>b
[1, 2, [30, 40, 50, 60]]                 #b 与 a 的值一样
>>>a[0]=10
>>>print([id(ele) for ele in a])
[1530447824, 1530447568, 51332296]      #a[0]的地址变了
>>>a
[10, 2, [30, 40, 50, 60]]                #a 的值是第二次变化了的 a
>>>print([id(ele) for ele in b])
[1530447536, 1530447568, 51332296]      #b[0]的地址没变
>>>b
[1, 2, [30, 40, 50, 60]]                 #b 的值是第二次变化之前的 a
```

7.7.3　对象的深复制

如果要递归复制对象中包含的子对象,可以使用 copy 模块的深度复制函数 deepcopy()进行对象的深复制,如 b = copy.deepcopy(a),b 完全复制了 a 的父对象及其子对象,a 和 b 是完全独立的。对象的深复制示意图如图 7-4 所示。

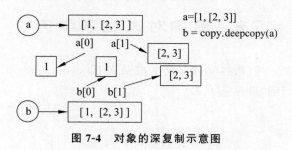

图 7-4　对象的深复制示意图

【例 7-26】　对象的深复制举例。

```
>>>import copy
>>>a =[1,'C',["Python", "Java", "C++"]]
>>>b =copy.deepcopy(a)          #对 a 指向的对象进行深复制,所生成的新对象赋值给 b 变量
>>>id(a)
51332424
```

```
>>>id(b)
51333448
>>>print(a)
[1, 'C', ['Python', 'Java', 'C++']]
>>>print(b)
[1, 'C', ['Python', 'Java', 'C++']]
>>>print([id(ele) for ele in a])
[1530447536, 34543632, 48275336]
>>>print([id(ele) for ele in b])
[1530447536, 34543632, 48415752]
>>>a[0]=10
>>>a[2].append('R')
>>>print([id(ele) for ele in a])
[1530447824, 34543632, 48275336]
>>>print([id(ele) for ele in b])
[1530447536, 34543632, 48415752]    #b 的每个元素 b[]指向的地址都没变
>>>print(a)
[10, 'C', ['Python', 'Java', 'C++', 'R']]
>>>print(b)
[1, 'C', ['Python', 'Java', 'C++']] #a 的变化对 b 没有影响
```

代码分析：跟浅复制类似，深复制也会创建一个新的对象，但是，对于对象中的元素，深复制都会重新生成一份，而不是简单地使用原始元素的引用，例子中 a 的第三个元素指向 48275336，而 b 的第三个元素是一个全新的对象 48415752，也就是说 a[2] is not b[2]。当对 a 进行修改的时候，由于 a 的第一个元素是不可变类型，所以 a 对应的列表的第一个元素 a[0]会引用一个新的对象 1530447824，但是 a 的第三个元素是一个可变类型，修改操作不会产生新的对象，但是由于 b[2] is not a[2]，所以 a 的修改不会影响 b。

7.8　面向对象程序举例

【例 7-27】　定义一个 Person 类，数据成员包括 name、age 和 sex，成员方法包括 getName()、getAge()和 getSex()。

```
>>>class Person:
    "Person 类"
    def __init__(self, name, age, sex):
        print('进入 Person 的初始化')
        self.name =name
        self.age =age
        self.sex =sex
        print('离开 Person 的初始化')
    def getName(self):
        print(self.name)
```

```
    def getAge(self):
        print(self.age)
    def getSex(self):
        print(self.sex)
>>>p = Person('李晓', 18, '男')   #创建一个 Person 类变量 p, p 是所创建的对象的引用
进入 Person 的初始化        #表明创建类对象时,调用了__init__(self, name, age, sex)
离开 Person 的初始化
>>>print(p.name)
李晓
>>>print(p.age)
18
>>>print(p.sex)
男
```

【例 7-28】　一些规则的平面几何对象有许多共同的属性和行为,例如,可以用特定的颜色画出来,有中心点,可以求周长、求面积等。这样一个通用的点类 Dot 可以用来建模所有的几何对象。这个类包括属性 x 坐标、y 坐标、color 绘图颜色,以及适用于这些属性的 get()和 set()方法。此外,还有求面积 getArea()方法、求周长 getPerimeter()方法。请按上述要求定义 Dot 类,然后通过继承扩展为圆类 Circle 和矩形类 Rectangle。

```
CircleRectangle.py
import math
class Dot:
    def __init__(self,x=0,y=0,color='black'):    #初始化方法
        self.__x = x                             #中心坐标:x 坐标
        self.__y = y                             #中心坐标:y 坐标
        self.__color = color                     #绘图颜色
    def getCoordinates(self):                    #获取中心坐标
        return (self.__x,self.__y)
    def setCoordinates(self, x, y):              #设置中心坐标
        self.__x = x
        self.__y = y
    def getArea(self):                           #获取面积
        pass
    def getPerimeter(self):                      #获取周长
        pass
    def __str__(self):
        return ("中心坐标(%s,%s),绘图颜色%s"%(self.__x,self.__y,self.__color))

class Circle(Dot):                               #定义圆类 Circle
    def __init__(self,radius):                   #初始化方法
        super().__init__()
        self.__radius = radius
    def getRadius(self):
```

```
        return self.__radius
    def setRadius(self,radius):
        self.__radius=radius

    def getArea(self):                          #获取面积
        return self.__radius**2*math.pi
    def getPerimeter(self):                     #获取周长
        return 2*math.pi*self.__radius
    def printCircle(self):                      #获取对象的属性特征
        return(self.__str__()+",半径:"+str(self.__radius))


class Rectangle(Dot):                           #定义矩形类 Rectangle
    def __init__(self,width=1,height=1):        #初始化方法
        super().__init__()
        self.__width =width
        self.__height =height
    def getWidthHeight(self):
        return (self.__width, self.__height)
    def setWidthHeight(self,width,height):
        self.__width =width
        self.__height =height
    def getArea(self):                          #获取面积
        return self.__width*self.__height
    def getPerimeter(self):                     #获取周长
        return 2*(self.__width+self.__height)
```

CircleRectangle.py 中的代码创建了点类 Dot、圆类 Circle 和矩形类 Rectangle。下面的 TestCircleRectangle.py 代码用来测试圆类 Circle 和矩形类 Rectangle 的对象,在代码里面创建了圆类 Circle 和矩形类 Rectangle 的对象,并调用这些对象上的方法 getArea()和 getPerimeter()。__str__()方法继承自 Dot 类,并且从 Circle 和 Rectangle 对象上调用。

```
TestCircleRectangle.py
from CircleRectangle import Dot, Circle, Rectangle
def main():
    circle=Circle(3)
    print("一个圆:", circle)            #这里面的 circle 等同于 circle.__str__()
    print("半径是"+str(circle.getRadius()))
    print("面积是"+str(circle.getArea()))
    print("周长是"+str(circle.getPerimeter()))
    rectangle =Rectangle(4,2)           #实例化一个矩形
    rectangle.setCoordinates(1,1)       #设置矩形的中心
    print("\n 一个矩形:",rectangle)
    print("宽和高是"+str(rectangle.getWidthHeight()))
    print("面积是"+str(rectangle.getArea()))
```

```
        print("周长是"+str(rectangle.getPerimeter()))
main()
```

TestCircleRectangle.py 代码在 IDLE 中运行的结果如下:

一个圆: 中心坐标(0,0),绘图颜色 black
半径是 3
面积是 28.274333882308138
周长是 18.84955592153876

一个矩形: 中心坐标(1,1),绘图颜色 black
宽和高是(4, 2)
面积是 8
周长是 12

__str__()方法并没有在 Circle 类中定义,但是它在 Dot 类中定义。因为 Circle 类是 Dot 类的子类,所以 Circle 对象可以调用__str__()方法。

__str__()方法显示一个 Dot 对象的 x、y、color 属性。Dot 对象的 x、y、color 的默认值分别为 0、0、'black'。因为 Circle 类继承自 Dot 类,那么 Circle 对象的 x、y、color 的默认值也为 0、0、'black'。

习　　题

1. 简述类与对象的关系。
2. 类中都有哪些属性?
3. 简述对象的引用、浅复制和深复制。
4. 简述@property 装饰器。
5. 定义一个学生类,类属性有姓名、年龄、成绩(高等数学、C 语言、大学英语);类方法有获取学生的姓名 get_name(),获取学生的年龄 get_age(),返回 3 门科目中最高的分数 get_course()。
6. 设计一个三维向量类,并实现向量的加法、减法以及向量与标量的乘法运算。

第 8 章

模 块 和 包

在设计较复杂的程序时,一般采用自顶向下的方法,将问题划分为几个部分,再对各个部分进行细化,直到分解为较好解决的问题为止,这在程序设计中称为模块化程序设计。所谓模块化程序设计是指在进行程序设计时将一个大程序按照功能划分为若干小程序模块,每个小程序模块完成一个确定的功能,通过模块的互相协作完成整个功能的程序设计方法。在 Python 中,可以将代码量较大的程序分成多个有组织的、彼此独立但又能互相交互的代码片段,每个代码片段保存为以 py 为扩展名的文件,称为一个模块。将有联系的模块放到同一个文件夹下,并在这个文件夹下创建一个名字为__init__.py 的文件,这样的文件夹称为包。

8.1 模 块

模块

在计算机程序的开发过程中,随着程序代码越写越多,在一个文件里代码就会越来越长,越来越不容易维护。为了编写容易维护的代码,就需要把程序里的很多代码封装成多个函数或多个类,进而把这些函数或类进行分组,分别放到不同的文件里,这样,每个文件包含的代码就会相对较少。在 Python 中,一个.py 文件就称为一个模块(module)。

使用模块可大大提高代码的可维护性,编写代码不必从零开始。当一个模块编写完毕,就可以被函数、类、模块等通过"import 模块名"导入来使用该模块。前面我们在编写程序时,也经常引用其他模块,包括 Python 内置的模块和来自第三方的模块。使用模块还可以避免函数名和变量名冲突。相同名字的函数和变量完全可以存在不同的模块中,因此,我们自己在编写模块时,不必考虑名字会与其他模块冲突。进一步,为了避免模块名冲突,可将一些模块封装成包,不同包中的模块名可以相同,而互不影响。

8.1.1 模块的创建

创建 Python 模块,就是创建一个包含 Python 代码的源文件(扩展名为 py),在这个文件中可以定义变量、函数和类。此外,在模块中还可以包含一般的语句,称为全局语句,当运行该模块或导入该模块时,全局语句将依次执行,全局语句只在模块第一次被导入时执行。例如，创建一个名为 myModule.py 的文件，即定义了一个名为 myModule 的模块，模块名就是文件名去掉.py。myModule.py 文件的内容如下：

```
def func():
    print( "自定义模块 myModule 下的自定义函数 func()")
class MyClass:
    def myFunc(self):
        print ("自定义模块 myModule 的自定义类 MyClass 的自定义函数 myFunc()")
```

在 myModule 模块中定义一个函数 func()和一个类 MyClass。MyClass 类中定义一个函数 myFunc()。

然后在 myModule.py 所在的目录下创建一个名为 call_myModule.py 的文件，在该文件中调用 myModule 模块的函数和类，call_myModule.py 文件内容如下：

```
import myModule
myModule.func()
myclass =myModule.MyClass()          #实例化一个类对象
myclass.myFunc()                     #调用对象的方法
```

call_myModule.py 在 IDLE 中运行的结果如下：

```
自定义模块 myModule 下的自定义函数 func()
自定义模块 myModule 的自定义类 MyClass 的自定义函数 myFunc()
```

注意：myModule.py 和 call_myModule.py 必须放在同一个目录下或放在 sys.path 所列出的目录下，否则，Python 解释器找不到自定义的模块。

下面定义一个模块，保存为 add.py，add.py 文件中的代码如下：

```
print("add 模块包含一个求两个数的和的 add()函数")
def add(a,b):
    print("a+b 的和是:")
    return a+b
>>>import add                        #导入 add 模块时,里面的全局语句将执行
add 模块包含一个求两个数的和的 add()函数
>>>import add                        #再次导入 add 模块时,里面的全局语句并没有执行
```

8.1.2　模块的导入和使用

在使用一个模块中的函数或类之前，首先要导入该模块。模块的导入使用 import 语句，模块导入的语法格式如下：

```
import module_name
```

上述语句直接导入一个模块，也可以一次导入多个模块，多个模块名之间用“,”隔开。调用模块中的函数或类时，需要以模块名作为前缀。

从模块中调用函数和类的格式如下：

```
module_name.func_name ()
```

如果不想在程序中使用前缀符，可以使用 from-import 语句直接导入模块中的函数，其语法格式如下：

```
from module_name import function_name
>>>from math import sqrt,cos
>>>sqrt(4)                              #返回 4 的算术平方根
2.0
>>>cos(1)
0.5403023058681398
```

导入模块下所有的类和函数，可以使用如下格式的 import 语句：

```
from module_name import *
```

可以将导入的模块重新命名，其语法格式如下：

```
import a as b                           #导入模块 a,并将模块 a 重命名为 b
>>>from math import sqrt as pingfanggen
>>>pingfanggen(4)
2.0
```

8.1.3　模块的主要属性

1. __name__属性

对于任何一个模块，模块的名字都可以通过内置属性__name__得到：

```
>>>import math
>>>s =math.__name__
>>>print(s)
math
```

一个模块既可以导入其他模块使用，也可以当作脚本直接运行。不同的是，当导入其他模块时，内置变量__name__的值是被导入模块的名字；而当作脚本运行时，内置变量__name__的值为__main__。下面举例说明：

```
test.py
if __name__ =='__main__':
    print('该模块被当作脚本运行')
elif __name__ =='test':
    print('该模块被导入其他模块使用')
```

当作脚本在 IDLE 中运行，运行的结果如下：

该模块被当作脚本运行

当作导入模块使用：

```
>>>import test
```
该模块被导入其他模块使用

当运行程序时，__name__这个内置变量的值就是__main__。
在 test__name__.py 程序文件中只写入下面一行代码：

```
print(__name__)
```

test__name__.py 在 IDLE 中运行的结果如下：

```
__main__
```

2. __all__属性

模块中的__all__属性，可用于模块导入时的限制，例如：

```
from module import *
```

此时被导入模块若定义了__all__属性，则只有__all__内指定的属性、方法、类可被导入。若没定义，则导入模块内的所有公有属性、方法和类。

```
#定义模块文件 module1.py
class Person():
    def __init__(self,name,age):
        self.name=name
        self.age=age
class Student():
    def __init__(self,name,id):
        self.name=name
        self.id=id
def func1():
    print ('func1()被调用!')
def func2():
    print( 'func2()被调用!')
```

下面定义一个测试模块 module1 的源程序文件 test_ module1.py：

```
#module1.py 中没有__all__属性,导入了 module1.py 中所有的公有属性、方法、类
from module1 import *
person=Person ('张三', '24')
print (person.name, person.age )
student=Student ('李明',1801122)
print(student.name, student.id)
func1()
func2()
```

test_ module1.py 在 IDLE 中运行的结果如下：

```
张三 24
李明 1801122
func1()被调用!
func2()被调用!
```

若在模块文件 module1.py 中添加__all__属性，在别的模块中导入该模块时，只有 __all__内指定的属性、方法、类可被导入：

```
__all__=('Person','func1')
class Person():
    def __init__(self,name,age):
        self.name=name
        self.age=age
class Student():
    def __init__(self,name,id):
        self.name=name
        self.id=id
def func1():
    print ('func1()被调用!')
def func2():
    print ('func2()被调用!')
```

这时 test_ module1.py 在 IDLE 中运行的结果如下：

```
张三 24
Traceback (most recent call last):
  File "C:\Users\caojie\Desktop\test_ module1.py", line 4, in <module>
    student=Student ('李明',1801122)
NameError: name 'Student' is not defined
```

3. __doc__属性

模块中的__doc__属性，为模块、类、函数等添加说明性的文字，使程序易读易懂。模块、类、函数等的第一个逻辑行的字符串称为文档字符串。

可以使用 3 种方法抽取文档字符串。

（1）使用内置函数 help()：help(模块名)。

（2）使用__doc__属性：模块名. __doc__。

（3）使用内置函数 dir()：获取对象的大部分相关属性。

```
>>>help(sorted)                        #查看函数或模块用途的详细说明
Help on built-in function sorted in module builtins:
sorted(iterable, /, *, key=None, reverse=False)
    Return a new list containing all items from the iterable in ascending order.
    A custom key function can be supplied to customize the sort order, and the
    reverse flag can be set to request the result in descending order.
```

```
>>>sorted.__doc__                    #返回使用说明的文档字符串
'Return a new list containing all items from the iterable in ascending order.\n\n
A custom key function can be supplied to customize the sort order, and the \n
reverse flag can be set to request the result in descending order.'
>>>dir(sorted)
['__call__', '__class__', '__delattr__', '__dir__', '__doc__', '__eq__',
'__format__', '__ge__', '__getattribute__', '__gt__', '__hash__', '__init__',
'__init_subclass__', '__le__', '__lt__',…,]
>>>def add_x_y(x,y):                  #自定义函数
    '''the sum of x and y'''
    return x+y
>>>add_x_y.__doc__
'the sum of x and y'
>>>help(add_x_y)
Help on function add_x_y in module __main__:
add_x_y(x, y)
    the sum of x and y
>>>dir(add_x_y)
['__annotations__', '__call__', '__class__', '__closure__', '__code__',
'__defaults__', '__delattr__', '__dict__', '__dir__', '__doc__', '__eq__',
'__format__', '__ge__', '__get__',…,]
>>>class Student(object):
    "有点类似其他高级语言的构造函数"
    def __init__(self,name,score):
        self.name =name
        self.score =score
    def print_score(self):
        print("%s:%s"%(self.name,self.score))
>>>Student.__doc__
'有点类似其他高级语言的构造函数'
```

8.2　导入模块时搜索目录的顺序 与系统目录的添加

8.2.1　导入模块时搜索目录的顺序

使用 import 语句导入模块时,按照 sys.path 变量的值搜索模块,如果没找到,则程序报错。sys.path 包含当前目录、Python 安装目录、PYTHONPATH 环境变量,搜索顺序按照目录在列表中的顺序(一般当前目录优先级最高)。

```
>>>import sys, pprint
>>>pprint.pprint(sys.path)
['',
```

```
'D:\\Python\\Lib\\idlelib',
'D:\\Python\\python36.zip',
'D:\\Python\\DLLs',
'D:\\Python\\lib',
'D:\\Python',
'D:\\Python\\lib\\site-packages']
```

可以看到第一个为空，代表的是当前目录。Python 标准库 sys 中的 path 对象包含了所有的系统目录，利用 pprint 模块中的 pprint()方法可以格式化地显示数据，如果用内置语句 print，则只能在一行显示所有内容，查看不方便。

8.2.2 使用 sys.path.append()临时增添系统目录

除了 Python 自己默认的一些系统目录外，还可以通过 append()方法添加系统目录。因为系统目录存在 sys.path 对象下，path 对象是个列表，就可以通过 append()方法往其中插入目录。

```
>>>import sys
>>>sys.path.append("C:/Users/caojie/Desktop/pythoncode")
>>>sys.path
['', 'D:\\Python\\Lib\\idlelib', 'D:\\Python\\python36.zip', 'D:\\Python\\DLLs',
'D:\\Python\\lib', 'D:\\Python', 'D:\\Python\\lib\\site-packages', 'C:/Users/
caojie/Desktop/pythoncode']
```

当重新启动解释器时，这种方法的设置会失效。

```
>>>import sys
>>>sys.path    #重新启动解释器时，'C:/Users/caojie/Desktop/pythoncode'已不存在
['', 'D:\\Python\\Lib\\idlelib', 'D:\\Python\\python36.zip', 'D:\\Python\\DLLs',
'D:\\Python\\lib', 'D:\\Python', 'D:\\Python\\lib\\site-packages']
```

8.2.3 使用 pth 文件永久添加系统目录

如果我们不想把自己编写的代码文件放在 Python 的系统目录文件夹下，以免和 Python 系统目录中的文件混在一起，增加管理的复杂性；甚至有时因为权限的原因，还不能在 Python 的系统目录下加文件，那么，这时可以在 Python 安装目录或者 Lib\site-packages 目录下创建 xx.path 文件，xx 是自定义的名字，在 xx.path 文件中写入我们自己的模块所在目录的路径，一行一个路径：

```
C:\Users\caojie\Desktop
>>>import sys
>>>sys.path
['', 'D:\\Python\\Lib\\idlelib', 'D:\\Python\\python36.zip', 'D:\\Python\\DLLs',
'D:\\Python\\lib', 'D:\\Python', 'C:\\Users\\caojie\\Desktop', 'D:\\Python\\
lib\\site-packages']
```

这时就可以直接使用 import module_name 来导入自定义路径下的模块。

8.2.4　使用 PYTHONPATH 环境变量永久添加系统目录

在 PYTHONPATH 环境变量中输入相关的路径,不同路径之间用英文的";"分开,如果 PYTHONPATH 变量还不存在,可以创建它。这里将 PYTHONPATH 变量的值设置为"D：\；D：\mypython"。路径会自动加入到 sys.path 中。

```
>>>import sys
>>>sys.path
['', 'D:\\Python\\Lib\\idlelib', 'D:\\', 'D:\\mypython', 'D:\\Python\\
python36.zip', 'D:\\Python\\DLLs', 'D:\\Python\\lib', 'D:\\Python', 'C:\\Users
\\caojie\\Desktop', 'D:\\Python\\lib\\site-packages']
```

8.3　包

8.3.1　包的创建

在一个系统目录下创建大量模块后,我们可能希望将某些功能相近的模块组织在同一文件夹下,以便更好地组织管理模块,当需要某个模块时就从其所在的文件夹导入。这里就需要运用包的概念。

包对应于存放模块的文件夹,使用包的方式跟模块也类似,唯一需要注意的是,当将文件夹当作包使用时,文件夹需要包含__init__.py 文件,__init__.py 的内容可以为空,这时 Python 解释器才会将该文件夹作为包。如果忘记创建__init__.py 文件,就没法从这个文件夹里导出模块了。__init__.py 一般用来进行包的某些初始化工作或者设置_ _all_ _值,当导入包或该包中的模块时,执行__init__.py。包示例如图 8-1 所示,json 包位于 Python 标准库中(Lib 目录下)。

图 8-1　包示例

包可以包含子包，没有层次限制。包可以有效避免模块命名冲突。

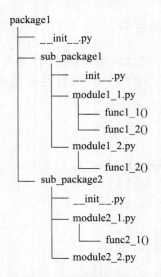

图 8-2 包和模块所组成
的层次结构

创建一个包的步骤如下。

（1）建立一个名字为包名字的文件夹。

（2）在该文件夹下创建一个 __init__.py 的文件，该文件内容可以为空。

（3）根据需要在该文件夹下创建模块文件。

【例 8-1】 在 D：\\mypython 目录中，创建一个包名为 package1 的包，然后在 package1 下创建包名分别为 sub_package1 和 sub_package2 的子包，sub_package1 包含模块 module1_1.py 和 module1_2.py，模块 module1_1.py 下包含 func1_1()和 func1_2()函数，模块 module1_2.py 下包含 func1_2()函数，sub_package2 包含模块 module2_1.py 和 module2_2.py，模块 module2_1.py 下包含 func2_1()函数。

按例 8-1 的要求创建包和模块后，包和模块所组成的层次结构如图 8-2 所示。

在该目录结构中，package1 是顶级包，包含子包 sub_package1 和 sub_package2。

8.3.2 包的导入与使用

用户可以每次只导入包里的特定模块，例如 import package1. sub_package1. module1_1，这样就导入了 package1. sub_package1. module1_1 子模块。它必须通过完整的名称来引用：

```
package1. sub_package1. module1_1. func1_1()
```

也可以使用 from-import 语句直接导入包中的模块：

```
from package1. sub_package1 import module1_1
```

这样就加载了 module1_1 模块，并且使得它在没有包前缀的情况下也可以使用，所以可以按如下方式调用它：

```
module1_1. func1_1()
```

还有另一种变体就是直接导入函数：

```
from package1. sub_package1. module1_1 import func1_1
```

这样就加载了 module1_1 模块，可以直接调用它的 func1_1()函数。

需要注意的是，以 from package import item 方式导入包时，这个子项(item)既可以是子包，也可以是函数、类、变量等。而用类似 import item.subitem.subsubitem 这样的语法格式时，这些子项必须是包，最后的子项可以是包或模块，但不能是类、函数、变量等。

如果希望同时导入一个包中的所有模块,可以采用下面的形式:

`from 包名 import *`

如果是子包内的引用,可以按相对位置引入子模块,以 module1_1 模块为例,可以引用如下:

```
from . import module1_2          #同级目录,导入 module1_2
from .. import sub_package2       #上级目录,导入 sub_package2
from .. sub_package2 import module2_1 #上级目录的 sub_package2 下导入 module2_1
```

习　　题

1. 什么是模块? 导入模块的方式有哪些?
2. 简述模块的主要属性。
3. 导入模块时搜索目录的顺序是什么?
4. 什么是包? 如何创建包? 如何导入包?
5. 包和模块是什么关系? 如何导入包中的模块?

第9章

chapter 9

算法与数据结构基础

数据结构由相互之间存在着一种或多种关系的数据元素的集合和该集合中所有元素之间的关系的有限集合两部分组成,记为 Data_Structure=(D,R),其中 D 是数据元素的集合,R 是该集合中所有元素之间的关系的有限集合。数据结构是计算机存储、组织数据的方式。通常情况下,精心选择的数据结构可以带来更高的运行或者存储效率。

Niklaus Wirth 提出:程序=算法+数据结构,程序运行的过程就是处理数据的过程,怎么处理,这是算法问题;数据怎么组织,这是数据结构的问题。

9.1 算法概述

算法概述

算法(algorithm)是对特定问题求解步骤的一种描述,是指令的有限序列,其中每一条指令表示一个或多个操作。算法具有以下 5 个特性。

(1) 有穷性:一个算法的指令执行次数必须是有限的,执行的时间也必须是有限的。

(2) 确定性:算法的组成指令必须有确切的含义。

(3) 可行性:算法描述的操作都可以通过已经实现的基本运算执行有限次来实现。

(4) 输入:一个算法有零个或多个输入,这些输入取自于某个特定的数据对象集合。

(5) 输出:一个算法有一个或多个输出,这些输出同输入有着某些特定关系。至少有一个输出是我们的应用需要的结果。

算法不是程序,可以使用各种不同方法来描述。最简单的是使用自然语言,优点是简单便于阅读,缺点是不够严谨。算法本身不能直接运行,因此也无法通过统计其在计算机上执行的绝对时间来衡量算法的时间效率。但是,撇开软硬件等有关因素,可以认为一个特定算法"运行工作量"的大小,只依赖于问题的规模(通常用 n 表示),或者说,它是问题规模的函数。一个特定算法"运行工作量"越小,就认为算法的运行时间越少。

问题的规模,即算法求解问题的输入量,通常用一个整数表示。例如,矩阵乘积问题的规模是矩阵的阶数。算法中基本操作重复执行的次数是问题规模 n 的某个函数 $f(n)$,其时间量度记作 $T(n)=O(f(n))$,称作算法的渐近时间复杂度(asymptotic time complexity),简称时间复杂度。O 的定义:若 $f(n)$ 是正整数 n 的一个函数,则 $O(f(n))$ 表示 $\exists M \geqslant 0$,使得当 $n \geqslant n_0$ 时,$|f(n)| \leqslant M|f(n_0)|$。若一个问题的某个求解算法的基

本操作重复执行的次数为 n^2，则该算法的时间度量 $T(n) = O(n^2)$，显然基本操作重复执行的次数越少，算法的时间度量越小，算法求解问题所用的时间越少，从而算法越优秀。

9.2　查　找　算　法

9.2.1　顺序查找

从序列的一端开始逐个将记录的关键字和给定 K 值进行比较，若某个记录的关键字与给定 K 值相等，则查找成功；否则，若扫描完整个序列，仍然没有找到相应的记录，则查找失败。

算法分析：最好情况是在第一个位置就找到，时间复杂度为 $O(1)$；最坏情况是在最后一个位置才找到，时间复杂度为 $O(n)$；平均查找次数为 $(n+1)/2$，平均时间复杂度为 $O(n)$。

【例 9-1】　在列表中顺序查找特定的值 key，若找到返回该值在列表中的索引号，若未找到返回"不存在"。

```python
def sequential_search(lst, key):
    length = len(lst)
    for i in range(length):
        if lst[i] == key:
            return i
        else:
            return "不存在"


def main():
    alist = [5, 3, 7, 2, 12, 45, 16, 23]                         #测试列表
    print("所要查找的元素的位置是:", sequential_search(alist, 12))  #查找数据 12
    print("所要查找的元素的位置是:", sequential_search(alist, 36))  #查找数据 36


main()                                                          #调用 main() 函数
```

上述程序代码运行结果如下：

所要查找的元素的位置是：4
所要查找的元素的位置是：不存在

【例 9-2】　在列表中顺序查找最大值和最小值。（max_min.py）

```python
def max_min(lst):
    max = min = lst[0]
    for i in range(len(lst)):
        if lst[i] > max:
```

```
                max =lst[i]
            if lst[i]<min:
                min =lst[i]
        return (max,min)

    def main():
        alist =[5,3,7,2,12,45,16,23]                #测试列表
        print("列表中元素的(最大值,最小值)=",max_min(alist)) #查找列表的最大值和最小值

    main()
```

max_min.py 在 IDLE 中运行的结果如下：

列表中元素的(最大值,最小值)=(45, 2)

9.2.2　二分查找

二分查找的前提条件是列表中的所有记录按关键字有序（升序或降序）排列。查找过程中，先确定待查找记录在表中的范围，然后逐步缩小范围（每次将待查记录所在区间缩小一半），直到找到或找不到记录为止。

查找思想：用 low、high 和 mid 表示待查找区间的下界、上界和中间位置，初值为 low＝1，指向列表的第一个元素，high＝n，指向列表的最后一个元素。

（1）取中间位置 mid，mid＝int((low＋high)/2)。

（2）比较中间位置记录的关键字与给定的 key 值。

① 相等：查找成功。

② 大于：待查记录在区间的前半段，修改上界位置：high＝mid－1，转(1)。

③ 小于：待查记录在区间的后半段，修改下界位置：low＝mid＋1，转(1)。

直到越界（low＞high），查找失败。

查找 21 的二分查找示意图如图 9-1 所示。

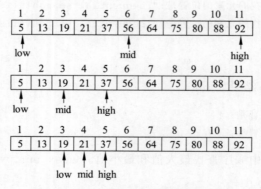

图 9-1　查找 21 的二分查找示意图

【例 9-3】　针对有序表的二分查找，非递归实现。（binary_search1.py）

```
def binary_search(lst, key):
    low = 0                                    #下界
    high = len(lst) - 1                        #上界
    time = 0                                   #记录查找次数
    while low <= high:                         #下界小于或等于上界,则循环
        time += 1
        mid = (low + high) // 2
        if  lst[mid] > key:                    #中间位置元素大于要查找的值
            high = mid - 1
        elif lst[mid] < key:
            low = mid + 1
        else:
            print("二分查找的次数: %d" % time)
            print("所要查找的值在列表中的索引号是:", end='')
            return mid
    print("二分查找的次数: %d" % time)
    return '未找到'                             #查找不成功,'未找到'


def main():
    alist = [5, 13, 19, 21, 37, 56, 64, 75, 80, 88, 92]
    result = binary_search(alist, 13)
    print(result)
main()
```

binary_search1.py 在 IDLE 中运行的结果如下:

二分查找的次数: 4
所要查找的值在列表中的索引号是:1

【例 9-4】　针对有序表的二分查找,递归实现。(binary_search2.py)

```
def binary_search(lst, low, high, key):
    mid = int((low + high) / 2)
    if high < low:
        return False
    elif lst[mid] == key:
        print("所要查找的值在列表中的索引号是:", end='')
        return mid
    elif lst[mid] > key:
        high = mid - 1
        return binary_search(lst, low, high, key)
    else:
        low = mid + 1
        return binary_search(lst, low, high, key)
```

```
if __name__=="__main__":
    alist =[5, 13, 19, 21, 37, 56, 64, 75, 80, 88, 92]
    low =0
    high =len(alist) -1
    result =binary_search(alist, 0, high, 21)
    print(result)
```

binary_search2.py 在 IDLE 中运行的结果如下：

所要查找的值在列表中的索引号是:3

9.2.3　插值查找

二分查找法虽然已经很不错了，但还有可以优化的地方。有时，对半过滤缩小查找区间的速度还不够快，要是每次都排除 9/10 的数据岂不是更好？选择查找分点就是关键问题。例如，均匀分布在 1～10000 的 1000 个元素，从小到大地存放在一个列表 lst 中，若要查找 15，我们自然会考虑从列表下标较小的区间段开始查找。

但二分查找这种查找方式是傻瓜式的，不是自适应的，并不会注意到这些特点，于是出现了插值查找，它是二分查找的改进。二分查找中查找分点的计算：

mid=(low+high)/2,即 mid=low+1/2 * (high-low)

插值查找将查找分点改进为

mid =low+(key-lst[low])/(lst[high]-lst[low]) * (high-low)

也就是将二分查找的比例参数 1/2 改进为自适应的，根据关键字在整个有序表中所处的位置，让 mid 值的变化更靠近关键字 key，这样也就间接地减少了比较次数。

注意：对于表长较大且元素分布又比较均匀的有序表来说，插值查找算法的平均性能比二分查找要好得多。反之，列表中的元素如果分布非常不均匀，那么插值查找未必是很合适的选择。

【例 9-5】　插值查找算法的实现。(interpolation_search.py)

```
def interpolation_search(lst, low, high, key):
    time =0                                           #用来记录查找次数
    while low <high:
        time +=1
        #计算 mid 值是插值算法的核心代码
        mid =low +int((high -low) * (key -lst[low])/(lst[high] -lst[low]))
        print("mid={0}, low={1}, high={2}".format(mid, low, high))
        if lst[mid] >key:
            high =mid -1
        elif lst[mid] <key:
```

```
                low = mid + 1
        else:
            print("插值查找%s的次数:%s"%(key, time))        #输出插值查找的次数
            return mid
    print("插值查找%s的次数:%s"%(key, time))
    return False


def main():
    alist = [5, 13, 19, 21, 37, 56, 64, 75, 80, 88, 92]
    low = 0
    high = len(alist) - 1
    interpolation_search(alist, low, high, 13)


main()
```

interpolation_search.py 在 IDLE 中运行的结果如下：

```
mid=0, low=0, high=10
mid=1, low=1, high=10
插值查找 13 的次数:2
```

9.3　排序算法

在数据处理过程中,将任一文件中的记录通过某种方法整理成为按关键字有序排列的处理过程称为排序。排序可以使数据的存储方式更具结构性,排序的数据更容易使用。

通常所说的排序算法指的是内部排序算法,即数据记录在内存中进行排序。大多数排序算法都是基于比较的,诸如冒泡排序、选择排序、插入排序、归并排序、快速排序等。

9.3.1　冒泡排序

冒泡排序是通过交换元素消除逆序实现排序的方法。冒泡排序的思想:依次比较相邻的两个记录的关键字,若两个记录是反序的(即前一个记录的关键字大于后一个记录的关键字),则进行交换,直到没有反序的记录为止。假定数据放在一个列表 lst 中。

(1) 将 lst[1] 与 lst[2] 的关键字进行比较,若为反序(lst[1] 的关键字大于 lst[2] 的关键字),则交换两个记录;然后比较 lst[2] 与 lst[3] 的关键字,以此类推,直到 lst[n−1] 与 lst[n] 的关键字比较后为止,称为一趟冒泡排序,lst[n] 为关键字最大的记录。

(2) 进行第二趟冒泡排序,对前 n−1 个记录进行同样的操作。

一般地,第 i 趟冒泡排序是对 lst[1,…,n−i+1] 中的记录进行的,因此,若待排序的记录有 n 个,则要经过 n−1 趟冒泡排序才能使所有的记录有序。

冒泡排序的过程如下所示。

初始关键字序列: 23	38	22	45	67	31	15	41
第一趟排序后: 23	22	38	45	31	15	41	**67**
第二趟排序后: 22	23	38	31	15	41	**45**	**67**
第三趟排序后: 22	23	31	15	38	**41**	**45**	**67**
第四趟排序后: 22	23	15	31	**38**	**41**	**45**	**67**
第五趟排序后: 22	15	23	**31**	**38**	**41**	**45**	**67**
第六趟排序后: **15**	**22**	**23**	**31**	**38**	**41**	**45**	**67**

虽然有时冒泡排序确实需要经过 $n-1$ 趟,但这只有表中的最小元素恰好在最后时才会出现这种情况,在其他情况下,并不需要做那么多次,如果发现排序已经完成就可以提前结束。如果在一趟冒泡排序中没有遇到逆序,就说明排序已经完成,可以提前结束了。

【例 9-6】 冒泡排序算法的实现。(bubble_sort.py)

```python
def bubble_sort(lst):
    length = len(lst)
    for i in range(length-1):          #共有 length -1 趟排序
        flag = True                    #flag 用于记录一趟冒泡排序中,是否有逆序发生
        for j in range(1,length-i):
            if lst[j-1]>lst[j]:
                flag = False           #有逆序发生
                lst[j-1],lst[j]=lst[j],lst[j-1]
        if flag ==True:
            break


def main():
    list1 =[23, 38, 22, 45, 67, 31, 15, 41]
    bubble_sort(list1)
    print(list1)


main()
```

bubble_sort.py 在 IDLE 中运行的结果如下:

```
[15, 22, 23, 31, 38, 41, 45, 67]
```

9.3.2　选择排序

选择排序的基本思想:每次从当前待排序的记录中选取关键字最小的记录,然后与待排序的记录序列中的第一个记录进行交换,直到整个记录序列有序为止。

选择排序的过程如下所示。

初始记录的关键字：　　9　　6　　−2　　21　　15　　8
　　　　第一趟排序：　**−2**　6　　9　　21　　15　　8
　　　　第二趟排序：　**−2**　**6**　9　　21　　15　　8
　　　　第三趟排序：　**−2**　**6**　**8**　21　　15　　9
　　　　第四趟排序：　**−2**　**6**　**8**　**9**　15　　21
　　　　第五趟排序：　**−2**　**6**　**8**　**9**　**15**　21
　　　　第六趟排序：　**−2**　**6**　**8**　**9**　**15**　**21**

【例 9-7】　选择排序算法的实现。（select_sort.py）

```
def select_sort(lst):
    n = len(lst)
    for i in range(0,n):
        min = i                        #最小元素下标标记
        for j in range(i+1,n):
            if lst[j] < lst[min]:
                min = j                #找到最小值的下标
        lst[i],lst[min] = lst[min],lst[i]   #将找到的最小值记录与待排序的第一个记录交换

def main():
    list1 = [9, 6, -2, 21, 15, 8]
    select_sort(list1)
    print(list1)

main()                                 #调用 main() 函数
```

select_sort.py 在 IDLE 中运行的结果如下：

[-2, 6, 8, 9, 15, 21]

9.3.3　插入排序

插入排序的算法思想：将待排序的记录插入到已排好序的记录表中，得到一个新的、记录数增加 1 的有序表，选择下一个待排序的记录重复前面的操作，直到所有的记录都插入完为止。假设有 n 个记录需要排序，则需要 $n-1$ 趟插入就可排好序。

设待排序的 n 个记录顺序存放在列表 lst 中，在排序的某一时刻，将记录序列分成两部分。

（1）lst $[0,\cdots,i-1]$：已排好序的有序部分。

（2）lst $[i,\cdots,n-1]$：未排好序的无序部分。

显然，在刚开始排序时，lst[0]是已经排好序的。

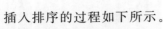

插入排序的过程如下所示。

初始记录的关键字：	[7]	4	2	19	13	6
第一趟排序：	[4	7]	2	19	13	6
第二趟排序：	[2	4	7]	19	13	6
第三趟排序：	[2	4	7	19]	13	6
第四趟排序：	[2	4	7	13	19]	6
第五趟排序：	[2	4	6	7	13	19]

【例 9-8】 插入排序算法的实现。（insertion_sort.py）

```
def insertion_sort(lst):
    lst_length=len(lst)
    if lst_length<2:
        return lst
    for i in range(1,lst_length):
        key=lst[i]
        j=i-1
        while j>=0 and key<lst[j]:
            lst[j+1]=lst[j]
            j=j-1
        lst[j+1]=key
    return lst

def main():
    list1 =[7, 4, 2, 19, 13, 6]
    list2=insertion_sort(list1)
    print(list2)

main()
```

insertion_sort.py 在 IDLE 中运行的结果如下：

```
[2, 4, 6, 7, 13, 19]
```

9.3.4 归并排序

归并排序是指将两个或两个以上的有序序列合并成一个有序序列。归并排序的思想如下。

（1）初始时，将每个记录看成一个单独的有序子序列，则 n 个待排序记录就是 n 个长度为 1 的有序子序列。

（2）对所有有序子序列进行两两归并，得到 $n/2$ 个长度为 2 或 1 的有序子序列，此为一趟归并。

（3）重复（2），直到得到长度为 n 的有序序列为止。

上述排序过程中，子序列总是两两归并，称为 2-路归并排序，其核心是将相邻的两个子序列归并成一个子序列。

归并排序的过程如下所示。

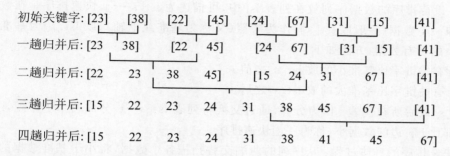

【例 9-9】 归并排序算法的实现。(merge_sort.py)

```
def merge_sort(lst):
    if len(lst)<2:
        return lst
    sorted_list=[]                          #用于存放两个列表有序合并后的结果
    left_list=merge_sort(lst[:len(lst)//2])
    right_list=merge_sort(lst[len(lst)//2:])
    while len(left_list)>0 and len(right_list)>0:
        if left_list[0]<right_list[0]:
            sorted_list.append(left_list.pop(0))
        else:
            sorted_list.append(right_list.pop(0))
    sorted_list +=left_list
    sorted_list +=right_list
    return sorted_list


def main():
    list1 =[23, 38, 22, 45, 24, 67, 31, 15, 41]
    list2=merge_sort(list1)
    print(list2)


main()
```

merge_sort.py 在 IDLE 中运行的结果如下:

```
[15, 22, 23, 24, 31, 38, 41, 45, 67]
```

9.3.5 快速排序

快速排序由 Tony Hoare 在 1962 年提出,是对冒泡排序的一种改进。它的基本思想:通过一趟排序将要排序的数据分成独立的两部分,其中一部分的所有数据都比另外一部分的所有数据要小,然后再按此方法对这两部分数据分别进行快速排序,整个排序过程可以递归进行,以此达到整个数据变成有序序列。

过程:设待排序的数据序列放在列表 lst 中,可描述为 lst[s⋯t],快速排序是在数据序列中任取一个数据(一般取 lst[s])作为参照(又称为基准或枢轴),以 lst[s]为基准重新排列其余的所有数据,方法如下。

(1) 所有关键字比基准小的放 lst[s]之前。

(2) 所有关键字比基准大的放 lst[s]之后。

以 lst[s]最后所在位置 i 作为分界,通过交换将列表 lst[s⋯t]分成两个子序列,i 左边的数据都比 i 右边的数据小,称为一趟快速排序。

一趟快速排序的具体过程:从序列的两端交替扫描各个数据,将小于基准数据的数据依次放置到序列的前边;将大于基准数据的数据从序列的最后端起,依次放置到序列的后边,直到扫描完所有的数据。

设置两个下标索引变量 low、high,初值为列表的第一个和最后一个数据元素的位置。设两个变量 i、j,初始时令 i=low,j=high,以 lst[low]作为基准,将 lst[low]保存在变量 k 中。

(1) 从 j 所指位置向前搜索:将 lst[low]与 lst[j]进行比较。

① 若 lst[low]≤lst[j]:令 j=j−1,然后继续进行比较,直到 i=j 或 k > lst[j]为止。

② 若 lst[low]>lst[j]:将 lst [j]放进 lst [i],腾空 lst [j],且令 i=i+1。

(2) 从 i 位置起向后搜索:将 k 与 lst[i]进行比较。

① 若 k≥lst[i]:令 i=i+1,然后继续进行比较,直到 i=j 或 k < lst[i]为止。

② 若 k<lst[i]:将 lst [i]放进 lst[j],腾空 lst[i],且令 j=j−1。

(3) 重复(1)、(2),直至 i=j 为止,i 就是 k(基准数据)所应放置的位置。

【例 9-10】 快速排序算法的实现。(quick_sort.py)

```python
def quick_sort(lst, low, high):
    i = low
    j = high
    if i >= j:                              #递归终止的条件
        return lst
    k = lst[i]
    while i < j:
        while i < j and lst[j] >= k:
            j = j-1
        lst[i] = lst[j]                     #将 lst[j]放进 lst[i],腾空 lst[j]
        while i < j and lst[i] <= k:
            i = i+1
        lst[j] = lst[i]                     #将 lst[i]放进 lst[j],腾空 lst[i]
    lst[i] = k                              #将基准 k 放入应放置的位置
    quick_sort(lst, low, i-1)
    quick_sort(lst, i+1, high)
    return lst
```

```
def main():
    list1 =[23, 38, 22, 45, 24, 67, 31, 15, 41]
    high =len(list1)-1
    list2=quick_sort(list1, 0, high)
    print(list2)

main()
```

quick_sort.py 在 IDLE 中运行的结果如下：

[15, 22, 23, 24, 31, 38, 41, 45, 67]

9.4　常用数据结构

常用数据结构

数据结构是计算机存储、组织数据的方式。通常情况下，精心选择的数据结构可以带来更高的运行或者存储效率。在使用计算机处理问题时，不仅要关注数据本身，还要关注数据元素之间的关系，因为这些"关系"和数据处理密切相关，元素之间的这些关系就是"结构"。

与数据结构密切相关的有两个方面：数据的逻辑结构、数据的存储结构。

数据的逻辑结构可以看作是从具体问题抽象出来的数学模型，反映数据元素之间的逻辑关系。逻辑关系是指数据元素之间的前后关系，而与它们在计算机中的存储位置无关。逻辑结构包括：集合（数据结构中的元素之间除了"同属一个集合"的相互关系外，别无其他关系）、线性结构（数据结构中的元素存在一对一的相互关系）、树结构（数据结构中的元素存在一对多的相互关系）、图形结构（数据结构中的元素存在多对多的相互关系）。

数据的存储结构反映数据的逻辑结构在计算机存储空间的存放形式，即数据结构在计算机中的表示。常用的数据存储结构有 4 种。

（1）顺序存储。顺序存储是用一批物理位置相邻的存储单元，将逻辑上相邻的元素依次存储。

（2）链接存储。在计算机中用一组任意的存储单元存储逻辑上相邻的元素（这组存储单元物理位置上可以相邻，也可以不相邻）。

（3）索引存储。除建立数据的存储单元信息外，还建立附加的索引表来标识存储单元的地址。

（4）哈希存储。哈希存储又称为散列存储，是一种力图将数据元素的存储位置与数据之间建立确定对应关系的存储方式。

9.4.1　自定义矩阵

矩阵是高等代数学中的常见工具，在统计分析等应用数学学科中也必不可少。在物理学中，矩阵在电路学、力学、光学和量子物理学中都有应用；在计算机科学中，三维动画制作也需要用到矩阵。

由 $m \times n$ 个数 a_{ij} 排成的 m 行 n 列的数表称为 m 行 n 列的矩阵，简称 $m \times n$ 矩阵，将其记作 A，如图 9-2 所示。

这 $m \times n$ 个数称为矩阵 A 的元素，简称为元，数 a_{ij} 位于矩阵 A 的第 i 行第 j 列，称为矩阵 A 的 (i, j) 元，以数 a_{ij} 为 (i, j) 元的矩阵可记为 (a_{ij}) 或 $(a_{ij})_{m \times n}$，$m \times n$ 矩阵 A 也记作 A_{mn}。而行数与列数都等于 n 的矩阵称为 n 阶矩阵或 n 阶方阵。

$$A = \begin{bmatrix} a_{11} & a_{12} & \cdots & a_{1n} \\ a_{21} & a_{22} & \cdots & a_{2n} \\ a_{31} & a_{32} & \cdots & a_{3n} \\ \vdots & \vdots & \vdots & \vdots \\ a_{m1} & a_{m2} & \cdots & a_{mn} \end{bmatrix}$$

图 9-2　$m \times n$ 矩阵 A

矩阵的基本运算包括矩阵的加法、减法、数乘、转置和矩阵乘法。

矩阵的加法：

$$\begin{bmatrix} 1 & 4 & 2 \\ 2 & 0 & 0 \end{bmatrix} + \begin{bmatrix} 1 & 1 & 5 \\ 7 & 5 & 0 \end{bmatrix} = \begin{bmatrix} 1+1 & 4+1 & 2+5 \\ 2+7 & 0+5 & 0+0 \end{bmatrix} = \begin{bmatrix} 2 & 5 & 7 \\ 9 & 5 & 0 \end{bmatrix}$$

矩阵的减法：

$$\begin{bmatrix} 1 & 4 & 2 \\ 2 & 0 & 0 \end{bmatrix} - \begin{bmatrix} 1 & 1 & 5 \\ 7 & 5 & 0 \end{bmatrix} = \begin{bmatrix} 1-1 & 4-1 & 2-5 \\ 2-7 & 0-5 & 0-0 \end{bmatrix} = \begin{bmatrix} 0 & 3 & -3 \\ -5 & -5 & 0 \end{bmatrix}$$

数乘矩阵：

$$2 \times \begin{bmatrix} 1 & 4 & 2 \\ 2 & 0 & 0 \end{bmatrix} = \begin{bmatrix} 2\times1 & 2\times4 & 2\times2 \\ 2\times2 & 2\times0 & 2\times0 \end{bmatrix} = \begin{bmatrix} 2 & 8 & 4 \\ 4 & 0 & 0 \end{bmatrix}$$

把矩阵 A 的行和列互相交换所产生的矩阵称为 A 的转置矩阵，这一过程称为矩阵的转置：

$$\begin{bmatrix} 1 & 4 & 2 \\ 2 & 0 & 0 \end{bmatrix}^{\mathrm{T}} = \begin{bmatrix} 1 & 2 \\ 4 & 0 \\ 2 & 0 \end{bmatrix}$$

两个矩阵的乘法：两个矩阵的乘法仅当第一个矩阵 A 的列数和另一个矩阵 B 的行数相等时才能相乘。如 A 是 $m \times n$ 矩阵和 B 是 $n \times p$ 矩阵，它们的乘积 C 是一个 $m \times p$ 矩阵 $C = (c_{ij})$，并将此乘积记为 $C = AB$，它的一个元素：

$$c_{ij} = a_{i1}b_{1j} + a_{i2}b_{2j} + \cdots + a_{in}b_{nj} = \sum_{r=1}^{n} a_{ir}b_{rj}$$

如：

$$\begin{bmatrix} 1 & 1 & 5 \\ 7 & 5 & 0 \end{bmatrix} \times \begin{bmatrix} 1 & 2 \\ 4 & 0 \\ 2 & 0 \end{bmatrix} = \begin{bmatrix} 1\times1+1\times4+5\times2 & 1\times2+1\times0+5\times0 \\ 7\times1+5\times4+0\times2 & 7\times2+5\times0+0\times0 \end{bmatrix} = \begin{bmatrix} 15 & 2 \\ 27 & 14 \end{bmatrix}$$

【例 9-11】　基于列表技术实现矩阵类 Matrix，模拟矩阵运算，支持矩阵元素读取、设置，矩阵加法、减法、乘法，矩阵转置，判断两个矩阵是否相等，对矩阵的所有元素求和，找出和最大的行，打乱矩阵的所有元素及输出矩阵。

```python
import copy
import random
class Matrix:
    '''基于列表技术实现的矩阵类'''
```

```python
    def __init__(self, numRows, numCols, x=0):
        self.shape = (numRows, numCols)          #记录矩阵的行数和列数
        self.row = self.shape[0]
        self.column = self.shape[1]
        #生成 self.row 行 self.column 列的矩阵元素全为 x
        self.matrix = [[x for col in range(self.column)] for row in range(self.row)]


    #返回矩阵 A 的元素 A(i,j)的值: matrix[i-1][j-1]
    def __getitem__(self, index):
        if isinstance(index, int):
            return self.matrix[index-1]
        elif isinstance(index, tuple) and len(index)==2:
            return self.matrix[index[0]-1][index[1]-1]
    #设置矩阵 matrix(i,j)的值为 value,即 matrix[i-1][j-1]=value
    def __setitem__(self, index, value):
        if isinstance(index, int):
            self.matrix[index-1] = copy.deepcopy(value)  #深度复制
        elif isinstance(index, tuple) and len(index)==2:
            self.matrix[index[0]-1][index[1]-1] = value
    def __eq__(self, B):                          #判断两个矩阵是否相等
        '''B 是一个 Matrix 类的对象'''
        if self.row==B.row and self.column==B.column:
            for i in range(self.row):
                for j in range(self.column):
                    if self.matrix[i][j]==B.matrix[i][j]:
                        pass
                    else:
                        return "两个矩阵不相等"
            return "两个矩阵相等"
        else:
            return "维度不同,两个矩阵不相等"


    def __add__(self, B):                         #将两个矩阵相加
        '''矩阵加法,B 是一个 Matrix 类的对象'''
        if self.shape ==B.shape:  #维度相同才能相加
            M = Matrix(self.row, self.column)     #临时生成一个与 B 维度相同的矩阵
            for i in range(self.row):
                for j in range(self.column):
                    M.matrix[i][j] = self.matrix[i][j] + B.matrix[i][j]
            return M.matrix
        else:
            return "维度不同,两个矩阵不能相加"


    def __sub__(self, B):                         #将两个矩阵相减
```

```python
            '''矩阵减法,参数 B 是一个 Matrix 类的对象'''
        if self.shape ==B.shape:                    #维度相同才能相减
            M =Matrix(self.row, self.column)        #临时生成一个与 B 维度相同的矩阵
            for i in range(self.row):
                for j in range(self.column):
                    M.matrix[i][j] =self.matrix[i][j] -B.matrix[i][j]
            return M.matrix
        else:
            return "维度不同,两个矩阵不能相减"

    def __mul__(self, B):                           #将两个矩阵相乘
        '''矩阵乘法,参数 B 是一个数或是一个 Matrix 类的对象'''
        if isinstance(B, int) or isinstance(B,float):  #B 是一个数
            M =Matrix(self.row, self.column)
            for i in range(self.row):
                for j in range(self.column):
                    M.matrix[i][j] =self.matrix[i][j] * B
            return M.matrix
        #一个矩阵的列数等于另一个矩阵的行数,两矩阵才能相乘
        elif self.column ==B.row:
            M =Matrix(self.row, B.column)
            for i in range(self.row):
                for j in range(B.column):
                    sum =0
                    for k in range(self.column):
                        sum +=self.matrix[i][k] * B.matrix[k][j]
                    M.matrix[i][j] =sum
            return M.matrix
        else:
            return "两个矩阵不能相乘"

    def __sum_of_elements__(self):                  #对矩阵的所有元素求和
        total =0
        for i in self.matrix:
            for j in i:
                total +=j
        return total

    def maxRow(self):                               #找出和最大的行
        max_row =sum(self.matrix[0])
        index_of_max_row =0
        for row in range(1,self.row):
            if sum(self.matrix[row]) >max_row:
                max_row =sum(self.matrix[row])
```

```
                index_of_max_row = row
        print("和最大行的索引:",index_of_max_row)
        print("和最大行的和:",max_row)
    def __random__(self):                           #打乱矩阵的所有元素
        for row in range(self.row):
            for column in range(self.column):
                i = random.randint(0, self.row -1)
                j = random.randint(0, self.column -1)
                self.matrix[row][column], self.matrix[i][j] = self.matrix[i][j],
self.matrix[row][column]
        return self.matrix


    def transpose(self):                            #对矩阵进行转置
        '''矩阵转置'''
        M = Matrix(self.column, self.row)
        for i in range(self.column):
            for j in range(self.row):
                M.matrix[j][i] = self.matrix[i][j]
            return M.matrix


    def show(self):                                 #输出矩阵
        '''输出矩阵'''
        for i in range(self.row):
            for j in range(self.column):
                print(self.matrix[i][j],end=' ')
            print()
```

将上面的代码保存为 Matrix.py 文件,并保存在当前文件夹、Python 安装文件夹或 sys.path 列表指定的其他文件夹中。下面的代码演示了自定义矩阵类的用法。

```
>>>from Matrix import Matrix
>>>matrix1=Matrix(2,3)
>>>matrix2=Matrix(2,3)
>>>matrix3=Matrix(3,2)
>>>list1=[[1,4,2],[2,0,0]]
>>>list2=[[1,1,5],[7,5,0]]
>>>list3=[[1,2],[4,0],[2,0]]
>>>for i in range(2):
        for j in range(3):
            matrix1.matrix[i][j]=list1[i][j]
            matrix2.matrix[i][j]=list2[i][j]
            matrix3.matrix[j][i]=list3[j][i]
>>>matrix1.matrix
[[1, 4, 2], [2, 0, 0]]
>>>matrix2.matrix
```

```
[[1, 1, 5], [7, 5, 0]]
>>>matrix3.matrix
[[1, 2], [4, 0], [2, 0]]
>>>print("matrix1 与 matrix2 相等吗？", matrix1.__eq__(matrix2))
matrix1 与 matrix2 相等吗？两个矩阵不相等
>>>print("matrix1 与 matrix2 的和:", list(matrix1.__add__(matrix2)))
matrix1 与 matrix2 的和: [[2, 5, 7], [9, 5, 0]]
>>>print("matrix1 与 matrix2 的差:", list(matrix1.__sub__(matrix2)))
matrix1 与 matrix2 的差: [[0, 3, -3], [-5, -5, 0]]
>>>print("matrix1 的转置:", list(matrix1.transpose()))
matrix1 的转置: [[1, 0], [4, 0], [0, 0]]
>>>matrix1.show()                          #打印矩阵 matrix1
1 4 2
2 0 0
>>print("matrix2 与 matrix3 的积:", matrix2.__mul__(matrix3))
matrix2 与 matrix3 的积: [[15, 2], [27, 14]]
>>matrix1.maxRow()                         #找出 matrix1 和最大的行
和最大行的索引: 0
和最大行的和: 7
>>print(matrix1.__sum_of_elements__())    #对矩阵 matrix1 的所有元素求和
9
>>print(matrix1.__random__())             #打乱矩阵的所有元素
[[2, 0, 4], [2, 0, 1]]
>>print(matrix2.__getitem__((1,1)))       #返回矩阵 matrix2 的元素 matrix2 (1, 1)
1
>>matrix2.__setitem__((1,1), 10)          #设置 matrix2 (1, 1) 的值为 10
>>print(matrix2.__getitem__((1,1)))
10
```

9.4.2　自定义栈

栈(stack)是限制在一端进行插入和删除操作的特殊序列，仅允许在一端进行元素的插入和删除操作，最后入栈的元素最先出栈，而最先入栈的元素最后出栈，故称为后进先出 LIFO(last in first out)或先进后出 FILO(first in last out)序列。允许进行插入、删除操作的一端称为栈顶(top)，又称为序列尾，另一个固定端称为栈底(bottom)。当序列中没有元素时称为空栈。栈可以用于把十进制数转换为其他进制。

栈的主要操作：建立一个空的栈对象——Stack()；把一个元素添加到栈的栈顶——push()；删除栈顶的元素，并返回这个元素——pop()；读取栈顶元素，并不删除它——getTop()；判断栈是否为空——isEmpty()；返回栈中当前的元素个数——getCurrent()。

Python 的列表及其操作实际上提供了与栈的主要操作相关的功能，因此，可以将列表作为栈来使用(假定 lst 是一个列表对象)。

(1) 建立空栈对应于创建一个空表[]，判断栈是否为空对应于列表是否是空表。

（2）列表是可变类型，在列表尾添加元素之后，列表的内存地址不变。

（3）把一个元素 x 添加到栈的栈顶，对应于列表 lst 的 lst.append(x) 操作。

（4）访问栈顶元素对应于 lst[−1] 操作。

（5）删除栈顶的元素并返回这个元素，对应于列表 lst 的 lst.pop() 操作。

```
>>>lst=[]
>>>for x in range(0,5):
    lst.append(x)
>>>lst
[0, 1, 2, 3, 4]
>>>lst.pop(-1)                          #删除列表尾部元素
4
>>>lst
[0, 1, 2, 3]
>>>lst.pop(0)                           #删除列表头部元素
0
>>>lst
[1, 2, 3]
```

把列表当作栈使用，完全可以满足应用的需要，但列表提供了一大批栈结构原本不应该支持的操作，此外也无法限制栈的大小，列表的 pop() 操作也会威胁栈的安全性（栈为空时删除元素会引发异常）。为了概念更清晰、实现更安全、操作更符合栈的习惯，考虑自定义一个栈类，使之成为一个单独的类型。

【例 9-12】 自定义栈类，模拟判断栈是否为空、元素入栈、元素出栈、读取栈顶元素等操作。

```
class Stack:
    """基于列表技术实现的栈类"""
    def __init__(self, size=20,current=0):
        self.items =[]                  #用列表对象 items 存放栈的元素
        self.size =size                 #初始栈的大小
        self.current=0                  #栈中元素个数初始化为 0

    def isEmpty(self):                  #判断栈是否为空
        return len(self.items)==0

    def push(self, item):               #元素入栈
        if self.current<self.size:
            self.items.append(item)
            self.current+=1             #栈中元素个数加 1
        else:
            print("栈已满")

    def pop(self):                      #元素出栈
```

```
        if self.current>0:
            self.current -=1                #栈中元素个数减 1
            return self.items.pop()
        else:
            print("栈已空")

    def getTop(self):                       #读取栈顶元素,并不删除它
        if self.current>0:
            return self.items[-1]
        else:
            print("栈已空")

    def getCurrent(self):                   #返回栈中元素的个数
        return self.current
```

　　将上述代码保存为 Stack.py 文件，并保存在当前文件夹、Python 安装文件夹或 sys.
path 列表指定的其他文件夹中。下面的代码演示了自定义栈类的用法。

```
>>>from Stack import Stack
>>>stack1 =Stack()
>>>stack1.size
20
>>>stack1.current                          #返回栈中当前的元素个数
0
>>>stack1.push(1)                          #元素入栈
>>>stack1.push(2)
>>>stack1.push(3)
>>>stack1.getTop()                         #读取栈顶元素
3
>>>stack1.current                          #返回栈中当前的元素个数
3
>>>while not stack1.isEmpty():
    print(stack1.pop(),end=',')

3,2,1,
>>>stack1.current                          #返回栈中当前的元素个数
0
>>>stack1.pop()                            #元素出栈
栈已空
```

9.4.3　自定义队列

　　队列（queue）也是操作受限的特殊序列，只允许在序列尾部进行元素插入操作和在
序列头部进行元素删除操作，插入操作也称为入队，删除操作也称为出队，队列具有先进
先出（first in first out，FIFO）的特点。队列被用在很多地方，例如，提交操作系统执行的

一系列进程、打印任务池等,一些仿真系统用队列来模拟银行或杂货店里排队的顾客。

队列的主要操作:建立一个空的队列对象 Queue();在队列尾部加入一个元素 enQueue();删除队列头部的元素,返回被删除的元素 deQueue();读取队头元素 getFront();读取队尾元素 getRear();检测队列是否为空 isEmpty();返回队列当前的元素数量 getCurrent()。

在 Python 中,对于一个列表来说,使用 pop()删除列表中的某个元素,位于它后面的所有元素会自动向前移动一个位置,基于这一点,可基于列表定义一个队列类 MyQueue。

【例 9-13】　自定义栈队列类,模拟入队、出队、读取队头元素、读取队尾元素等操作。

```
class MyQueue:
    """基于列表技术实现的队列类"""
    def __init__(self, size=20,current=0):
        self.items =[]                        #用列表对象 items 存放队列的元素
        self.size = size                      #初始队列的大小
        self.current=0                        #队列中的元素个数初始化为 0

    def isEmpty(self):                        #判断队列是否为空
        return len(self.items)==0

    def enQueue(self, item):                  #入队
        if self.current<self.size:
            self.items.append(item)
            self.current+=1                   #队列的元素个数加 1
        else:
            print("队列已满")

    def deQueue(self):                        #出队
        if self.current>0:
            self.current -=1                  #队列的元素个数减 1
            return self.items.pop(0)
        else:
            print("队列已空")

    def getFront(self):                       #读取队头元素
        if self.current>0:
            return self.items[0]
        else:
            print("队列已空")

    def getRear(self):                        #读取队尾元素
        if self.current>0:
            return self.items[-1]
        else:
```

```
        print("队列已空")

    def getCurrent(self):                    #返回队列中元素的个数
        return self.current
```

将上面的代码保存为 MyQueue.py 文件，并保存在当前文件夹、Python 安装文件夹或 sys.path 列表指定的其他文件夹中。下面的代码演示了自定义队列类的用法。

```
>>>from MyQueue import MyQueue
>>>queue1=MyQueue()
>>>queue1.size
20
>>>queue1.current
0
>>>for x in range(0,10):
    queue1.enQueue(x)
>>>queue1.current
10
>>>while not queue1.isEmpty():
    print(queue1.deQueue(),end=',')

0,1,2,3,4,5,6,7,8,9,
>>>queue1.current
0
```

Python 标准库 queue 提供了 3 种队列类型：先进先出队列 Queue、先进后出队列 LifoQueue 和优先级级别越高越先出来的优先级队列 PriorityQueue。

```
>>>from queue import Queue                    #先进先出队列
>>>queue1 =Queue(maxsize =10)                 #可选参数 maxsize 用来设定队列长度
>>>queue1.put(1)                              #把 1 放入队列
>>>queue1.get()                               #从队头删除并返回一个元素
1
>>>queue1.empty()                             #如果队列为空,返回 True
True
>>>for x in range(0,10):
    queue1.put(x)
>>>queue1.full()                              #如果队列满了,返回 True
True
>>>queue1.qsize()                             #返回队列中元素的个数
10

>>>from queue import LifoQueue                #先进后出队列
>>>queue2 =LifoQueue(maxsize =5)
>>>for x in range(0,5):                       #进队顺序 0, 1, 2, 3, 4
    queue2.put(x)
```

```
>>>for x in range(0,5):
    print(queue2.get(), end=', ')

4, 3, 2, 1, 0,                              #出队顺序和进队顺序相反

>>>from queue import PriorityQueue        #优先级队列
>>>queue3 = PriorityQueue(maxsize=5)
#优先级队列放进去的是一个元组——(优先级,数据),优先级数字越小,优先级越高
>>>queue3.put((5,'第 1 个放进去的元素'))
>>>queue3.put((3,'第 2 个放进去的元素'))
>>>queue3.put((1,'第 3 个放进去的元素'))
>>>queue3.put((4,'第 4 个放进去的元素'))
>>>queue3.put((2,'第 5 个放进去的元素'))
>>>while not queue3.empty():
    queue3.get()

(1, '第 3 个放进去的元素')
(2, '第 5 个放进去的元素')
(3, '第 2 个放进去的元素')
(4, '第 4 个放进去的元素')
(5, '第 1 个放进去的元素')
```

注意：如果有两个元素的优先级是一样的,那么在出队时按照先进先出的顺序出队。

9.4.4　自定义二叉树

树在计算机领域中有着广泛的应用,例如,在编译程序中,可用树来表示源程序的语法结构;在数据库系统中,可用树来组织信息;在分析算法的行为时,可用树来描述其执行过程等。

树结构是一类非常重要的非线性结构,树结构的元素存在一对多的相互关系。直观地,树结构是以分支关系定义的层次结构。树(tree)是 $n(n \geqslant 0)$ 个结点的有限集合 T,当 $n=0$ 时称为空树,树结构的主要特征如下。

(1) 一个树结构如果不空,则结构中就存在着唯一的起始结点(结构中的逻辑单元,用于保存数据),称为树的根结点,也称为树根。

(2) 按结构中结点之间的连接关系,除树根外的其余结点有且只有一个直接前驱(结构中与某结点相邻且在其之前的结点被称为直接前驱)。另一方面,一个结点可以有 0 个或者多个直接后继(结构中与某结点相邻且在其之后的结点被称为直接后继)。

(3) 从根结点出发,经过若干次后继关系可以到达结构中的任一结点。

(4) 结点之间的联系不会形成循环关系。

(5) 若树结构的结点数 $n>1$,其余的结点被分为 $m(m>0)$ 个互不相交的子集 T_1、T_2、T_3、$\cdots$、T_m,其中每个子集本身又是一棵树,称其为根的子树(subtree)。

二叉树的定义：二叉树(binary tree)是 $n(n \geqslant 0)$ 个结点的有限集合。若 $n=0$ 时称为

空树,否则:

① 有且只有一个特殊的、称为树的根(root)的结点。

② 若 $n>1$ 时,其余的结点被分成为两个互不相交的子集 T_1、T_2,分别称为左、右子树,并且左、右子树又都是二叉树。

显然,上面二叉树的定义是递归的。一棵二叉树可能有两棵子树,其子树也是二叉树。图 9-3 给出了几棵二叉树的图示,其中的小圆圈代表二叉树的结点,根结点画在最上面,其两棵子树画在下面的左右两边,用线连接根结点和子树根结点。

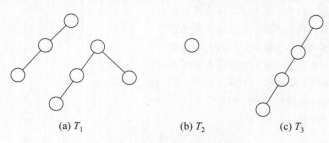

(a) T_1　　　　　(b) T_2　　　　　(c) T_3

图 9-3　三棵二叉树

二叉树的根结点称为该树的子树根结点的父结点,与之对应,子树的根结点称为该父结点的孩子结点(child)或子结点。注意,父结点和子结点的概念是相对的。

没有子结点的结点称为叶子结点,其余结点称为非叶子结点或分支结点。

一个结点的子结点个数称为该结点的度数,显然,二叉树中叶结点的度数为 0,分支结点的度数可以是 1 或者 2。

规定树中根结点的层次为 1,其余结点的层次等于其父结点的层次加 1。树中结点的最大层次值,称为树的高度。

从根结点开始,到达某结点 p 所经过的所有结点称为结点 p 的层次路径(简称为路径,有且只有一条)。结点 p 的层次路径上的所有结点(p 除外)称为 p 的祖先(ancester)。以某一结点为根的子树中的任意结点称为该结点的子孙结点(descent)。

平衡二叉树(balanced binary tree)又被称为 AVL 树,具有以下性质:它是一棵空树或它的左右两个子树的高度差的绝对值不超过 1,并且左右两个子树都是一棵平衡二叉树。

遍历二叉树(traversing binary tree):指按指定的规律对二叉树中的每个结点访问一次且仅访问一次。二叉树的基本组成:根结点、左子树、右子树。若能依次遍历这 3 部分,就是遍历了二叉树。若以 L、D、R 分别表示遍历左子树、遍历根结点和遍历右子树,则有 6 种遍历方案:DLR、LDR、LRD、DRL、RDL、RLD。若规定先左后右,则只有前 3 种情况,分别是DLR——前(根)序遍历;LDR——中(根)序遍历;LRD——后(根)序遍历。

层次遍历二叉树,是从根结点开始遍历,按层次次序"自上而下,从左至右"访问树中的各结点。

二叉树的性质如下。

性质 1:在非空二叉树中,第 i 层上至多有 2^{i-1} 个结点($i \geq 1$)。

性质 2:深度为 k 的二叉树至多有 $2^k - 1$ 个结点($k \geq 1$)。

性质 3：对任何一棵二叉树,若其叶子结点数为 n_0,度为 2 的结点数为 n_2,则 $n_0 = n_2 + 1$。

【例 9-14】 设计自定义二叉树类 BiTree,模拟建立二叉树、二叉树的前序遍历、二叉树的中序遍历、二叉树的后序遍历、二叉树的层次遍历等操作。程序文件名记为 BiTree.py。

```python
class BiTree:
    '''基于列表技术实现结点类'''
    def __init__(self,value='*',left=None,right=None):
        self.value=value
        self.left=left
        self.right=right
    #按前序遍历方式建立二叉树
    def preCreateBiTree(self):
        temp =input('前序构建二叉树,请输入结点的值:')
        lst =BiTree(temp)
        if temp !='*':                              #输入*认为不再继续向下创建结点
            print("输入左子树:")
            lst.left =self.preCreateBiTree()
            print("输入右子树:")
            lst.right =self.preCreateBiTree()
        return lst


    #前序遍历二叉树
    def preOrderTraverse(self):
        print(self.value, end=',')                  #输出当前二叉树的根结点
        if(self.value!='*'):
            self.left.preOrderTraverse()            #递归输出左子树
            self.right.preOrderTraverse()           #递归输出右子树


    #中序遍历二叉树
    def inOrderTraverse(self):
        if self.left!=None:
            self.left.inOrderTraverse()             #中序遍历左子树
        print(self.value, end=',')                  #遍历根结点
        if self.right!=None:
            self.right.inOrderTraverse()            #中序遍历右子树


    #后序遍历二叉树
    def postOrderTraverse(self):
        if self.left!=None:
            self.left.postOrderTraverse()           #后序遍历左子树
        if self.right!=None:
            self.right.postOrderTraverse()          #后序遍历右子树
        print(self.value, end=',')                  #遍历根结点
```

```python
#层次遍历二叉树
def levelTraverse(self):
    if self.value=='*':
        return
    lst=[]                                    #lst 起队列的作用,遍历过的结点依次进入列表
    print(self.value, end=',')
    lst.append(self)
    while(len(lst)>0):
        node =lst.pop(0)
        if node.left!=None:
            print((node.left).value, end=',')
            lst.append(node.left)
        if node.right!=None:
            print((node.right).value, end=',')
            lst.append(node.right)


def main():
    root=BiTree()
    root=root.preCreateBiTree()
    print('前序遍历序列是:')
    root.preOrderTraverse()
    print('\n 中序遍历序列是:')
    root.inOrderTraverse()
    print('\n 后序遍历序列是:')
    root.postOrderTraverse()
    print('\n 层次遍历序列是:')
    root.levelTraverse()


main()
```

当希望创建图 9-4 所示的二叉树时,按前序遍历方式建立二叉树输入的字符序列应
当是 ABD**E * G**CF***。

BiTree.py 在 IDLE 中运行的结果如下:

前序构建二叉树,请输入结点的值:A
输入左子树:
前序构建二叉树,请输入结点的值:B
输入左子树:
前序构建二叉树,请输入结点的值:D
输入左子树:
前序构建二叉树,请输入结点的值:*
输入右子树:
前序构建二叉树,请输入结点的值:*
输入右子树:
前序构建二叉树,请输入结点的值:E
输入左子树:

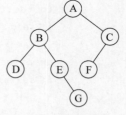

图 9-4　二叉树

前序构建二叉树,请输入结点的值:*
输入右子树:
前序构建二叉树,请输入结点的值:G
输入左子树:
前序构建二叉树,请输入结点的值:*
输入右子树:
前序构建二叉树,请输入结点的值:*
输入右子树:
前序构建二叉树,请输入结点的值:C
输入左子树:
前序构建二叉树,请输入结点的值:F
输入左子树:
前序构建二叉树,请输入结点的值:*
输入右子树:
前序构建二叉树,请输入结点的值:*
输入右子树:
前序构建二叉树,请输入结点的值:*
前序遍历序列是:
A,B,D,*,*,E,*,G,*,*,C,F,*,*,*,
中序遍历序列是:
,D,,B,*,E,*,G,*,A,*,F,*,C,*,
后序遍历序列是:
,,D,*,*,*,G,E,B,*,*,F,*,C,A,
层次遍历序列是:
A,B,C,D,E,F,*,*,*,*,G,*,*,*,*,

下面再给出一个自定义二叉树类的例子。

【**例 9-15**】 设计自定义二叉树类 BiTree,模拟建立二叉树、二叉树的前序遍历、二叉树的中序遍历、二叉树的后序遍历、二叉树的层次遍历等操作。程序模块名记为 BiTree2.py。

```
class BiTNode:
    def __init__(self,value='*',left=None,right=None):
        self.value=value
        self.left=left
        self.right=right


class BiTree:
    def __init__(self):
        self.root=self.preCreateBiTree()

    #按前序遍历方式建立二叉树
    def preCreateBiTree(self):
        temp =input('前序构建二叉树,请输入结点的值:')
        lst =BiTNode(temp)                          #生成一个二叉树结点
        if temp!='*':                               #输入 * 认为不再继续向下创建结点
```

```
                print("输入左子树:")                    #为刚才创建的 lst 结点创建左子树
                lst.left = self.preCreateBiTree()
                print("输入右子树:")
                lst.right = self.preCreateBiTree()
        return lst


    #前序遍历二叉树
    def preOrderTraverse(self,root):
        if root.value=='*':
            return '*'
        print(root.value, end=',')                    #输出当前二叉树的根结点
        self.preOrderTraverse(root.left)              #递归输出根的左子树
        self.preOrderTraverse(root.right)             #递归输出根的右子树


    #中序遍历二叉树
    def inOrderTraverse(self,root):
        if root.value=='*':
            return
        self.inOrderTraverse(root.left)               #中序遍历左子树
        print(root.value, end=',')                    #遍历根结点
        self.inOrderTraverse(root.right)              #中序遍历右子树


    #后序遍历二叉树
    def postOrderTraverse(self,root):
        if root.left.value!='*':
            self.postOrderTraverse(root.left)         #后序遍历左子树
        if root.right.value!='*':
            self.postOrderTraverse(root.right)        #后序遍历右子树
        print(root.value, end=',')                    #遍历根结点


    #层次遍历二叉树
    def levelTraverse(self,root):
        if root.value=='*':
            return  '*'
        lst=[]                                        #lst 起队列的作用,遍历过的结点依次进入列表
        print(root.value, end=',')
        lst.append(root)
        while(len(lst)>0):
            node =lst.pop(0)
            if node.left.value!='*':
                print((node.left).value, end=',')
                lst.append(node.left)
            if node.right.value!='*':
                print((node.right).value, end=',')
```

```
            lst.append(node.right)

def main():
    tree=BiTree()
    tree.preCreateBiTree()
    print('前序遍历序列是:')
    tree.preOrderTraverse(tree.root)
    print('\n 中序遍历序列是:')
    tree.inOrderTraverse(tree.root)
    print('\n 后序遍历序列是:')
    tree.postOrderTraverse(tree.root)
    print('\n 层次遍历序列是:')
    tree.levelTraverse(tree.root)

main()
```

当仍希望创建图 9-4 所示的二叉树时,按前序遍历方式建立二叉树输入的字符序列
应当是 ABD**E * G**CF****。

BiTree2.py 在 IDLE 中运行的结果如下:

前序构建二叉树,请输入结点的值:A
输入左子树:
前序构建二叉树,请输入结点的值:B
输入左子树:
前序构建二叉树,请输入结点的值:D
输入左子树:
前序构建二叉树,请输入结点的值:*
输入右子树:
前序构建二叉树,请输入结点的值:*
输入右子树:
前序构建二叉树,请输入结点的值:E
输入左子树:
前序构建二叉树,请输入结点的值:*
输入右子树:
前序构建二叉树,请输入结点的值:G
输入左子树:
前序构建二叉树,请输入结点的值:*
输入右子树:
前序构建二叉树,请输入结点的值:*
输入右子树:
前序构建二叉树,请输入结点的值:C
输入左子树:
前序构建二叉树,请输入结点的值:F
输入左子树:
前序构建二叉树,请输入结点的值:*

输入右子树：
前序构建二叉树，请输入结点的值：*
输入右子树：
前序构建二叉树，请输入结点的值：*
前序构建二叉树，请输入结点的值：*
前序遍历序列是：
A, B, D, E, G, C, F,
中序遍历序列是：
D, B, E, G, A, F, C,
后序遍历序列是：
D, G, E, B, F, C, A,
层次遍历序列是：
A, B, C, D, E, F, G,

习　　题

1. 阅读下面的代码，写出代码的输出结果。

```python
def f(x,l=[]):
    for i in range(x):
        l.append(i * i)
    print l


f(2)
f(3,[3,2,1])
f(3)
```

2. 合并两个有序列表。

3. 编写函数，模拟内置函数 sorted()。

4. 删除一个 list 里面的重复元素。

5. 写出下面程序的执行结果。

```python
def main():
    lst =[2, 4, 6, 8, 10]
    lst =2 * lst
    lst[1], lst[3] =lst[3], lst[1]
    swap(lst, 2, 4)
    for i in range(len(lst) -4):
        print(lst[i], " ")
def swap(lists, ind1, ind2):
    lists[ind1], lists[ind2] =lists[ind2], lists[ind1]
main()
```

chapter 10

错误和异常处理

编写和运行 Python 程序时,不可避免地会产生错误(bug)和异常(exceptions)。Python 程序的错误指的是代码运行前的语法或者逻辑错误。语法错误是指源代码中的拼写不符合解释器和编译器所要求的语法规则,必须在程序执行前就改正。逻辑错误是程序代码可以执行,但执行结果不正确。异常是指程序的语法是正确的,在运行期间检测到的错误。错误和异常的区别:错误在执行前修改;异常在运行时产生。

10.1 程序的错误

10.1.1 常犯的 9 个错误

(1)忘记在 if、elif、else、for、while、class、def 声明末尾添加“:”,导致“SyntaxError:invalid syntax”。

```
>>>if x==1
    print('ok')
SyntaxError: invalid syntax                    #语法错误
```

(2)使用“=”而不是“==”,导致“SyntaxError:invalid syntax”。“=”是赋值操作符,而“==”是等于比较操作符。该错误发生在如下代码中:

```
>>>if x=1:
    print('ok')

SyntaxError: invalid syntax
```

(3)尝试修改 string 的值,导致“TypeError:'str' object does not support item assignment”。

string 是一种不可变的数据类型,该错误发生在如下代码中:

```
>>>lst='beautiful'
>>>lst[6]='g'                                   #试图将'f'改为'g'
Traceback (most recent call last):
```

常犯的 9 个
错误

```
   File "<pyshell#68>", line 1, in <module>
      lst[6]='g'
TypeError: 'str' object does not support item assignment
```

事实上可以这样实现你的想法：

```
>>>lst =lst[:6] +'g' +lst[7:]
>>>lst
'beautigul'
```

（4）引用超过列表索引范围，导致"IndexError：list index out of range"。

```
>>>lst=[1,2,3,4,5,6]
>>>lst[6]
Traceback (most recent call last):
  File "<pyshell#73>", line 1, in <module>
    lst[6]
IndexError: list index out of range          #列表索引超出范围，实际上最大索引是 5
```

（5）使用 Python 关键字作为变量名，导致"SyntaxError：invalid syntax"。

```
>>>if=[1,2,3,4,5,6]
SyntaxError: invalid syntax                  #在 Python 中，关键字不能用作变量名
```

（6）使用 range()创建整数列表，导致"TypeError：'range' object does not support item assignment"错误。

有时想要得到一个有序的整数列表，range()看上去是生成此列表的不错方式。注意 range()返回的是 range object，而不是 list 类型。

```
>>>lst=range(8)
>>>lst[2]=0
Traceback (most recent call last):
  File "<pyshell#87>", line 1, in <module>
    lst[2]=0
TypeError: 'range' object does not support item assignment
```

（7）错误地使用默认值参数。

在 Python 中，可以为函数的某个参数设置默认值，虽然这是一个很好的语言特性，但是当默认值是可变类型时，也会产生一些不是我们想要的结果。看下面定义的这个函数：

```
>>>def func(lst=[]):          #lst 是默认值参数，如果没有提供实参，则 lst 默认为空表[]
    lst.append("Python")
    return lst
```

很多人会认为：在每次调用函数时，如果没有传入实参，那么 lst 就会被设置为默认的空表[]，重复调用 func()函数应该会一直返回['Python']。但是，实际运行结果却是这样的：

```
>>>func()                                    #调用函数
['Python']
>>>func()                                    #调用函数
['Python', 'Python']
>>>func()                                    #调用函数
['Python', 'Python', 'Python']
```

之所以出现上述结果,在 Python 中默认值参数只会被执行一次,也就是定义该函数时。换句话说,在 Python 中调用带有默认值参数的函数时,如果没有给设置了默认值的形式参数传递实参,这个形参就将使用函数定义时设置的默认值。因此,每次 func()函数被调用时,都会继续使用 lst 参数在函数定义时设置的默认值空列表,即每次 lst 所引用的列表都是同一个列表。

一个常见的解决办法就是每次调用函数时,都传递一个空列表:

```
>>>func([])
['Python']
```

(8) 错误地使用类变量。

```
>>>class A:
    x =1                                    #定义类变量
>>>class B(A):                              #定义类 B,继承 A
    pass
>>>class C(A):                              #定义类 C,继承 A
    pass
>>>print(A.x, B.x, C.x)
1 1 1
```

这个输出结果正常。

```
>>>B.x =2                                   #B 的属性值设置为 2
>>>print(A.x, B.x, C.x)
1 2 1
```

这个输出结果也正常。

```
>>>A.x =3
>>>print(A.x, B.x, C.x)
3 2 3
```

B.x 的值是 2,为什么 C.x 的值不是 1? 这是因为:在 Python 中,类变量是以字典的形式进行处理的,由于类 C 中并没有设置 x 的值,即 C 中没有属于自己的 x 属性,C 中的 x 还是和 A 中的 x 引用同一个对象。所以,引用 C.x 实际上就是引用了 A.x。

(9) 错误理解 Python 中的变量名解析。

Python 中的变量名解析遵循 LEGB 原则,也就是按顺序查找"L(本地作用域)、E(上一层结构中 def 或 lambda 的本地作用域)、G(全局作用域)、B(内置作用域)"。规则理解起来很简单，但在实际应用中，这个原则的生效方式还是有着一些特殊之处。看下面的代码：

```
>>>x =1
>>>def func():
    x=x+2
    return x
>>>func()
Traceback (most recent call last):
  File "<pyshell#63>", line 1, in <module>
    func()
  File "<pyshell#62>", line 2, in func
    x=x+2
UnboundLocalError: local variable 'x' referenced before assignment
```

发生局部变量 x 使用之前被引用的错误。当在某个作用域内为变量赋值时，该变量被 Python 解释器自动视作该作用域的本地变量，并会取代任何上一层作用域中相同名称的变量，这里在执行 x＝x＋2 时，x 还没有被声明。

10.1.2   常见的错误类型

1. NameError 变量名错误

```
>>>print(x)
Traceback (most recent call last):
  File "<pyshell#0>", line 1, in <module>
    print(x)
NameError: name 'x' is not defined
```

解决方案：先要给 x 赋值才能使用它。在实际编写代码过程中，报 NameError 错误时，查看该变量是否被赋值，或者是否有大小写不一致错误，或者说不小心将变量名写错了。

注意：在 Python 中，无须提前声明变量，变量在第一次被赋值时自动声明。

```
>>>x=10
>>>print(x)
10
```

2. SyntaxError 语法错误

一般是代码出现错误才会报 SyntaxError 错误。

```
>>>for i in range(5):
print(i)
SyntaxError: expected an indented block          #指出需要缩进
```

```
>>>a=1
>>>print a
SyntaxError: Missing parentheses in call to 'print'    #指出缺失括号
>>>if y=='True'                                        # y=='True'后面忘写冒号
    print('Hello!')
SyntaxError: invalid syntax                            #语法错误,无效的语法
```

3. AttributeError 对象属性错误

```
>>>import sys
>>>sys.Path
Traceback (most recent call last):
  File "<pyshell#11>", line 1, in <module>
    sys.Path
AttributeError: module 'sys' has no attribute 'Path'
```

错误的原因：sys 模块没有 Path 属性。

解决方案：Python 对大小写敏感,Path 和 path 代表不同的变量,将 Path 改为 path 即可。

```
>>>sys.path                                   #不同的计算机,显示的内容可能不一样
['', 'D:\\Python\\Lib\\idlelib', 'D:\\', 'D:\\mypython', 'D:\\Python\\
python36.zip', 'D:\\Python\\DLLs', 'D:\\Python\\lib', 'D:\\Python', 'C:\\Users
\\caojie\\Desktop', 'D:\\Python\\lib\\site-packages']
```

4. TypeError 类型错误

1) 所使用的参数的类型不符合要求

试图以下面的方式输出元组 t 的所有元素：

```
>>>for i in range(t):
    print(t[i])

Traceback (most recent call last):
  File "<pyshell#20>", line 1, in <module>
    for i in range(t):
TypeError: 'tuple' object cannot be interpreted as an integer
```

错误的原因：range()函数要求括号内的数是整型(integer),但这里放入的是元组 (tuple),不符合要求。

解决方案：将括号内的 t 改为元组个数 len(t),即将 range(t)改为 range(len(t))。

2) 参数个数错误

```
>>>import math
>>>math.sqrt()
Traceback (most recent call last):
```

```
    File "<pyshell#25>", line 1, in <module>
      math.sqrt()
TypeError: sqrt() takes exactly one argument (0 given)
```

错误的原因：sqrt()函数要求接收一个参数，但这里没有放入参数。

解决方案：在括号内添加一个数值。

```
>>>math.sqrt(4.4)
2.0976176963403033
```

3）非函数却以函数来调用

```
>>>t=[1,2,3]
>>>t()
Traceback (most recent call last):
  File "<pyshell#30>", line 1, in <module>
    t()
TypeError: 'list' object is not callable
```

5. IOError 输入输出错误

1）文件不存在报错

```
>>>f=open("file1.py")
Traceback (most recent call last):
  File "<pyshell#32>", line 1, in <module>
    f=open("file1.py")
FileNotFoundError: [Errno 2] No such file or directory: 'file1.py'
```

错误的原因：open()函数没有指明打开方式 mode，默认为只读方式，如果该目录下没有 file1.py 文件，则会报错，可查看是否拼写有错误，或者是否大小写错误，或者根本不存在这个文件。

解决方案：确认文件的正确位置，在文件名前书写正确的路径。

2）文件权限问题报错

```
>>>f=open("C:/Users/caojie/Desktop/file1.py")
>>>f.write('#这是一个打印程序')
Traceback (most recent call last):
  File "<pyshell#38>", line 1, in <module>
    f.write('#这是一个打印程序')
io.UnsupportedOperation: not writable
```

错误的原因：open("C:/Users/caojie/Desktop/file1.py")打开文件时没有加读写模式参数，说明默认打开文件的方式为只读方式，而此时要写入字符，于是给出不可写的报错。

解决方案：更改打开文件的方式：

```
>>>f=open("C:/Users/caojie/Desktop/file1.py", 'w+')
>>>f.write('#这是一个打印程序')
9                                          #成功写入的字符个数是 9
```

10.2 程序的异常处理

10.2.1 异常概述

Python 程序的语法即便是正确的,在运行时也有可能发生错误。运行期间检测到的错误被称为异常,异常是 Python 的一个对象。当 Python 脚本发生异常时,人们需要捕获并处理异常,否则程序会终止执行。大多数的异常都不会被程序处理,而以错误信息的形式展现出来。

```
>>>1/0
Traceback (most recent call last):
  File "<pyshell#0>", line 1, in <module>
    1/0
ZeroDivisionError: division by zero
>>>a=a+3
Traceback (most recent call last):
  File "<pyshell#1>", line 1, in <module>
    a=a+3
NameError: name 'a' is not defined
>>>'3' +2
Traceback (most recent call last):
  File "<pyshell#2>", line 1, in <module>
    '3' +2
TypeError: must be str, not int
```

异常以不同的类型出现,这些类型都作为信息的一部分输出出来,例子中的异常类型有 ZeroDivisionError、NameError 和 TypeError。错误信息的前面部分显示了异常发生的上下文,并以调用栈的形式显示具体信息。

10.2.2 异常类型

常见的异常种类如表 10-1 所示。

表 10-1 常见的异常种类

异 常 名 称	描 述
Exception	常规错误的基类
FloatingPointError	浮点计算错误

异 常 名 称	描　　述
OverflowError	数值运算超出最大限制
ZeroDivisionError	在除数为零时发生的一个异常
AssertionError	断言语句失败
AttributeError	对象没有这个属性
IOError	输入输出异常；基本上是无法打开或写入文件
WindowsError	系统调用失败
ImportError	无法引入模块或包；基本上是路径问题或名称错误
IndexError	使用序列中不存在的索引
KeyError	试图访问字典里不存在的键
KeyboardInterrupt	Ctrl＋C 键被按下
NameError	试图访问一个没有声明的变量
UnboundLocalError	试图访问一个还未被设置的局部变量
ReferenceError	试图访问已经被垃圾回收了的对象
RuntimeError	一般的运行时错误
NotImplementedError	尚未实现的方法
SyntaxError	语法错误，指源代码中的拼写不符合解释器和编译器所要求的语法规则
IndentationError	缩进错误，代码没有正确对齐
TabError	Tab 键与空格键混用
TypeError	传入对象类型与要求的不符合
ValueError	传入一个调用者不期望的值，即使值的类型是正确的

异常处理

10.2.3　异常处理

异常是由程序的错误引起的，语法上的错误跟异常处理无关，必须在程序运行前就修正。在 Python 程序中，有时人们希望一些错误发生时程序仍能够继续运行下去，例如，存储错误和互联网请求错误。如何处理一个异常以使程序能够捕获错误并提示用户进行正确的操作？可以使用 Python 的异常处理机制来解决。

Python 提供了多种形式的异常处理结构，其基本思路都是一致的：将可能产生（抛出）异常的代码包裹在 try 子句中，然后针对不同的异常给出不同的处理。

1. try-except 异常处理结构

Python 异常处理结构中最基本的结构是 try-except 结构，其语法格式如下：

```
try:
    语句 1
    语句 2
      ⋮
    语句 n
except 异常名称:
    处理异常的代码块 } except 子句
  ⋮
```

try-except 异常处理结构的处理流程如下。

（1）执行 try 子句（在关键字 try 和关键字 except 之间的语句）。如果没有异常发生，忽略 except 子句，try 子句执行后结束。

（2）except 语句可以有多个，Python 会按 except 语句的顺序依次匹配指定的异常，如果异常的类型和 except 之后的名称相符，那么对应的 except 子句将被执行。如果异常已经处理就不会再进入后面的 except 语句。然后执行 try 语句之后的代码。

（3）except 语句后面如果不指定异常类型，则默认捕获所有异常，可以通过 sys 模块获取当前异常，即通过调用 sys.exc_info()函数，可以返回包含 3 个元素的元组，第一个元素就是引发的异常类，第二个元素是实际引发的实例，第三个元素 traceback 对象。如果一切正常，那么会返回 3 个 None。

（4）如果一个异常没有与任何的 except 子句匹配，那么这个异常将会传递给外层的 try，并显示错误类型。

注意：

① 一个 try 语句可包含多个 except 子句，分别来处理不同的特定的异常，但最多只有一个分支会被执行。

② 一个 except 子句可以同时处理多个异常，这些异常将被放在一个括号里成为一个元组。例如：

```
x =eval(input('input x:'))
y =eval(input('input y:'))
try:
   print('x/y=',x/y)
except (ZeroDivisionError,TypeError,NameError) as a:  #捕捉多个可能的异常
    print('异常:', a)
```

在 IDLE 中运行的结果如下：

```
input x:1
input y:0
异常: division by zero
```

注意 except ＊ as a 的写法，a 是一个变量，将异常 ＊ 重命名为 a，可以用 print()函数把 a 输出。

【例 10-1】 异常使用举例。（except_test0.py）

```
a=1
b=0
try:
    c=a/b
    print(c)
except ZeroDivisionError:
    print("ZeroDivisionError")
print("程序中发生了异常!")
```

except_test0.py 在 IDLE 中运行的结果如下：

```
ZeroDivisionError
程序中发生了异常!
```

这样程序就不会因为异常而中断，从而 print("程序中发生了异常!")语句正常执行。

【例 10-2】 下面再给出一个异常使用举例。

```
>>>while True:
    try:
        x =int(input("请输入一个数字: "))
        break
    except ValueError:
        print("输入错误!这不是一个有效的数字,请继续:")

请输入一个数字: a
输入错误!这不是一个有效的数字,请继续:
请输入一个数字: s
输入错误!这不是一个有效的数字,请继续:
请输入一个数字: 6
```

2. try-except-finally 异常处理结构

```
try:
    <code block>
except <ExceptionType_1>:
    <handler_1>
except <ExceptionType_2>:
    <handler_2>
 ⋮
except <ExceptionType_n>:
    <handler_n>
except:                                 #except 后无任何参数,则捕获其他所有异常
    <handlerExcept>
finally:
    <process_finally>
```

在上述结构中,一个 try 语句包含多个 except 子句,分别来处理不同的特定的异常。多个 except 语句与 elif 语句类似。当一个异常出现时,它会被顺序检查是否匹配 try 子句后的 except 子句中的异常。如果找到一个匹配,那么对应的 except 子句将被执行,而其他 except 子句将会忽略。如果异常在最后一个 except 子句之前不匹配任何一个异常类型,最后一个 except 子句的<handlerExcept>才会被执行。

最后的 finally 子句,无论是否发生异常都会执行这个子句,主要用来做收尾工作,如关闭前面打开的文件,这样就可保证前面打开的文件一定会被关闭。

【例 10-3】　下面给出一个使用 try-except-finally 异常处理结构的例子。(except_test.py)

```python
def except_test():
    while True:
        try:
            num1, num2 = eval(input("请输入两个数,并以英文状态下的逗号隔开:"))
            result =  num1/num2
            print("{0}/{1}={2}".format(num1,num2,result))
            break
        except ZeroDivisionError:
            print("0 不能作为除数!")
        except SyntaxError:
            print("逗号可能遗失,逗号可能写成中文状态下的逗号了!")
        except:
            print("输入的内容可能不是数!")
        finally:
            print("finally 子句被执行!")


except_test()                                   #调用 except_test()函数
```

except_test.py 在 IDLE 中运行的结果如下:

```
请输入两个数,并以英文状态下的逗号隔开:1,2
逗号可能遗失,逗号可能写成中文状态下的逗号了!
finally 子句被执行!
请输入两个数,并以英文状态下的逗号隔开:1,0
0 不能作为除数!
finally 子句被执行!
请输入两个数,并以英文状态下的逗号隔开:a,s
输入的内容可能不是数!
finally 子句被执行!
请输入两个数,并以英文状态下的逗号隔开:1,2
1/2=0.5
finally 子句被执行!
```

从运行结果可以看出:

当输入"1,2"时，就会抛出一个 SyntaxError 异常，这个异常会被 except SyntaxError 子句捕捉并处理，然后执行 finally 子句。

当输入"1,0"时，就会抛出一个 ZeroDivisionError 异常，这个异常会被 except ZeroDivisionError 子句捕捉并处理，然后执行 finally 子句。

当输入"a,s"时，就会抛出一个异常，这个异常就会被 except 子句捕捉并处理，然后执行 finally 子句。

当输入"1,2"时，程序会计算这个除法并显示结果，然后执行 finally 子句。

3. try-except-else-finally 异常处理结构

```
try:
    <code block>
except <ExceptionType_1>:
    <handler_1>
except <ExceptionType_2>:
    <handler_2>
    ⋮
except <ExceptionType_n>:
    <handler_n>
except:
    <handlerExcept>
else:
    <process_else>
finally:
    <process_finally>
```

在上述结构中，正常执行的程序在 try 下面的＜code block＞代码块中执行，在执行过程中如果发生了异常，则中断当前在＜code block＞代码块中的执行跳转到对应的异常处理块中开始执行，Python 从第一个 except ＜ExceptionType_1＞处开始查找，如果找到了对应的 exception 类型则进入其提供的＜handler_＞中进行处理，如果没有找到则直接进入 except 块处进行处理。

如果＜code block＞代码块执行过程中没有发生任何异常，则在执行完＜code block＞代码块后会进入 else 的＜process_else＞代码块中执行。

最后的 finally 子句，用来做收尾工作，无论是否发生了异常，都会执行这个子句。

注意：

（1）在 try-except-else-finally 异常处理结构中，所出现的顺序必须是 try→except ＊→except→else→finally，即所有的 except 必须在 else 和 finally 之前，else（如果有的话）必须在 finally 之前，而 except ＊ 必须在 except 之前，否则会出现语法错误。

（2）在 try-except-else-finally 异常处理结构中，else 和 finally 都是可选的，而不是必需的，但是如果存在的话 else 必须在 finally 之前，finally（如果存在的话）必须在整个语句的最后位置。

（3）在 try-except-else-finally 异常处理结构中，else 语句的存在必须以 except ＊或者 except 语句为前提，如果在没有 except 语句的异常处理结构中使用 else 语句会引发语法错误。也就是说 else 不能与 try-finally 配合使用。

【例 10-4】　下面举一个带有 else 的异常处理的例子。（else_test.py）

```python
def main():
    s1 = input("请输入一个数:")
    try:
        int(s1)
    except IndexError:
        print("IndexError")
    except KeyError:
        print("KeyError")
    except ValueError:
        print("ValueError")
    else:
        print('try 子句没有异常则执行我')
    finally:
        print('无论异常与否,都会执行该模块,通常是进行收尾工作')

main()
```

else_test.py 在 IDLE 中运行的结果如下：

```
请输入一个数:12
try 子句没有异常则执行我
无论异常与否,都会执行该模块,通常是进行收尾工作
```

10.2.4　主动抛出异常

如果需要主动抛出异常，可以使用 raise 关键字，其语法规则如下：

```
raise NameError([str])
```

raise 后面跟异常的类型，括号里面可以指定要抛出的异常示例。

```
>>>raise NameError('试图访问一个没有声明的变量!')
Traceback (most recent call last):
  File "<pyshell#4>", line 1, in <module>
    raise NameError('试图访问一个没有声明的变量!')
NameError: 试图访问一个没有声明的变量!
```

【例 10-5】　使用 raise 强制抛出一个异常。

```python
a = 3
if a!=2:
    try:
```

```
        raise KeyError
    except KeyError:
        print('这是主动抛出的一个异常')
else:
    print(a)
```

上述程序代码在 IDLE 中运行的结果如下：

这是主动抛出的一个异常

在上面这个例子中，a!＝2 并没有执行 else 语句，这是因为 a!＝2 时使用了 raise 语句主动抛出异常终止程序。

raise 如果用在 try-except 结构中，那么会直接抛出异常，并终止程序运行，但不影响 finally 子句的执行。

【例 10-6】　raise 在 try-except 结构中的使用举例。（test_raise.py）

```
while True:
    try:
        a =eval(input('请输入一个数：'))
        b =eval(input('请输入一个数：'))
        print("{0}/{1}={2}".format(a,b,a/b))
    except Exception as e:                  #捕获异常
        print('发生错误')
        print('Exception:',e)
        raise e
    finally:
        print('没有错误发生')
```

test_raise.py 在 IDLE 中运行的结果如下：

```
请输入一个数：1
请输入一个数：2
1/2=0.5
没有错误发生
请输入一个数：1
请输入一个数：0
发生错误
Exception: division by zero
没有错误发生
Traceback (most recent call last):
  File "<pyshell#14>", line 9, in <module>
    raise e
  File "<pyshell#14>", line 5, in <module>
    print("{0}/{1}={2}".format(a,b,a/b))
ZeroDivisionError: division by zero
```

从上述执行结果可以看出：当没有异常发生时，循环输入一直进行下去，当有异常发生时,则执行完 finally 子句后抛出异常,并终止程序运行。

10.2.5　自定义异常类

Python 提供了许多异常类,Python 内置异常类之间的层次结构如下:

```
BaseException
+--SystemExit
+--KeyboardInterrupt
+--GeneratorExit
+--Exception
     +--StopIteration
     +--StandardError
     |    +--BufferError
     |    +--ArithmeticError
     |    |    +--FloatingPointError
     |    |    +--OverflowError
     |    |    +--ZeroDivisionError
     |    +--AssertionError
     |    +--AttributeError
     |    +--EnvironmentError
     |    |    +--IOError
     |    |    +--OSError
     |    |         +--WindowsError (Windows)
     |    |         +--VMSError (VMS)
     |    +--EOFError
     |    +--ImportError
     |    +--LookupError
     |    |    +--IndexError
     |    |    +--KeyError
     |    +--MemoryError
     |    +--NameError
     |    |    +--UnboundLocalError
     |    +--ReferenceError
     |    +--RuntimeError
     |    |    +--NotImplementedError
     |    +--SyntaxError
     |    |    +--IndentationError
     |    |         +--TabError
     |    +--SystemError
     |    +--TypeError
     |    +--ValueError
     |         +--UnicodeError
     |              +--UnicodeDecodeError
     |              +--UnicodeEncodeError
```

```
|              +--UnicodeTranslateError
+--Warning
    +--DeprecationWarning
    +--PendingDeprecationWarning
    +--RuntimeWarning
    +--SyntaxWarning
    +--UserWarning
    +--FutureWarning
    +--ImportWarning
    +--UnicodeWarning
    +--BytesWarning
```

从中可以看到 Python 的异常类有个大基类 BaseException：

```
try:
    ⋮
except Exception:
    ⋮
```

这个将会捕获除了 SystemExit、KeyboardInterrupt 和 GeneratorExit 之外的所有异常。如果也想捕获这 3 个异常，只需将 Exception 改成 BaseException 即可。

在开发应用程序时，有可能需要定义针对应用程序的特定的异常类，表示应用程序的一些错误类型。对此，可以自定义针对特定应用程序的异常类，自定义异常类也必须继承 Exception 或它的子类。自定义异常类的命名规则：以 Error 或 Exception 为后缀。

【例 10-7】 自定义异常类 ScoreException，用于处理求一个学生的平均分的应用程序中出现成绩为负数的异常。（ScoreException.py）

```python
class ScoreException(Exception):
    def __init__(self, score):
        self.score = score
    def __str__(self):
        return str(self.score) + ":成绩不能为负数"


def score_average(score):
    length = len(score)
    score_sum = 0
    for k in score:
        if k < 0:
            raise ScoreException(k)
        score_sum += k
    return score_sum/length


score1 = [78, 89, 92, 80]
print("平均分=", score_average(score1))
score2 = [88, 80, 96, 85, 91, -87]
```

```
print("平均分=",score_average(score2))
```

ScoreException.py 在 IDLE 中运行的结果如下：

```
平均分=84.75
Traceback (most recent call last):
  File "C:/Users/caojie/Desktop/ ScoreException.py", line 20, in <module>
    print("平均分=",score_average(score2))
  File "C:/Users/caojie/Desktop/ ScoreException.py", line 12, in score_average
    raise ScoreException(k)
ScoreException: -87:成绩不能为负数
```

10.3 断 言 处 理

10.3.1 断言处理概述

编写程序时，在调试阶段往往需要判断代码执行过程中变量的值等信息（例如，对象是否为空，数值是否为 0 等）。断言的主要功能是帮助程序员调试程序，更改错误，从而保证程序运行的正确性，一般在开发调试阶段使用。

Python 使用关键字 assert 声明断言，assert 声明断言的语法格式如下：

```
assert <布尔表达式>                          #简单形式
assert <布尔表达式>, <字符串表达式>           #带参数的形式
```

其中，<布尔表达式>的结果是一个布尔值（True 或 False），<字符串表达式>是<布尔表达式>结果为 False 时输出的提示信息。在调试时，如果<布尔表达式>的值为 False，就会抛出 AssertionError 异常。发生异常也意味着<布尔表达式>的值为 False。

下面给出断言的使用举例：

```
>>>a_str ='this is a string'
>>>assert type(a_str)==str, "a_str 的值不是字符串类型"   #为真,没有输出
>>>a_str =10
>>>assert type(a_str)==str, "a_str 的值不是字符串类型"   #为假,输出逗号后边的语句
Traceback (most recent call last):
  File "<pyshell#21>", line 1, in <module>
    assert type(a_str)==str, "a_str 的值不是字符串类型"   #为假,输出逗号后边的语句
AssertionError: a_str 的值不是字符串类型
```

【例 10-8】 断言示例。（assert_test.py）

```
import math
a=int(input('输入一个数值,求这个数的平方根:'))
assert a>=0,"负数没有平方根"
b =math.sqrt(a)
print("%a 的平方根是:%f"%(a,b))
```

assert_test.py 在 IDLE 中运行的结果如下：

```
===============RESTART: D:/Python/ assert_test.py =============
输入一个数值,求这个数的平方根:4
4 的平方根是:2.000000
===============RESTART: D:/Python / assert_test.py =============
输入一个数值,求这个数的平方根:-4
Traceback (most recent call last):
AssertionError: 负数没有平方根
```

10.3.2 启用/禁用断言

Python 解释器有两种运行模式：调试模式和优化模式。Python 解释器通常运行在调试模式下,在该模式下程序中的断言语句可以帮助调试程序中的错误,在命令行界面调试执行 *.py 文件的语法格式是 python *.py。添加-O 选项运行 *.py 文件时为优化模式,程序中的断言将不会执行,即在该模式下断言被禁用。assert_test.py 在两种运行模式下的执行效果如图 10-1 所示。

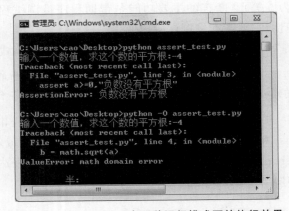

图 10-1   assert_test.py 在两种运行模式下的执行效果

10.3.3 断言使用场景

什么时候应该使用断言,并没有特定的规则,如果没有特别的目的,断言常用于下述场景。

（1）防御性的编程。

（2）运行时对程序逻辑的检查。

（3）合约性检查（例如前置条件、后置条件）。

（4）程序中的常量。

程序中的不变量是一些语句要依赖它为真的情况才执行,除非一个 bug 导致它为假。如果有 bug,最好能够尽早发现,为此就必须对它进行测试,若不想减慢代码运行速度,这时就可以用断言完成这件事情,因为断言能在开发时打开,在产品阶段关闭,该方面的一个例子如下(assert_test1.py)：

```
pass_total =0
fail_total =0
while True:
    data=int(input('请输入一个考试分数:'))
    assert not(data>100 or data<0),"输入的分数不合法,分数应为 0～100"
    if data>=60:
        pass_total+=1
        print("当前及格人数是:",pass_total)
    else:
        fail_total+=1
        print("当前不及格人数是:",fail_total)
```

assert_test1.py 在 IDLE 中运行的结果如下：

```
===========RESTART: C:\Users\cao\Desktop\assert_test1.py ===========
请输入一个考试分数:89
当前及格人数是: 1
请输入一个考试分数:56
当前不及格人数是: 1
请输入一个考试分数:101
Traceback (most recent call last):
  File "C:\Users\cao\Desktop\assert_test1.py", line 5, in <module>
    assert not(data>100 or data<0),"输入的分数不合法,分数应为 0～100"
AssertionError: 输入的分数不合法,分数应为 0～100
==========RESTART: C:\Users\cao\Desktop\assert_test1.py ============
请输入一个考试分数:-52
Traceback (most recent call last):
  File "C:\Users\cao\Desktop\assert_test1.py", line 5, in <module>
    assert not(data>100 or data<0),"输入的分数不合法,分数应为 0～100"
AssertionError: 输入的分数不合法,分数应为 0～100
```

断言是一种防御式编程,它不是让代码防御现在的错误,而是防止在代码修改后可能引发的错误。断言式的内部检查是一种消除错误的方式,尤其是那些不明显的错误。

【例 10-9】　下面给出一个使用断言进行防御式编程的例子。

```
assert key in (a, b, c)  #可保证 key 在 a、b 或 c 之中取值,否则触发异常
if key ==x:
    x_ code_block
elif key ==y:
    y_ code_block
else:
    assert key ==z      #保证前两个选择不成功时,else 执行的是 z_ code_block 代码块
    z_ code_block
```

10.4　程序的调试方法

程序调试是在将编制的程序投入实际运行前，用手工或编译程序等方法进行测试、修正语法错误和逻辑错误的过程。Python 提供了一系列排除程序故障（debug）的工具和包，可供选择。

10.4.1　使用 print 调试

该方法就是用 print 把可能有问题的变量输出进行查看，看是否存在错误：

```
def func(x):
  n =eval(x)
  print("除数 n =",n)    #添加 print 语句
  return 12/n

def main():
  func('0')

main()
```

执行后在输出中查看变量值：

```
除数 n =0
Traceback (most recent call last):
  File "C:/Users/caojie/Desktop/1.py", line 9, in <module>
    main()
  File "C:/Users/caojie/Desktop/1.py", line 7, in main
    func('0')
  File "C:/Users/caojie/Desktop/1.py", line 4, in func
    return 12/n
ZeroDivisionError: division by zero
```

从中看出 0 作为了除数，这不符合除法运算的要求，有错误，应该修改。

用 print 最大的麻烦是将来还得删掉它，若程序里到处都是 print，运行结果就会包含很多垃圾信息。

10.4.2　使用 IDLE 调试

Python 标准开发环境 IDLE 提供了程序代码调试功能，使用 IDLE 调试代码的步骤如下。

1. 进入调试模式

选择 IDLE 的菜单 Debug→Debugger 命令，打开调试器窗口，如图 10-2 所示，并进入

调试模式。

Debug Control
Go
Step
Over
Out
Quit
Stack
Source
Locals
Globals
(None)
Locals
None

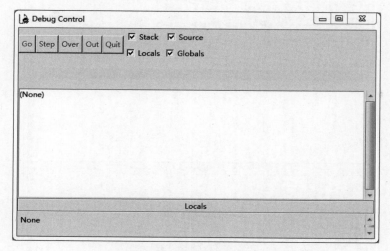

图 10-2 调试器窗口(一)

2. 运行要调试的代码文件

选择 File→Open 命令打开要调试的 test_while.py 文件，test_ while.py 的内容如图 10-3 所示。test_ while.py 要求输出最小的 50 个素数，每行 10 个。选择 Run→Run module F5 命令，这时调试器窗口如图 10-4 所示。

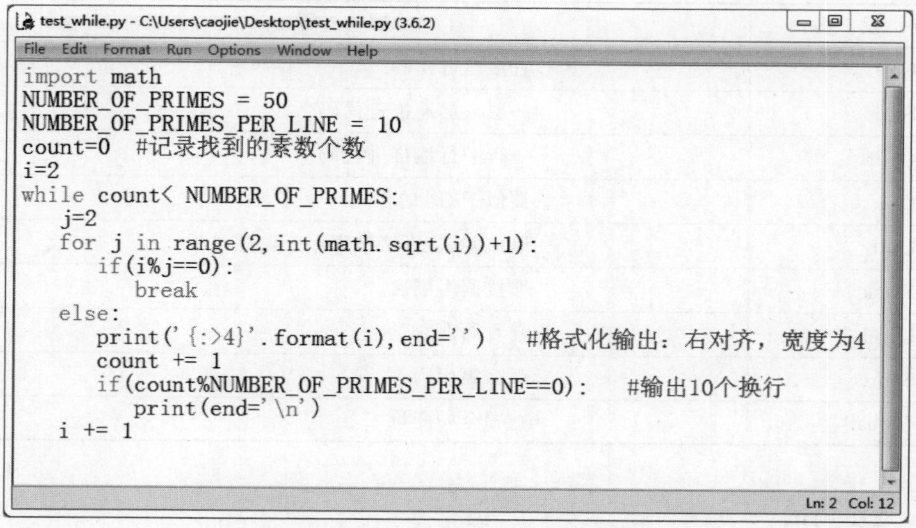

test_while.py - C:\Users\caojie\Desktop\test_while.py (3.6.2)
File Edit Format Run Options Window Help
import math
NUMBER_OF_PRIMES = 50
NUMBER_OF_PRIMES_PER_LINE = 10
count=0 #记录找到的素数个数
i=2
while count< NUMBER_OF_PRIMES:
j=2
for j in range(2, int(math.sqrt(i))+1):
if(i%j==0):
break
else:
print('{:>4}'.format(i), end='') #格式化输出：右对齐，宽度为4
count += 1
if(count%NUMBER_OF_PRIMES_PER_LINE==0): #输出10个换行
print(end='\n')
i += 1
Ln: 2 Col: 12

图 10-3 test_while.py 的内容

这时可以看到调试窗口显示出了数据，然后在调试器窗口使用其中的控制按钮进行逐步调试，实时查看变量的当前值并跟踪变化过程，窗口中的字段含义如表 10-2 所示。

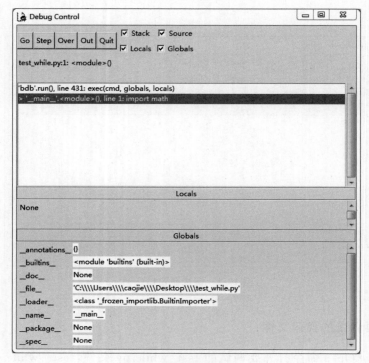

图 10-4   调试器窗口（二）

表 10-2   窗口中的字段含义

字 段 名	解 释
Go	直接运行代码
Step	一层一层地推进代码
Over	一行一行地推进代码
Out	类似于 Go 的作用
Quit	退出调试，直接结束整个调试过程
Stack	堆栈调用层次
Locals	查看局部变量
Source	跟踪源代码
Globals	查看全局变量

3. 逐步调试

使用 Step 按钮对程序进行逐步调试，调试过程中的部分截图如图 10-5～图 10-7 所示。可以发现，在调试过程中执行了很多不属于 test_while.py 程序的代码，这是因为调用标准库函数时会自动进入标准库并执行其中的代码。如果不想进入和执行标准库代码，可以使用 Over 按钮。

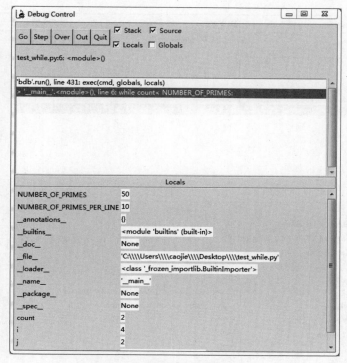

图 10-5 调试过程截图（一）

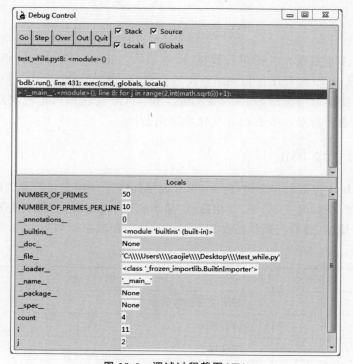

图 10-6 调试过程截图（二）

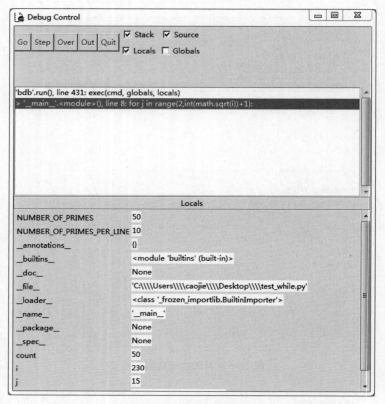

图 10-7　调试过程截图（三）

　　此外,如果不想对整个代码进行调试,可在 test_while.py 程序代码中在需要调试的代码行处设置断点,下次程序运行到断点位置会自动中断。设置方式:选中一行代码,右击,在弹出的快捷菜单中选择 Set Breakpoint。单击 Go 按钮即可运行到断点处(一次运行所有行,直到遇到断点),单击 Out 按钮跳出函数体。

10.4.3　使用 pdb 调试

　　pdb 是 Python 自带的一个包,为 Python 程序提供了一种交互的源代码调试功能,主要特性包括设置/清除断点、启用/禁用断点、单步调试、进入函数调试、查看变量值、查看当前代码、查看栈帧、查看当前执行位置等。pdb 常用调试命令如表 10-3 所示。

表 10-3　pdb 常用调试命令

完整命令	简写命令	描　　述
args	a	显示当前函数的参数
break	b	设置断点
clear	cl	清除断点

续表

完整命令	简写命令	描　述
condition	无	设置条件断点
continue	c	继续运行，直到遇到断点或者脚本结束
disable	无	禁用断点
enable	无	启用断点
help	h	查看 pdb 帮助
ignore	无	忽略断点
jump	j	跳转到指定行继续运行
list	l	列出脚本清单
next	n	执行下条语句，遇到函数时不进入其内部
print	p	打印变量值
quit	q	退出 pdb 调试环境
return	r	一直运行至当前函数返回
tbreak	无	设置临时断点，断点只中断一次
step	s	执行下一条语句，遇到函数进入其内部
where	w	查看所在的位置，即查看当前栈帧
!	无	在 pdb 中执行语句，"!"与要执行的语句之间不需要空格

使用 pdb 调试 Python 程序的方式主要有 3 种。

1. 命令行调试

命令行启动拟要调试的程序，假定要调试的程序文件是 test_pdb.py，执行时要加上 -m 参数，这种方式调试 test_pdb.py，默认断点就是程序执行的第一行之前，语法格式如下：

```
python -m pdb test_pdb.py
```

【例 10-10】　求 2～n 的所有素数。（computing_prime.py）

```
import math
def prime(n):                          #定义一个判断一个数是否素数的函数
    if n%2 ==0:
        return n==2
    if n%3 ==0:
        return n==3
    if n%5 ==0:
        return n==5
```

```
        for p in range(7,int(math.sqrt(n))+1,2):    #只考虑奇数作为可能因子
            if n%p ==0:
                return 0
        return 1

n =int(input("请输入大于 1 的正整数:"))
print('2~%d 的素数有: '%(n+1))
for i in range(2,n+1):                              #1 不是素数,从 2 开始
    if prime(i):
        print(i)
```

通过命令行调试 computing_prime.py，computing_prime.py 文件放在 C：\Users\ cao\Desktop 目录下，先运行下面命令：

```
C:\Users\cao\Desktop>python -m pdb computing_prime.py
```

然后输入相关调试命令，调试过程如下：

```
C:\Users\cao\Desktop>python -m pdb computing_prime.py
>c:\users\cao\desktop\computing_prime.py(1)<module>()
->import math
(Pdb) list                              #运行上面命令后停在这里,list 默认只列出 11 行
  1  ->import math
  2     def prime(n):                    #定义一个判断一个数是否素数的函数
  3         if n%2 ==0:
  4             return n==2
  5         if n%3 ==0:
  6             return n==3
  7         if n%5 ==0:
  8             return n==5
  9         for p in range(7,int(math.sqrt(n))+1,2):    #只考虑奇数作为可能因子
 10             if n%p ==0:
 11                 return 0
(Pdb) list 12,18                                          #使用 list 命令,列出 12~18 行
 12         return 1
 13
 14     n =int(input("请输入大于 1 的正整数:"))
 15     print('2~%d 的素数有: '%(n))
 16     for i in range(2,n+1):                            #1 不是素数,从 2 开始
 17         if prime(i):
 18             print(i)
(Pdb) b 16                                                #使用 break 命令设置断点
Breakpoint 1 at c:\users\cao\desktop\computing_prime.py:16#返回断点编号 16
(Pdb) b 2
Breakpoint 2 at c:\users\cao\desktop\computing_prime.py:2
(Pdb) c                                                   #使用 c 命令运行程序
```

```
>c:\users\cao\desktop\computing_prime.py(2)<module>()      #停在第 2 行断点处
->def prime(n):                                #定义一个判断一个数是否素数的函数
(Pdb) c
请输入大于 1 的正整数:23
2~23 的素数有:
>c:\users\cao\desktop\computing_prime.py(16)<module>()    #停在第 16 行断点处
->for i in range(2,n+1):                        #1 不是素数,从 2 开始
(Pdb) c
2
>c:\users\cao\desktop\computing_prime.py(16)<module>()
->for i in range(2,n+1):                        #1 不是素数,从 2 开始
(Pdb) print(i)                                  #使用 print 输出变量 i 的值
2
(Pdb) c                                         #使用 c 命令继续运行程序
3
>c:\users\cao\desktop\computing_prime.py(16)<module>()
->for i in range(2,n+1):                        #1 不是素数,从 2 开始
(Pdb) c
>c:\users\cao\desktop\computing_prime.py(16)<module>()
->for i in range(2,n+1):                        #1 不是素数,从 2 开始
(Pdb) n
>c:\users\cao\desktop\computing_prime.py(17)<module>()
->if prime(i):
(Pdb) n
>c:\users\cao\desktop\computing_prime.py(18)<module>()
->print(i)
(Pdb) cl                                        #清除所有断点,输入 y 确认
Clear all breaks? y
Deleted breakpoint 1 at c:\users\cao\desktop\computing_prime.py:16
Deleted breakpoint 2 at c:\users\cao\desktop\computing_prime.py:2
(Pdb) c                                         #使用 c 命令继续运行程序
5
7
11
13
17
19
23
The program finished and will be restarted
>c:\users\cao\desktop\computing_prime.py(1)<module>()
->import math
(Pdb) q                                         #使用 quit,其缩写为 q,退出 pdb 调试
```

2. 交互环境调试

在交互模式下使用 pdb 模块提供的命令可以直接调试语句块、表达式、函数等，常用的调试命令有 3 个。

(1) pdb.run(statement[，globals[，locals]])：调试指定语句块。statement 为要调试的语句块，以字符串的形式表示；globals 为可选参数，设置 statement 运行的全局环境变量；locals 为可选参数，设置 statement 运行的局部环境变量。

```
>>>import pdb                           #导入 pdb 调试模块
>>>pdb.run('''                          #调用 run()函数执行一个 for 循环
for i in range(10):                     #语句块的第 2 行
    print("i * * 2 的值为:",i * * 2)      #语句块的第 3 行
    print(i,"执行了 print 行")            #语句块的第 4 行
    ''')
><string>(2)<module>()                  #下次要操作的行是第 2 行
(Pdb) n                                 # (Pdb)为调试命令提示符,表示可输入调试命令
><string>(3)<module>()                  #下次要操作的行是第 3 行
(Pdb) n                                 #n 表示执行下一行,这里要执行的行是第 3 行
i * * 2 的值为: 0                         #第 3 行的执行结果
><string>(4)<module>()                  #下次要操作的行是第 4 行
(Pdb) n                                 #n 表示执行下一行,这里要执行的行是第 4 行
0 执行了 print 行                         #第 4 行的执行结果
><string>(2)<module>()                  #下次要操作的行是第 2 行
(Pdb) n                                 #n 表示执行下一行,这里要执行的行是第 2 行
><string>(3)<module>()                  #下次要操作的行是第 3 行
(Pdb) n                                 #n 表示执行下一行,这里要执行的行是第 3 行
i * * 2 的值为: 1                         #第 3 行的执行结果
><string>(4)<module>()                  #下次要操作的行是第 4 行
(Pdb) n                                 #n 表示执行下一行,这里要执行的行是第 4 行
1 执行了 print 行                         #第 4 行的执行结果
><string>(2)<module>()
(Pdb) continue                          #继续运行程序至程序结束
i * * 2 的值为: 4
2 执行了 print 行
i * * 2 的值为: 9
3 执行了 print 行
i * * 2 的值为: 16
4 执行了 print 行
i * * 2 的值为: 25
5 执行了 print 行
i * * 2 的值为: 36
6 执行了 print 行
i * * 2 的值为: 49
```

```
7 执行了 print 行
i * * 2 的值为: 64
8 执行了 print 行
i * * 2 的值为: 81
9 执行了 print 行
```

（2）pdb.runeval（表达式）：调试指定表达式，以字符串的形式表示，返回表达式的值。

```
>>>import pdb                        #导入 pdb 模块
>>>a=1
>>>b=2
>>>pdb.runeval("a+b")                #调用 runeval()函数来调试表达式 a+b
><string>(1)<module>()
(Pdb) n                              #进入调试状态,使用 n 命令,单步执行
--Return--
><string>(1)<module>()->3
(Pdb) n                              #单步执行
3                                    #返回表达式的值

>>>pdb.runeval('5 * 6/0')            #使用 runeval()函数来调试表达式 5 * 6/0
><string>(1)<module>()->3
(Pdb) n
ZeroDivisionError: division by zero
><string>(1)<module>()->3
(Pdb) n
--Return--
><string>(1)<module>()->None
(Pdb) n                              #使用 n命令单步执行
Traceback (most recent call last):   #最后返回异常信息
  File "<pyshell#4>", line 1, in <module>
    pdb.runeval('5 * 6/0')           #使用 runeval()函数来调试表达式 5 * 6/0
  File "D:\Python\lib\pdb.py", line 1575, in runeval
    return Pdb().runeval(expression, globals, locals)
  File "D:\Python\lib\bdb.py", line 447, in runeval
    return eval(expr, globals, locals)
  File "<string>", line 1, in <module>
ZeroDivisionError: division by zero
```

（3）pdb.runcall（函数名）：调试指定函数。
使用 help 来查看 runcall()函数的用法：

```
>>>import pdb
>>>help(pdb.runcall)
Help on function runcall in module pdb:
runcall( * args, * * kwds)
```

参数的含义：args 和 kwds 是两个可变长度参数。在定义函数时主要有两种形式：args 参数是一个元组参数，用来接收任意多个实参并将其放在一个元组中。kwds 参数是个字典参数（"键：值"对参数），用来接收类似于关键字参数一样显示赋值形式的多个实参并将其放入字典中。

```
>>>def sum( * args):                    #args 为可变长度参数,可接收任意多个实参
    total_sum= 0
    for arg in args:
        total_sum+=arg
    return total_sum
>>>pdb.runcall(sum, 1,2,3,4,5)          #使用 runcall()调试函数 sum()
><pyshell#2>(2) sum()
(Pdb) n                                 #进入调试状态,单步执行
><pyshell#2>(3) sum()
(Pdb) n                                 #单步执行
><pyshell#2>(4) sum()
(Pdb) print(total_sum)                  #使用 print 输出 total_sum 的值
0
(Pdb) continue                          #继续执行
15
```

3. 嵌入断点调试

在程序中导入 pdb 模块,然后使用 pdb.set_trace()在需要的位置设置断点：

```
a =1
b =2
import pdb
pdb.set_trace()
c =a +b
print(c)
```

将上述代码保存为 test_pdb.py,然后正常运行该程序文件：python test_pdb.py,到了 pdb.set_trace()那里就会停下来,然后就可以看到调试的提示符（Pdb）,运行结果如图 10-8 所示。

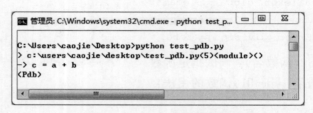

图 10-8 test_pdb.py 命令行执行结果

按下 N＋Enter 键可以执行当前的语句,在第一次按下 N＋Enter 键之后可以直接按

Enter 键表示重复执行上一条命令。最终执行结果如图 10-9 所示。

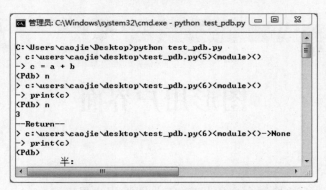

图 10-9   test_pdb.py 命令行执行的最终结果

<h1 style="text-align:center">习   题</h1>

1. Python 的异常处理结构有哪几种形式？

2. 异常和错误有什么区别？

3. 如何声明断言？断言的作用是什么？

4. 简述 IDLE 调试代码的步骤。

5. try 语句一般有哪几种可能的形式？

6. 简述 try-except-finally 中各语句的作用和用法。

7. 简述 pdb 调试 Python 程序的主要方式。

8. 定义一个函数 func(alist)，alist 为列表

$$alist=[33,88,51,22,44,11,44,55,33,26,13,124,11,446]$$

返回一个列表包含小于 100 的偶数，并且用 assert 来断言返回结果和类型。

图形用户界面

相对于字符界面的控制台应用程序,基于图形用户界面(Graphical User Interface,GUI,又称图形用户接口)的应用程序可以提供丰富的用户交互界面,更容易实现复杂功能的应用程序。图形用户界面是一种人与计算机通信的界面显示格式,允许用户使用鼠标等输入设备操纵屏幕上的图标或菜单选项,以选择命令、调用文件、启动程序。图形用户界面由窗口、下拉菜单、对话框及其相应的控制机制构成。

11.1　图形界面开发库

Python 提供了多个用于图形界面开发的库,几个常用的开发库如下。

1. Tkinter 图形用户界面库

Tkinter(Tk interface, Tk 接口)是 Tk 图形用户界面工具包标准的 Python 接口。Tkinter 是 Python 的标准 GUI 库,支持跨平台的图形用户界面应用程序开发,支持 Windows、Linux、UNIX 和 Macintosh 系统。

Tkinter 的优点是简单易用、与 Python 的结合度好。不足之处是缺少合适的可视化界面设计工具,需要通过代码来完成窗口设计和元素布局。

Tkinter 适用于小型图形界面应用程序的快速开发,本书基于 Tkinter 阐述图形用户界面应用程序开发的主要流程。

2. wxPython 图形用户界面库

wxPython 是 Python 语言的一套优秀的 GUI 库,适用于大型应用程序开发。wxPython 是优秀的跨平台 GUI 库 wxWidgets 的 Python 封装,并以 Python 模块的方式提供使用。Python 程序员通过 wxPython 可以很方便地创建完整的、功能健全的 GUI。

3. PyQt 图形用户界面库

PyQt 模块是 Qt 图形用户界面工具包标准的 Python 接口,适用于大型应用程序开发。PyQt 实现了大约 440 个类及 6000 多种功能和方法,其中包括大量的 GUI 小部件、用于访问 SQL 数据库的类、文本编辑器小部件、XML 解析器、SVG 支持等。

4. Jython 图形用户界面库

Jython 是 Python 的 Java 实现,Jython 不仅提供了 Python 的库,同时也提供了所有的 Java 类,可使用 Java 的 Swing 技术构建图形用户界面程序。

11.2 Tkinter 图形用户界面库

Tkinter 图形
用户界面库

11.2.1 Tkinter 概述

Tkinter 图形用户界面库包含创建各种 GUI 的组件类,Tkinter 提供的核心组件类如表 11-1 所示。

表 11-1　Tkinter 提供的核心组件类

构　　件	描　　述
Label	标签,用来显示文本和图片
Button	按钮,类似标签,但提供额外的功能,例如鼠标掠过、按下、释放
Canvas	画布,提供绘图功能,可以包含图形或位图
Checkbutton	选择按钮。一组方框,可以选择其中的任意个
Entry	单行文本框
Frame	框架,在屏幕上显示一个矩形区域,多用来作为容器
Listbox	列表框,一个选项列表,用户可以从中选择
Menu	菜单,单击菜单按钮后弹出一个选项列表,用户可以从中选择
Message	消息框,用来显示多行文本,与 Label 比较类似
Radiobutton	单选按钮。一组按钮,其中只有一个可被"按下"
Scale	进度条,线性"滑块"组件,可设定起始值和结束值,会显示当前位置的精确值
Scrollbar	滚动条,对其支持的组件(文本域、画布、列表框、文本框)提供滚动功能
Text	文本域,多行文字区域,可用来收集(或显示)用户输入的文字
Toplevel	一个容器窗口部件,作为一个单独的、最上面的窗口显示

表 11-1 中大部分组件所共有的属性如表 11-2 所示。

表 11-2　大部分组件所共有的属性

属性名(别名)	说　　明
background(bg)	设定组件的背景色
borderwidth(bd)	设定边框宽度
font	设定组件内部文本的字体

属性名（别名）	说　　明
foreground(fg)	指定组件的前景色
relief	设定组件 3D 效果，可选值为 RAISED、SUNKEN、FLAT、RIDGE、SOLID、GROOVE。该值指出组件内部相对于外部的外观样式，例如 RAISED 意味着组件内部相对于外部突出
width	设置组件宽度，如果值小于或等于 0，组件选择一个能够容纳目前字符的宽度

11.2.2　Tkinter 图形用户界面的构成

基于 Tkinter 模块创建的图形用户界面主要包括以下几个部分。

（1）通过 Tk 类的实例化创建图形用户界面的主窗口（也称为根窗口、顶层窗口），用来容纳其他组件类生成的实例，因此，也称作容器，即容纳其他组件的父容器。创建窗口的代码如下。

```
from tkinter import *              #导入 Tkinter 模块中的所有内容
window=Tk()                        #创建一个窗口对象 window
```

通过 Tk 类的实例化创建一个窗口 window，用来容纳用 Tkinter 中的小组件类生成的小组件实例。窗口生成后，可以通过调用窗口对象的方法来改变窗口。

```
window.title('标题名')        #修改窗口的名字,也可在创建时使用 className 参数来命名
window.resizable(0,0)         #调整窗口大小,分别表示 x 和 y 方向的可变性
window.geometry('250x150')    #指定主窗口大小
window.quit()                 #退出
window.update()               #刷新页面
```

（2）在创建的主窗口中，添加各种可视化组件，如按钮、标签，这些是通过组件类的实例化来实现的。

```
#创建以 window 为父容器的标签,text 指定要在标签上显示的文字
label =Label(window,text="Hello Label")
#创建以 window 为父容器的按钮,text 指定要在按钮上显示的文字
button =Button(window,text =' Hello Button ')
```

（3）组件的放置和排版，即通过 pack()、grid()等方法将组件放进窗口中，放进的同时也可指定放置的位置。

```
label.pack(side=LEFT)          #将标签 label 放在窗口的左边
button.pack(side=RIGHT)        #将按钮 button 放在窗口的右边
```

（4）通过将组件与函数绑定，响应用户操作（如单击按钮），进行相应的处理，与组件绑定的函数也称作事件处理函数。

```
#定义单击按钮 Button 的事件处理函数
```

```
def helloButton():
    print('hello button')
#通过按钮的 command 属性来指定按钮的事件处理函数,并将创建的按钮放进窗口
Button(window, text='Hello Button', command=helloButton).pack()
```

在执行程序出现的图形界面中单击 Hello Button 按钮,每单击一次,输出一次 hello button。

标签组件

11.3　常用 Tkinter 组件的使用

11.3.1　标签组件

Label 类是标签组件对应的组件类,在标签上既可以显示文本信息,也可以显示图像。Label 类实例化标签的语法格式如下。

Label(master, option, …)

参数说明如下。

master:指定拟要创建的标签的父窗口。

option:创建标签时的参数选项列表,参数选项以"键:值"对的形式出现,多个"键:值"对之间用逗号隔开,Label 中的主要参数选项如表 11-3 所示。

表 11-3　Label 中的主要参数选项

参　　数	描　　　述
background(bg)	设定标签的背景颜色
foreground(fg)	设定标签的前景色,以及文本和位图的颜色
bitmap	指定显示到标签上的位图,如果设置了 image 选项,则忽略该选项
image	指定标签显示的图片。该值应该是 PhotoImage、BitmapImage,或者能兼容的对象;该选项优先于 text 和 bitmap 选项
text	指定标签显示的文本,文本可以包含换行符;如果设置了 bitmap 或 image 选项,该选项则被忽略
font	设定标签中文本的字体(如果同时设置字体和大小,应该用元组包起来,如("楷体", 20);一个 Label 只能设置一种字体)
justify	定义如何对齐多行文本,justify 的取值可以是 left(左对齐)、right(右对齐)、center(居中对齐),默认值是 center
anchor	控制文本(或图像)在标签中显示的位置,可用 n、ne、e、se、s、sw、w、nw,或者 center 进行定位,默认值是 center
wraplength	决定标签的文本应该被分成多少行;该选项指定每行的长度,单位是屏幕单元
compound	指定文本与图像如何在标签上显示,默认情况下,如果指定位图或图片,则不显示文本,compound 可设置的值有 left(图像居左)、right(图像居右)、top(图像居上)、bottom(图像居下)、center(文字覆盖在图像上)

续表

参　数	描　述
width	设置标签的宽度，如果标签显示的是文本，那么单位是文本单元；如果标签显示的是图像，那么单位是像素；如果设置为 0 或者不设置，那么会自动根据标签的内容计算出宽度
height	设置标签的高度，如果标签显示的是文本，那么单位是文本单元；如果标签显示的是图像，那么单位是像素；如果设置为 0 或者不设置，那么会自动根据标签的内容计算出高度
textvariable	标签显示 Tkinter 变量（通常是一个 StringVar 变量）的内容，如果变量被修改，标签的文本会自动更新

【例 11-1】 Label 类实例化标签举例。（11-1.py）

```
from tkinter import *
window=Tk()                              #创建一个窗口,默认的窗口名为 tk
#创建以 window 为父容器的标签
label1 = Label(window, fg = 'white', bg = 'grey', text="Hello Label1", width = 10,
height = 2)
label1.pack()                            #将标签 label1 放进 window 窗口中
# compound = 'bottom',指定图像位居文本下方
label2=Label(window, text = 'bottom', compound = 'bottom', bitmap = 'error').pack()
# compound = 'left',指定图像位居文本左方
label3=Label(window, text = 'left', compound = 'left', bitmap = 'error').pack()
#justify = 'left'指定标签中文本多行的对齐方式为左对齐
label4=Label(window, text = '对明天最好的准备就是把今天做到最好', fg= 'white', font=
('楷体', 13), bg = 'grey', width = 50, height = 3, wraplength = 130, justify = 'left').
pack()
'''justify = 'center'指定标签中文本多行的对齐方式为居中对齐, anchor= 'sw'指定文本
(text)在 Label 中的显示位置是西南'''
label5=Label(window, text = '对明天最好的准备就是把今天做到最好', fg = 'white',
font=('隶书', 13), bg = 'black', width = 50, height = 3, wraplength = 130, justify=
'center', anchor='sw').pack()
window.mainloop()                        #创建事件循环
```

执行 11-1.py 程序文件得到的输出结果如图 11-1 所示。

如图 11-1 所示，当执行 11-1.py 程序时，生成的 tk 的窗口中就会出现 5 个不同的标签。

label1.pack()语句的含义是：将标签 label1 放进窗口中，pack()是一种几何布局管理器。所谓布局，就是设定窗口中各个组件之间的位置关系。在上述例子中，pack()布局管理器将小组件一行一行地放在窗口中。Tkinter GUI 是事件驱动的，在显示图形用户界面之后，图形用户界面等待用户在图形用户界面上进行交互，例如用鼠标单击组件。

window.mainloop()语句用来创建事件循环，window.mainloop()就会让 window 不断地刷新，持续处理用户在图形用户界面的交互，直到用户单击"×"关闭窗口。如果没

图 11-1 执行 11-1.py 程序文件得到的输出结果

有 window.mainloop()，就是一个静态的 window。

11.3.2 按钮组件

Button 组件类用来实例化各种按钮。按钮能够包含文本或图像，并且按钮能够与一个 Python 函数相关联。当这个按钮被按下时，Tkinter 自动调用相关联的函数，完成特定的功能，例如关闭窗口、执行命令等。按钮仅能显示一种字体。Button 类实例化按钮的语法格式如下。

```
Button ( master, option, … )
```

参数说明如下。

master：指定拟要创建的按钮的父窗口。

option：创建按钮时的参数选项列表，参数选项以"键:值"对的形式出现，多个"键:值"对之间用逗号隔开。

Button 的参数选项和 Label 的参数选项类似，在 Button 中需要注意的几个参数如表 11-4 所示。

表 11-4 Button 中需要注意的几个参数

参　　数	描　　述
command	指定 Button 的事件处理函数，单击按钮时所调用的函数名称，可以结合 lambda 表达式
relief	指定外观效果，可以设置的参数有 flat、groove、raised、ridge、solid、sunken
state	指定按钮的显示状态，有正常（normal）、激活（active）、禁用（disabled）3 种
bordwidth(bd)	设置 Button 的边框大小，bd(bordwidth)缺省为 1 或 2 像素
textvariable	与按钮相关的 Tkinter 变量（通常是一个字符串变量）。如果这个变量的值改变，那么按钮上的文本相应更新

【例 11-2】 Button 中 command 参数使用举例。（11-2.py）

```
from tkinter import *
def gs():
    global window
    s=Label(window,text='曾伴浮云归晚翠,犹陪落日泛秋声。世间无限丹青手,一片伤心
画不成。', font='楷体', fg='white', bg='grey')
    s.pack()
def sc():
    global window
    s=Label(window,text='怒发冲冠,凭栏处、潇潇雨歇。抬望眼,仰天长啸,壮怀激烈。',
fg='yellow', bg ='red')
    s.pack()

def changeText():
    if button['text'] =='text':
        v.set('change')
    else:
        v.set('text')
    print(v.get())

def statePrint():
    print('state')

window=Tk()                            #定义父窗口
v =StringVar()                         #创建 Tkinter 的 StringVar 型数据对象
v.set('change')
'''command 参数指定 Button 的事件处理函数,通过 textvariable 属性将 Button 与某个变
量绑定,当该变量的值发生变化时,Button 显示的文本也随之变化'''
button =Button(window,textvariable =v,command =changeText)    #创建按钮
#relief 参数指定外观效果
button1=Button(window,command=gs,text='古诗阅读',width=40,height=2,relief=
RAISED)
button2=Button(window, command= sc, text= '宋词阅读 ', width= 40, height= 2, fg=
'yellow',bg ='red',relief=SUNKEN)
button.pack()
button1.pack()
button2.pack()
#state 参数用来指定按钮的状态,有 normal、active、disabled 3 种状态
for r in ['normal','active','disabled']:
    Button(window,text =r,state =r, width =20,command =statePrint).pack()
window.mainloop()
```

执行 11-2.py 程序文件得到的输出结果如图 11-2 所示。

在执行程序出现的图形界面中单击"古诗阅读"按钮,每单击一次,程序就在窗口下
方输出"曾伴浮云归晚翠,犹陪落日泛秋声。世间无限丹青手,一片伤心画不成。";单击

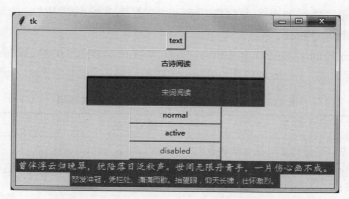

图 11-2 执行 11-2.py 程序文件得到的输出结果

"宋词阅读"按钮,每单击一次,程序就在窗口下方输出"怒发冲冠,凭栏处、潇潇雨歇。抬望眼,仰天长啸,壮怀激烈。"。

在执行程序出现的图形界面中单击 text 按钮,每单击一次,程序向标准输出输出结果如下。

```
text
change
text
change
```

上述例子中将 3 个按钮 normal、active、disabled 的事件处理函数设置为 statePrint,执行程序只有 normal 和 active 激活了事件处理函数,而 disabled 按钮则没有,对于暂时不需要按钮起作用时,可以将它的 state 设置为 disabled。在执行程序出现的图形界面中单击 normal 和 active 按钮,程序向标准输出输出结果如下。

```
state
state
```

11.3.3 单选按钮组件

单选按钮是一种可在多个预先定义的一组选项中选择出一项的 Tkinter 组件,在同一组内只能有一个按钮被选中,用来实现多选一,每当选中组内的一个按钮时,其他的按钮自动改为非选中状态。单选按钮可以包含文字或者图像,可以将一个事件处理函数与单选按钮关联起来,当单选按钮被选择时,该函数将被调用。一组单选按钮组件和同一个 Tkinter 变量联系,每个单选按钮代表这个变量可能取值中的一个。单选按钮组件类 Radiobutton 实例化单选按钮的语法格式如下。

```
Radiobutton( master, option, ⋯ )
```

参数说明如下。

master:指定拟要创建的单选按钮的父窗口。

option：创建单选按钮时的参数选项列表，参数选项以"键：值"对的形式出现，多个
"键：值"对之间用逗号隔开。

Radiobutton 类的参数选项和 Button 类的参数选项类似，在 Radiobutton 类中需要
注意的参数选项如表 11-5 所示。

表 11-5　Radiobutton 类中需要注意的参数选项

方　法	描　述
command	单选按钮选中时执行的函数
variable	指定一组单选按钮所关联的变量，变量需要使用 tkinter.IntVar() 或者 tkinter.StringVar() 创建
value	单选按钮选中时变量的值
selectcolor	设置选中区的颜色
selectimage	设置选中区的图像，选中时会出现
textvariable	与按钮相关的 Tkinter 变量（通常是一个字符串变量）。如果这个变量的值改变，那么按钮上的文本相应更新

可以使用 variable 选项为单选按钮组件指定一个变量，如果将多个单选按钮组件绑
定到同一个变量，则这些单选按钮组件属于一个组。分组后需要使用 value 选项设置每
个单选按钮选中时变量的值，以标示单选按钮是否被选中。

1. 不绑定变量，每个单选按钮自成一组

【例 11-3】　单选按钮不绑定变量，每个单选按钮自成一组举例。

```
from tkinter import *
window = Tk()
#单选按钮不绑定变量，每个 Radiobutton 自成一组
Radiobutton(window, text = 'python').pack()
Radiobutton(window, text = 'tkinter').pack()
Radiobutton(window, text = 'widget').pack()
window.mainloop()
```

上述单选按钮不绑定变量，每个单选按钮自成一组的代码在 IDLE 中执行的结果如
图 11-3 所示。

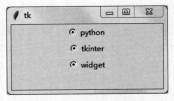

图 11-3　例 11-3 执行的结果

2. 为单选按钮指定组和绑定事件处理函数

【例 11-4】 为单选按钮指定组和绑定事件处理函数。(11-4.py)

```python
from tkinter import *
Window=Tk(className='单选按钮选择')          #创建"单选按钮"窗口
v=IntVar()                                   #创建 Tkinter 变量
language=[('Python',0),('C',1),('Java',2)]
#定义单选按钮的响应函数
def callRadiobutton():
    for i in range(3):
        if (v.get()==i):
            Window1 =Tk(className='选择的结果')
            Label(Window1,text='你的选择是'+language[i][0]+'语言',font=('楷体',
            13),fg='white',
            bg='purple',width=40,height=4).pack()
            Button(Window1,text='确定',width=6,height=2,command=
            Window1.destroy).pack(side='bottom')               #创建"确定"按钮
Label(Window,text='选择一门你喜欢的编程语言').pack(anchor='center')
#for 循环创建单选按钮
for lan,num in language:
    Radiobutton (Window, text = lan, value = num, command = callRadiobutton,
variable=v).pack(anchor='w')
v.set(1)                                    #将 v 的值设置为 1,即选中 value=1 的按钮
Window.mainloop()
```

在 IDLE 中,11-4.py 执行的结果如图 11-4 所示。

在执行程序出现的图形界面中单击按钮,每单击一次按钮就会弹出一个"选择的结果"窗口,如选择 Python 按钮弹出的窗口如图 11-5 所示。

图 11-4 11-4.py 执行的结果

图 11-5 选择 Python 按钮弹出的窗口

注意:variable 选项的功能主要用于绑定变量。variable 是双向绑定的,也就是说如果绑定的变量的值发生变化,随之绑定的组件也会变化。variable 绑定的变量的主要类型如下。

```python
x =StringVar()          #创建一个 StringVar 类型的变量 x,默认值为""
x =IntVar()             #创建一个 IntVar 类型的变量 x,默认值为 0
x =BooleanVar()         #创建一个 BooleanVar 类型的变量 x,默认值为 False
```

操作上述不同类型变量的两个方法介绍如下。

x.set()：设置变量 x 的值。

x.get()：获取变量 x 的值。

11.3.4　单行文本框组件

单行文本框用来接收用户输入的一行文本。如果用户输入的字符串长度比该组件可显示空间更长，那么内容将被滚动，这意味着该字符串将不能被全部看到（但可以用鼠标或键盘的方向键调整文本的可见范围）。如果需要输入多行文本，可以使用多行文本框 Text 组件。如果需要显示一行或多行文本且不允许用户修改，可以使用 Label 组件。

单行文本框组件类 Entry 实例化单行文本框的语法格式如下。

```
Entry ( master, option, … )
```

参数说明如下。

master：指定拟要创建的单行文本框的父窗口。

option：创建单行文本框时的参数选项列表，参数选项以"键:值"对的形式出现，多个"键:值"对之间用逗号隔开。

在 Entry 类中需要注意的几个参数选项如表 11-6 所示。

表 11-6　Entry 类中需要注意的几个参数选项

选　　项	描　　述
show	设置输入框如何显示文本的内容，如果该值非空，则输入框会显示指定字符串代替真正的内容，如 show="*"，则输入文本框内显示为 *，这可用于密码输入
selectbackground	指定输入框的文本被选中时的背景颜色
selectforeground	指定输入框的文本被选中时的字体颜色
insertbackground	指定输入光标的颜色，默认为 black
textvariable	指定一个与输入框的内容相关联的 Tkinter 变量（通常是 StringVar），当输入框的内容发生改变时，该变量的值也会相应发生改变

Entry 对象的常用方法如下。

delete(first，last＝None)：删除参数 first 到 last 索引值范围内（包含 first 和 last）的所有内容；如果忽略 last 参数，表示删除 first 参数指定的选项；使用 delete(0，END) 实现删除输入框的所有内容。

icursor (index)：将光标移动到指定索引位置。

get()：获得当前输入框的内容。

select_clear()：清空文本框。

1. 单行文本框与变量绑定

text 属性对 Entry 不起作用，可通过 textvariable 属性指定一个与输入框的内容相关联的 Tkinter 变量，当输入框的内容发生改变时，该变量的值也会相应发生改变。

【例 11-5】 Entry 与变量绑定举例。(11-5.py)

```
from tkinter import *
window =Tk()
entry1=Entry(window,text ='input your text here')
entry1.pack()
v =StringVar()
#绑定字符串变量 v
entry2 =Entry(window,textvariable =v)
v.set('获取：')
entry2.pack()
window.mainloop()
```

执行 11-5.py 程序文件得到的输出结果如
图 11-6 所示。

从执行结果可以看出：创建的 entry1 对象
并没有看到'input your text here'文本的显示。

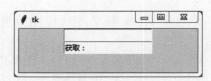

图 11-6 执行 **11-5.py** 程序文件得到的
输出结果

2. 设置单行文本框显示文本的样式

show 参数选项设置输入框如何显示文本框输入文本的内容，如果该值非空，则输入
框会显示指定字符串代替文本框输入文本的内容，如 show＝" ＊ "，则输入文本框内输入
的内容显示为 ＊ 。

【例 11-6】 指定单行文本框显示文本的样式。(11-6.py)

```
from tkinter import *
window=Tk(className='输入账号和密码') #创建'输入账号和密码'窗口
#输出输入框的值
def get_entry_value():
    print("第一个输入框的值为： ", entry1.get())
    print("第二个输入框的值为： ", entry2.get())
#清空输入框的值
def clear_entry_value():
    entry1.delete(0,END)
    entry2.delete(0,END)
#为输入框填入默认值
def insert_entry_value():
    entry1.insert(0,"游客")
    entry2.insert(0,"123456")
Label(window, text='账号:').grid(row=0,column=0)
Label(window, text='密码:').grid(row=1,column=0)
entry1 =Entry(window,font=('楷体', 14))
entry2 =Entry(window,show='＊',font=('楷体', 14))
entry1.grid(row=0,column=1, padx=10, pady=5)
entry2.grid(row=1,column=1, padx=10, pady=5)
```

```
frame2 = Frame()                     #创建一个框架用来盛放三个按钮
frame2.grid(row=3,column=1)
btn1 = Button(frame2,text='默认值', width=6,command=insert_entry_value)
btn2 = Button(frame2,text='重置',width=6,command=clear_entry_value)
btn3 = Button(frame2,text='提交',width=6,command=get_entry_value)
btn1.grid(row=0,column=0,sticky=W)
btn2.grid(row=0,column=1,sticky=E)
btn3.grid(row=0,column=2,sticky=E)
window.mainloop()
```

执行 11-6.py 程序文件得到的输出结果如图 11-7 所示。

在图 11-7 中输入密码时，文本框中呈现的字符样式为 ＊。单击"重置"按钮，清空两个文本框。单击"提交"按钮，将输入两个文本框的内容输出到屏幕上。单击"默认值"按钮，将在上面的文本框中输入"游客"，在下面的文本框中输入"123456"。

图 11-7　执行 11-6.py 程序文件得到的输出结果

11.3.5　多行文本框组件

多行文本框 Text 组件用于显示和编辑多行文本，此外还可以用来显示网页链接、图片、HTML 页面等，常被当作简单的文本处理器、文本编辑器或者网页浏览器来使用。默认的情况下，多行文本框组件是可以编辑的，可以使用鼠标或者键盘对多行文本框进行编辑。

Text 类实例化多行文本框的语法格式如下。

```
Text( master, option, … )
```

参数说明如下。

master：指定拟要创建的多行文本框的父窗口。

option：创建多行文本框时的参数选项列表，参数选项以"键:值"对的形式出现，多个"键:值"对之间用逗号隔开。

在 Text 中需要注意的几个参数选项如表 11-7 所示。

表 11-7　Text 中需要注意的几个参数选项

选　项	说　明
autoseparators	单词之间的间隔，默认值是 1
background(bg)	设置背景颜色，如 bg＝'green'
borderwidth(bd)	文本控件的边框宽度，默认是 1～2 个像素
exportselection	是否允许复制内容到剪贴板

续表

选　　项	说　　明
foreground(fg)	设置前景（文本）颜色
font	设置字体类型与大小
height	文本控件的高度，默认是 24 行
insertbackground	设置文本控件插入光标的颜色
insertborderwidth	插入光标的边框宽度。如果是一个非 0 的数值，光标会使用 RAISED 效果的边框
insertofftime, insertontime	这两个属性控制插入光标的闪烁效果，就是插入光标出现和消失的时间。单位是毫秒
insertwidth	设置插入光标的宽度
padx	水平边框的内边距
pady	垂直边框的内边距
relief	指定文本控件的边框 3D 效果，默认是 flat，可以设置的参数：flat、groove、raised、ridge、solid、sunken
selectbackground	设置选中文本的背景颜色
selectborderwidth	设置选中区域边界宽度
selectforeground	设置选中文本的颜色
setgrid	布尔类型。为 True 时，可以让窗口最大化，并显示整个 Text 控件
tabs	定义按动 Tab 键时的移动距离
width	定义文本控件的宽度，单位是字符个数
wrap	定义如何折行显示文本控件的内容

1. 多行文本框组件中插入文本

当创建一个多行文本框组件时，它里面是没有内容的，为了给其插入内容，可以利用多行文本框组件的 insert()方法实现文本的插入，insert()方法的用法如下。

`Text 对象.insert(几行.几列,"内容")`

除了使用"几行.几列"来指定文本的插入位置，还可以使用如下标识符指定文本插入位置。

INSERT：表示在光标位置插入。

CURRENT：用于在当前的光标位置插入，与 INSERT 功能类似。

END：表示在整个文本的末尾插入。

SEL_FIRST：表示在选中文本的开始插入。

SEL_LAST：表示在选中文本的最后插入。

【例 11-7】　在指定位置插入文本。(11-7.py)

```
from tkinter import *
window =Tk(className='多行文本框应用')
t =Text(window,width=50, heigh=6, bg='gray',fg='white', font=('kaiti',15))
                         #font 设置文本的显示字体
t.insert(3.5, '楼上谁将玉笛吹,山前水阔暝云低。\n 劳劳燕子人千里,落落梨花雨一枝。\n
修禊近,卖饧时,故乡惟有梦相随。\n 夜来折得江头柳,不是苏堤也皱眉。')
t.pack()
#定义各个 Button 的事件处理函数
def insertText():
    t.insert(INSERT, '《鹧鸪天》')
def currentText():
    t.insert(CURRENT, '《鹧鸪天》')
def endText():
    t.insert(END, '《鹧鸪天》')
def sel_FirstText():
    t.insert(SEL_FIRST, '《鹧鸪天》')
def sel_LastText():
    t.insert(SEL_LAST, '《鹧鸪天》')
#创建按钮实现在光标位置插入《鹧鸪天》
Button(window, text = '在 光 标 位 置 插 入 ', anchor = 'w', width = 15, command =
insertText).pack(side="left")
#创建按钮实现在当前的光标位置插入《鹧鸪天》
Button(window, text = '在 当 前 光 标 位 置 插 入 ', anchor = 'w', width = 15, command =
insertText).pack(side="left")
#创建按钮实现在整个文本的末尾插入《鹧鸪天》
Button(window,text='在文本末尾插入',anchor ='w',width=15,command=endText).
pack(side="left")
#创建按钮实现在选中文本的开始插入《鹧鸪天》,如果没有选中区域则会引发异常
Button(window,text='在选中文本开始插入',anchor ='w', width=15, command=
sel_FirstText).pack(side="left")
#创建按钮实现在选中文本的最后插入《鹧鸪天》,如果没有选中区域则会引发异常
Button(window,text='在选中文本最后插入',anchor ='w', width=15, command=
sel_LastText).pack(side="left")
window.mainloop()
```

执行 11-7.py 程序文件得到的输出结果如图 11-8 所示。

在执行程序出现的图形界面中单击下方左边的 3 个按钮,就会在上面的文本框中插入《鹧鸪天》;最右边的两个按钮需要先用鼠标选中一段文本,单击“在选中文本开始插入”按钮,则在选中的文本之前插入《鹧鸪天》,单击“在选中文本最后插入”按钮,则在选中的文本之后插入《鹧鸪天》。

2. 在多行文本框组件中加入图片

【例 11-8】 在 Text 中加入图片举例。（11-8.py）

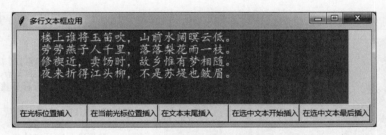

图 11-8 执行 11-7.py 程序文件得到的输出结果

```
from tkinter import *
window =Tk(className='江南好风景')
text1 =Text(window, height=27, width=60)
photo=PhotoImage(file='D:/Python/yusui.gif')
text1.insert(END,'\n')
text1.image_create(END, image=photo)
text1.pack(side=LEFT)
text2 =Text(window, height=27, width=45)
#使用 tag_configure()方法创建一个指定字体的 Tag,名字为 font1
text2.tag_configure('font1', font=('Verdana', 20, 'bold'))
#使用 tag_configure()方法创建一个指定字体和前景色的 Tag,名字为 colorfont
text2.tag_configure('colorfont', foreground='#42426F', font=('Tempus Sans
ITC', 13, 'bold'))
text2.insert(END,'\n    江南的雨江南的你\n', 'font1')
commentary ="    望不穿江南尽头谁在痴痴等待,只叹一别万年的窗外,你能否看见我的期待。
\n    你紫花裙的影迹,携带淡妆从朦胧雨帘中渐渐褪去。清风细雨,让心跳节奏到极致,我思
念远方还在的你,让我走近一点,再走近一些,明白一切甚有味道。\n    江南的风景,江南的
你,夜幕的流水,多情的雨。原来都跟着烟花的记忆,也只是瞬间的美丽…… "
text2.insert(END, commentary, 'colorfont')
text2.pack(side=LEFT)
window.mainloop()
```

执行 11-8.py 程序文件得到的输出结果如图 11-9 所示。

11.3.6 复选框组件

复选框组件用来选取人们需要的选项,它前面有个小正方形的方框,如果选中它,则
方框中会出现一个对号,也可以通过再次单击来取消选中。复选框组件类 Checkbutton
实例化复选框组件的语法格式如下。

```
Checkbutton( master, option, … )
```

参数说明如下。

master:指定拟要创建的复选框的父窗口。

option:创建复选框时的参数选项列表,参数选项以"键:值"对的形式出现,多个

图 11-9　执行 11-8.py 程序文件得到的输出结果

"键:值"对之间用逗号隔开。

　　Checkbutton 类的参数选项和 Radiobutton 类的参数选项类似,在 Checkbutton 类中需要注意的参数选项如表 11-8 所示。

表 11-8　Checkbutton 类中需要注意的参数选项

选　项	描　述
command	指定复选框的事件处理函数,当复选框被单击时,执行该函数
variable	为复选框绑定 Tkinter 变量,变量的值为 1 或 0,代表着选中或不选中
onvalue	复选框选中时变量的值。Checkbutton 的值不仅仅是 1 或 0,可以是其他类型的数值,可以通过 onvalue 和 offvalue 属性设置复选框的状态值
offvalue	复选框未选中时变量的值
textvariable	与复选框相关的 Tkinter 变量,通常是一个 StringVar 型变量,如果这个变量的值改变,那么复选框上的文本相应更新

　　复选框组件对象的常用方法如表 11-9 所示。

表 11-9　复选框组件对象的常用方法

方　法	描　述
deselect()	清除复选框选中选项
flash()	在激活状态颜色和正常颜色之间闪烁几次单选按钮,但保持它开始时的状态
invoke()	可以调用此方法来获得与用户单击单选按钮以更改其状态时发生的操作相同的操作
select()	设置按钮为选中
toggle()	选中与没有选中的选项互相切换

【例 11-9】　设置复选框的事件处理函数举例。（11-9.py）

```python
from tkinter import *
window=Tk(className='你最喜欢的城市')     #创建"你最喜欢的城市"窗口
window.geometry("300x200")          #设定窗口大小
#添加标签
Label(window,text='请选择自己喜欢的城市(多选): ',fg='blue').pack()
#定义复选框的事件处理函数
def callCheckbutton():
    msg = ''
    if var1.get() ==1:                #因为 var1 是 IntVar 型变量,选中为 1,不选中为 0
        msg +="西安\n"
    if var2.get() ==1:
        msg +="洛阳\n"
    if var3.get() ==1:
        msg +="北京\n"
    if var4.get() ==1:
        msg +="南京\n"
    '''清除 text 中的内容,0.0 表示从第一行第一个字开始清除,END 表示清除到最后结束'''
    text.delete(0.0,END)
    text.insert('INSERT',msg)     #INSERT 表示在光标位置插入 msg 所指代的文本
#创建 4 个复选框
var1 =IntVar()                    #创建 IntVar 型数据对象
Checkbutton(window,text='西安',variable=var1,command=callCheckbutton).pack()
var2 =IntVar()
Checkbutton(window,text='洛阳',variable=var2,command=callCheckbutton).pack()
var3 =IntVar()
Checkbutton(window,text='北京',variable=var3,command=callCheckbutton).pack()
var4 =IntVar()
Checkbutton(window,text='南京',variable=var4,command=callCheckbutton).pack()
#创建一个文本框
text =Text(window,width=30,height=10)
text.pack()
window.mainloop()
```

执行 11-9.py 程序文件得到的输出结果如图 11-10 所示。

在执行程序出现的图形界面中勾选各个城市复选框,每勾选一次,程序向下面的文本框中输出该城市,取消勾选则在下面的文本框中删除该城市。

将变量与复选框绑定改变显示的文本

【例 11-10】　复选框操作。（11-10.py）

```python
from tkinter import *
window =Tk(className='最喜欢的编程语言问卷调查')
```

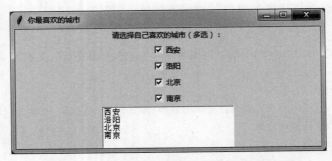

图 11-10 执行 11-9.py 程序文件得到的输出结果

```python
window.geometry('300x100')                          #设置窗口大小
flag_1 = False
flag_2 = False
flag_3 = False
list_language = ['你最喜欢的编程语言是：']
language_list = ['Python', 'C', 'Java']
#定义事件处理函数
def click_1():
    global flag_1
    flag_1 = not flag_1
    if flag_1:
        list_language.append(language_list[0])      #添加语言
    else:
        list_language.remove(language_list[0])      #去除语言
    lab_content['text'] = list_language


def click_2():
    global flag_2
    flag_2 = not flag_2
    if flag_2:
        list_language.append(language_list[1])
    else:
        list_language.remove(language_list[1])
    lab_content['text'] = list_language


def click_3():
    global flag_3
    flag_3 = not flag_3
    if flag_3:
        list_language.append(language_list[2])
    else:
```

```
        list_language.remove(language_list[2])
    lab_content['text'] =list_language


'''窗体控件'''
#定义标签
lab =Label(window, text='请选择你最喜欢的编程语言：',font=('kaiti',12))
lab.grid(row=0, columnspan=3, sticky=W)
#复选框
frm =Frame(window)
ck1 =Checkbutton(frm, text='Python', command=click_1,font=('kaiti',12))
ck2 =Checkbutton(frm, text='C', command=click_2,font=('kaiti',12))
ck3 =Checkbutton(frm, text='Java', command=click_3,font=('kaiti',12))
ck1.grid(row=0)
ck2.grid(row=0, column=1)
ck3.grid(row=0, column=2)
frm.grid(row=1)
lab_content =Label(window, text='')
lab_content.grid(row=2, columnspan=3, sticky=W)
window.mainloop()
```

执行 11-10.py 程序文件得到的输出结果如图 11-11 所示。

图 11-11　执行 11-10.py 程序文件得到的输出结果

在执行程序出现的图形界面中勾选各个编程语言复选框，每勾选一次，最下面的标签中就会显示勾选的编程语言，取消勾选则在下面的标签中删除该编程语言。

11.3.7　列表框组件

列表框 Listbox 组件用于显示一个选择列表，即用于显示一组文本选项，用户可以从列表中选择一个或多个选项。Listbox 类实例化列表框组件的语法格式如下。

```
Listbox( master, option, … )
```

参数说明如下。

master：指定拟要创建的列表框的父窗口。

option：创建列表框时的参数选项列表，参数选项以"键：值"对的形式出现，多个"键：值"对之间用逗号隔开。

表 11-10 列出了 Listbox 类中需要注意的几个参数。

表 11-10　Listbox 类中需要注意的几个参数

参　数	描　述
setgrid	指定一个布尔值，决定是否启用网格控制，默认值是 False
selectmode	选择模式：single（单选）、browse（也是单选，但拖动鼠标或通过方向键可以直接改变选项）、multiple（多选）和 extended（也是多选，但需要同时按住 Shift 键或 Ctrl 键，或拖拽鼠标实现），默认是 browse
listvariable	指向一个 StringVar 类型的变量，该变量存放 Listbox 中所有的文本选项；在 StringVar 类型的变量中，用空格分隔每个项目，例如 var.set("文本选项 1 文本选项 2 文本选项 3")

表 11-11 列出了 Listbox 对象常用的方法。

表 11-11　Listbox 对象常用的方法

方　法	描　述
insert(index,item)	添加一个或多个项目 item 到 Listbox 中，index 指定插入文本项的位置，若为 END，在尾部插入文本项；若为 ACTIVE，在当前选中处插入文本项
delete(first,last)	删除参数 first 到 last 范围内（包含 first 和 last）的所有选项，如果忽略 last 参数，表示删除 first 参数指定的选项
get(first, last)	返回一个元组，包含参数 first 到 last 范围内（包含 first 和 last）的所有选项的文本，如果忽略 last 参数，表示返回 first 参数指定的选项的文本
size()	返回 Listbox 组件中选项的数量
curselection()	返回当前选中项目的索引，结果为元组

【例 11-11】　创建一个获取 Listbox 组件内容的程序。（11-11.py）

```
from tkinter import *
window=Tk(className='Listbox 使用举例')          #创建"Listbox 使用举例"窗口
Str=StringVar()
lb =Listbox(window, selectmode =MULTIPLE, font=('楷体', 14),listvariable=Str)
#属性 MULTIPLE 允许多选,依次单击 3 个 item,均显示为选中状态
for item in ['Python','Java','C 语言']:
    lb.insert(END, item)
def callButton1():
    print(Str.get())
def callButton2():
    for i in lb.curselection():
        print(lb.get(i))
lb.pack()
Button(window,text='获取 Listbox 的所有内容',command= callButton1,width= 20).
pack()
Button(window,text='获取 Listbox 的选中内容',command= callButton2,width= 20).
pack()
window.mainloop()
```

执行 11-11.py 程序文件得到的输出结果如图 11-12 所示。

图 11-12　执行 11-11.py 程序文件得到的输出结果

单击"获取 Listbox 的所有内容"按钮则输出：

('Python', 'Java', 'C 语言')

选中 Python 后，单击"获取 Listbox 的选中内容"按钮则输出：

Python

再选中 Java 后，单击"获取 Listbox 的选中内容"按钮则输出：

Python
Java

11.3.8　菜单组件

菜单组件是 GUI 界面非常重要的一个组成部分，几乎所有的应用都会用到菜单组件。Tkinter 也有菜单组件，菜单组件是通过使用 Menu 类来创建的，菜单可用来展示可用的命令和功能。菜单以图标和文字的方式展示可用选项，用鼠标选择一个选项，程序的某个行为就会被触发。Tkinter 的菜单分为 3 种。

1. 顶层菜单

这种菜单是直接位于窗口标题下面的固定菜单，通过单击可下拉出子菜单，选择下拉菜单中的子菜单可触发相关的操作。顶层菜单也称作主菜单。

2. 下拉菜单

窗口的大小是有限的，不能把所有的菜单项都做成顶层菜单，这时就需要下拉菜单。

3. 弹出菜单

最常见的是通过鼠标右击某对象而弹出的菜单，一般为与该对象相关的常用菜单命令，如剪切、复制、粘贴等。

Menu 类实例化菜单的语法格式如下。

```
Menu( master, option, … )
```

参数说明如下。

master：指定拟要创建的菜单的父窗口。

option：创建菜单时的参数选项列表，参数选项以"键：值"对的形式出现，多个"键：值"对之间用逗号隔开。

在 Menu 类中需要注意的几个参数如表 11-12 所示。

表 11-12　Menu 类中需要注意的几个参数

选　项	描　　述
postcommand	将此选项与一个方法相关联，当菜单被打开时该方法将自动被调用
font	指定 Menu 中文本的字体
foreground(fg)	设置 Menu 的前景色

在创建菜单之后可通过调用菜单的如下方法添加菜单项。

（1）add_command()：添加菜单项。

（2）add_checkbutton()：添加复选框菜单项。

（3）add_radiobutton()：添加一个单选按钮的菜单项。

（4）add_separator()：添加菜单分隔线。

（5）add_cascade()：添加一个父菜单。

【例 11-12】　添加下拉菜单。（11-12.py）

```
from tkinter import *
window =Tk(className='下拉菜单使用举例')
menubar =Menu(window)                          #在窗口下创建一个主菜单
submenu1 =Menu(menubar)                        #在主菜单下创建子菜单 submenu1
#在子菜单 submenu1 下创建添加菜单项
for item in ['新建文件','打开文件','保存文件']:
    submenu1.add_command(label=item)
submenu1.add_separator()                       #给菜单项添加分隔线
#继续在子菜单 submenu1 下创建菜单项
for item in ['关闭文件','退出文件']:
    submenu1.add_command(label=item)
submenu2 =Menu(menubar)                        #在主菜单下创建子菜单 submenu2
#在子菜单 submenu2 下创建添加菜单项
for item in ['复制','粘贴','剪切']:
```

```
        submenu2.add_command(label=item)
submenu3 =Menu(menubar)                                    #在主菜单下创建子菜单 submenu3
for item in ['版权信息', '联系我们']:
        submenu3.add_command(label=item)
#为主菜单 menubar 添加 3 个下拉菜单'File'、'Edit'、'Run'
menubar.add_cascade(label='文件',menu=submenu1) #submenu1 成为"文件"的下拉菜单
menubar.add_cascade(label='编辑',menu=submenu2)
menubar.add_cascade(label='关于',menu=submenu3)
window['menu']=menubar                                      #为窗口添加主菜单 menubar
window.mainloop()
```

执行 11-12.py 程序文件得到的输出结果如图 11-13 所示。

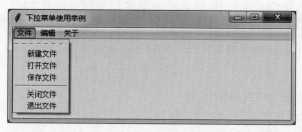

图 11-13　执行 11-12.py 程序文件得到的输出结果

在执行程序出现的图形界面中单击"文件""编辑""关于"菜单,就会在这些菜单下出现下拉菜单。

11.3.9　消息组件

消息组件类用来实例化各种消息组件,消息组件用于显示多行文本信息。消息组件能够自动换行,并调整文本的尺寸,适应整个窗口的布局。

Message 类实例化消息组件的语法格式如下。

```
Message(master, option,…)
```

参数说明如下。

master:指定拟要创建的消息组件的父窗口。

option:创建消息组件时的参数选项列表,参数选项以"键:值"对的形式出现,多个"键:值"对之间用逗号隔开。

Message 的用法与 Label 基本一样。

【**例 11-13**】　使用消息组件显示多行文本。(11-13.py)

```
from tkinter import *
window =Tk()
text ="一座山,隔不了两两相思 \n 一天涯,断不了两两无言 \n 且听风吟,吟不完我一生思念."
message =Message(window, bg="grey", fg="white", text=text, font="KaiTi 15",
width=300)
```

```
message.pack(padx=10, pady=10)
window.mainloop()
```

执行 11-13.py 程序文件得到的输出结果如图 11-14 所示。

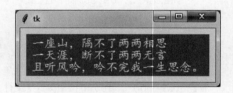

图 11-14　执行 11-13.py 程序文件得到的输出结果

11.3.10　对话框

对话框（也称消息框）是很多 GUI 程序都会用到的。对话框出现后，对应的线程会阻塞，直到用户回应。

对话框包括多种类型，常用的有 showinfo、showwarning、showerror、askyesno、askokcancel 等，包含不同的图标、按钮以及弹出提示音，它们有相同的语法格式：

```
tkinter.messagebox.消息窗口类型(title, message [, options])
```

参数说明如下。

title：设置对话框所在窗口的标题。

message：在对话框体中显示的消息。

options：调整外观的选项。

1. showinfo()显示简单的信息

【例 11-14】　消息框使用举例。（11-14.py）

```
from tkinter import *
import tkinter.messagebox
def info():
    tkinter.messagebox.showinfo("平凡的世界经典对白","这就是生命!没有什么力量能
        扼杀生命。下一句,点确定!")
    tkinter.messagebox.showinfo("平凡的世界经典对白","生命是这样顽强,它对抗的是
        整整一个严寒的冬天。下一句,点确定!")
    tkinter.messagebox.showinfo("平凡的世界经典对白", "冬天退却了,生命之花却蓬勃
        地怒放。下一句,点确定!")
    tkinter.messagebox.showinfo("平凡的世界经典对白", "你,为了这瞬间的辉煌,忍耐
        了多少暗淡无光的日月?下一句,点确定!")
    tkinter.messagebox.showwarning("平凡的世界经典对白", "只要春天不死,就会有迎
        春的花朵年年岁岁开放。这是最后一句对白,点击确定退出!")
window=Tk()
window.title("平凡的世界")
Button(window,text="经典对白", command=info ).pack()
window.mainloop()
```

执行 11-14.py 程序文件得到的输出结果如图 11-15 所示。

在图 11-15 所示的界面中单击"经典对白"按钮，就会弹出消息框。此处 showwarning()

图 11-15　执行 11-14.py 程序文件得到的输出结果

消息框用来向用户显示警告,showerror()消息框用来向用户显示错误信息。

【例 11-15】　显示警告与显示错误消息框使用举例。(11-15.py)

```python
from tkinter import *
import tkinter.messagebox as messagebox
def info_warn():
    messagebox.showwarning('警告','明日有大雨')      #向用户显示警告信息
    messagebox.showerror('错误','出错了')            #向用户显示错误消息
window=Tk()
window.title("警告与错误消息框")
Button(window,text="警告与错误", command=info_warn ).pack()
window.mainloop()
```

执行 11-15.py 程序文件得到的输出结果如图 11-16 所示。

图 11-16　执行 11-15.py 程序文件得到的输出结果

在图 11-16 所示的界面中单击"警告与错误"按钮,就会弹出消息框。

2. askquestion()二选一对话框

【例 11-16】　二选一对话框举例。(11-16.py)

```python
from tkinter import *
import tkinter.messagebox as messagebox
def func():
    if messagebox.askyesno("是否对话框","今天是星期一吗?"):
        print("你单击了是按钮")
    else:
        print("你单击了否按钮")
window=Tk()
Button(window,text="是否消息框",command=func).pack()
window.mainloop()
```

执行 11-16.py 程序文件得到的输出结果如图 11-17 所示。

在图 11-17 中,单击"是否消息框"按钮弹出如图 11-18 所示的"是否对话框",单击"是(Y)"按钮返回 True,在屏幕上输出"你单击了是按钮";单击"否(N)"按钮返回 False,

在屏幕上输出"你单击了否按钮"。

图 11-17　执行 11-16.py 程序文件得到的输出结果　　　　图 11-18　"是否对话框"

此外，askyesno()弹出的对话框有 2 种选择按钮，单击"是（Y）"按钮返回 True，单击"否（N）"按钮返回 False。askyesnocancel()弹出的对话框有 3 种选择按钮，单击"是（Y）"按钮返回 True，单击"否（N）"按钮返回 False，单击"取消"按钮返回 None。askretrycancel()弹出的对话框有 2 种选择按钮，单击"重试（R）"按钮返回 True，单击"取消"按钮返回 False。

11.3.11　框架组件

Frame 类生成的框架组件实例在屏幕上表现为一块矩形区域，多用来作为容器。
Frame 类实例化框架组件的语法格式如下。

```
Frame( master, option, …)
```

参数说明如下。

master：指定拟要创建的框架组件的父窗口。

option：创建框架组件时的参数选项列表，参数选项以"键：值"对的形式出现，多个"键：值"对之间用逗号隔开。

【例 11-17】　Frame 框架组件使用举例。（11-17.py）

```
from tkinter import *
window =Tk()
frame1 =Frame(window, height =20,width =400,bg ="grey")
frame1.pack()
LButton =Button(frame1, text="LButton", fg="white",bg='blue')
LButton.pack( side =LEFT)
RButton =Button(frame1, text="RButton", fg="brown",bg='yellow')
RButton.pack( side =RIGHT )
LLButton =Button(frame1, text="Bluebutton", fg="blue",bg='white')
LLButton.pack( side =LEFT )
window.mainloop()
```

执行 11-17.py 程序文件得到的输出结果如图 11-19 所示。

图 11-19　执行 11-17.py 程序文件得到的输出结果

Tkinter 主要
的几何布局
管理器

11.4　Tkinter 主要的几何布局管理器

　　所谓布局,就是设定窗口容器中各个组件之间的位置关系。Tkinter 提供了截然不同的 3 种几何布局管理器:pack、grid 和 place。

11.4.1　pack 布局管理器

　　pack 布局管理器是 3 种布局管理器中最常用的,另外 2 种布局管理器需要精确指定组件具体的放置位置。pack 布局管理器可以指定相对位置,精确的位置会由 pack 系统自动完成,pack 是简单应用的首选布局管理器。pack 采用块的方式组织组件,根据生成组件的顺序将组件添加到父容器中去。通过设置相同的锚点(anchor)可以将一组组件紧挨一个地方放置,如果不指定任何选项,默认在父容器中自顶向下添加组件,它会给组件一个自认为合适的位置和大小。

　　pack 的语法格式如下。

```
WidgetObject.pack(option, …)
```

　　说明如下。

　　WidgetObject:为拟要放置的组件对象。

　　option:放置 WidgetObject 时的参数选项列表,参数选项以"键:值"对的形式出现,多个"键:值"对之间用逗号隔开。

　　pack 提供的属性参数如表 11-13 所示。

表 11-13　pack 提供的属性参数

参数名	参 数 简 析	取值及说明
fill	指定放置的组件是否随父组件的延伸而延伸	X(水平方向延伸)、Y(垂直方向延伸)、BOTH(水平和垂直方向延伸)、NONE(不延伸)。实际上不与 expand 搭配使用时,fill 只有取值为 Y 时有效
expand	指定放置的组件是否随父组件的尺寸扩展而扩展,默认值是 False	expand＝True 表示放置的组件随父组件的尺寸扩展而扩展,False 表示不随父组件的扩展而扩展。与 fill 搭配使用
side	指定组件的放置位置,默认值是 TOP	取值 LEFT、TOP、RIGHT、BOTTOM 时分别表示左、上、右、下

续表

参数名	参 数 简 析	取值及说明
ipadx	设置放置的组件水平方向上的内边距	默认单位为像素，可选单位为 c（厘米）、m（毫米），用法为在值后加以上一个后缀即可
ipady	设置放置的组件垂直方向上的内边距	默认单位为像素，可选单位为 c（厘米）、m（毫米），用法为在值后加以上一个后缀即可
padx	设置放置的组件之间水平方向间的间距	默认单位为像素，可选单位为 c（厘米）、m（毫米），用法为在值后加以上一个后缀即可
pady	设置放置的组件之间垂直方向间的间距	默认单位为像素，可选单位为 c（厘米）、m（毫米），用法为在值后加以上一个后缀即可
anchor	锚选项，用于指定组件在父组件中的停靠位置	N、E、S、W、NW、NE、SW、SE、CENTER，默认值为 CENTER

注：从以上选项中可以看出 expand、fill 和 side 是相互影响的。

【例 11-18】 pack 布局管理器应用示例。（11-18.py）

```
from tkinter import *
window=Tk()
window.title("Pack举例")                    #设置窗口标题
frame1 = Frame(window)
Button(frame1, text='Top', fg='white',bg='blue').pack(side=TOP, anchor=E,
fill=X, expand=YES)
Button(frame1, text='Center',fg='white',bg='black').pack(side=TOP, anchor=
E, fill=X, expand=YES)
Button(frame1, text='Bottom').pack(side=TOP, anchor=E, fill=X, expand=YES)
frame1.pack(side=RIGHT, fill=BOTH, expand=YES)
frame12 = Frame(window)
Button(frame12, text='Left').pack(side=LEFT)
Button(frame12, text='This is the Center button').pack(side=LEFT)
Button(frame12, text='Right').pack(side=LEFT)
frame12.pack(side=LEFT, padx=10)
window.mainloop()
```

执行 11-18.py 程序文件所得到的输出结果如图 11-20 所示。

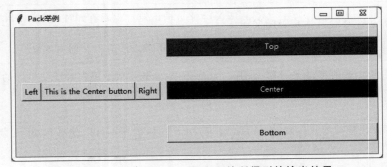

图 11-20 执行 11-18.py 程序文件所得到的输出结果

11.4.2　grid 布局管理器

　　grid(网格)布局管理器采用表格结构组织组件,父容器组件被分割成一系列的行和列,表格中的每个单元(cell)都可以放置一个子组件,子组件可以跨越多行/列。组件位置由其所在的行号和列号决定,行号相同而列号不同的几个组件会被彼此左右排列,列号相同而行号不同的几个控件会被彼此上下排列。使用 grid 布局管理器的过程就是为各个组件指定行号和列号的过程,不需要为每个格子指定大小,grid 布局管理器会自动设置一个合适的大小。

　　grid 的语法格式如下。

```
WidgetObject. grid(option, …)
```

说明如下。

WidgetObject:为拟要放置的组件对象。

option:放置 WidgetObject 时的参数选项列表,参数选项以“键:值”对的形式出现,多个“键:值”对之间用逗号隔开。option 的主要参数选项如下。

1. row 和 column

row=x,column=y:将组件放在 x 行 y 列的位置。如果不指定 row/column 参数,则默认从 0 开始。此处的行号和列号只是代表一个上下左右的关系,并不像数学上在坐标轴平面上一样严格,如下所示。

```
from tkinter import *
window=Tk()
Label(master, text="First").grid(row=0)
Label(master, text="Second").grid(row=1)
window.mainloop()
```

　　对于 row 和 column 上述代码,row=1换成 row=5,两种情况程序的执行结果是相同的,如图 11-21 所示。

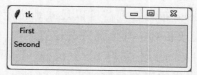

图 11-21　row=1 换成 row=5 执行的结果

2. columnspan 和 rowspan

columnspan:设置组件占据的列数(宽度),取值为正整数。

rowspan:设置组件占据的行数(高度),取值为正整数。

3. ipadx 和 ipady,padx 和 pady

ipadx:设置组件内部在 x 方向上填充的空间大小;ipady:设置组件内部在 y 方向上填充的空间大小。

padx:设置组件外部在 x 方向填充的空间大小;pady:设置组件外部在 y 方向填充的空间大小。

4. sticky

sticky：设置组件从所在单元格的哪个位置开始布置并对齐，sticky 可以选择的值有 N、S、E、W、NW、NE、SW、SE。

【例 11-19】　grid 布局管理器应用示例。（11-19.py）

```
from tkinter import *
window =Tk()
window.title("登录")
frame1 =Frame()
frame1.pack()
#用 row 表示行,用 column 表示列,row 和 column 的编号都从 0 开始
Label(frame1,text="账号: ").grid(row=0,column=0)
#Entry 表示"输入"框
Entry(frame1).grid(row=0,column=1,columnspan=2,sticky=E)
Label(frame1,text="密码: ").grid(row=1,column=0,sticky=W)
Entry(frame1).grid(row=1,column=1,columnspan=2,sticky=E)
frame2 =Frame()
frame2.pack()
Button(frame2,text="登录").grid(row=3,column=1,sticky=W)
Button(frame2,text="取消").grid(row=3,column=2,sticky=E)
window.mainloop()
```

执行 11-19.py 程序文件所得到的输出结果如图 11-22 所示。

11.4.3　place 布局管理器

place 布局管理器允许指定组件的大小与位置。place 布局管理器可以显式地指定组件的绝对位置或相对于其他控件的位置。

place 的语法格式与 pack 和 grid 类似。place 提供的属性参数如表 11-14 所示。

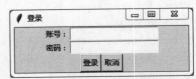

图 11-22　执行 **11-19.py** 程序文件所得到的输出结果

表 11-14　**place 提供的属性参数**

属 性 名	属 性 简 析
anchor	锚选项,用于指定组件的停靠位置,同 pack 布局
x、y	组件左上角的 x、y 坐标,为绝对坐标
relx、rely	组件相对于父容器的 x、y 坐标,为相对坐标
width、height	组件的宽度、高度
relwidth、relheight	组件相对于父容器的宽度、高度

【例 11-20】　place 布局管理器应用示例。（11-20.py）

```
from tkinter import *
window = Tk()
#修改 window 的大小: width x height +x_offset +y_offset
window.geometry("170x200+30+30")
lb1 = Label(window, text='Python', fg='White', bg='red')
lb1.place(x =120, y =30, width=120, height=25)
lb2 = Label(window, text='C++', fg='White', bg='orange')
lb2.place(x =120, y =60, width=120, height=25)
lb3 = Label(window, text='Java', fg='White', bg='purple')
lb3.place(x =120, y =90, width=120, height=25)
window.mainloop()
```

执行 11-20.py 程序文件所得到的输出结果如图 11-23 所示。

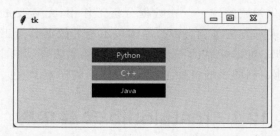

图 11-23 执行 11-20.py 程序文件所得到的输出结果

习 题

1. 图形用户界面由_____、_____、_____及其_____构成。

2. 通过组件的_____选项,可以设置其显示的文本的字体。

3. 通过组件的_____选项,可以设置其显示的图像。

4. 基于 Tkinter 模块创建的图形用户界面主要包括几部分?

5. Tkinter 提供了几种几何布局管理器? 简述其特点。

6. Python 中包括哪些常用的组件?

7. 利用 Label 和 Button 组件,创建简易图片浏览器程序。

8. 创建主菜单示例程序。

9. 创建简单文本编辑器程序。

10. 设计一个窗体,并放置一个按钮,按钮默认文本为"开始",单击按钮后文本变为"结束",再次单击后变为"开始",循环切换。

11. 设计一个窗体,模拟 QQ 登录界面,当用户输入账号 123456 和密码 654321 时提示成功登录,否则提示错误。

第12章

chapter 12

用 matplotlib 实现数据可视化

借助图表化手段,数据可视化可以清晰直观地表达信息。数据可视化实现了科学可视化领域与信息可视化领域的统一。在数据分析工作中,尤其要重视数据可视化,因为错误或不充分的数据表示方法可能会毁掉原本很出色的数据分析工作。matplotlib 是一个实现数据可视化的库,可以绘制的图表包括线形图、直方图、饼图、散点图以及误差线图等;可以比较方便地定制图表的各种属性,例如图线的样式、颜色、粗细等。

12.1 matplotlib 三层架构

matplotlib 是建立在 NumPy 数组基础上的多平台数据可视化程序库,用于在 Python 中绘制数组的 2D 图表库。使用 matplotlib 库之前,需要通过 pip install matplotlib 命令安装该库。

matplotlib 库提供了一套表示和操作图表对象以及它的内部对象的函数和工具。matplotlib 不仅可以处理图表,还可以为图表添加动画效果,能生成以键盘按键或鼠标移动触发的交互式图表。matplotlib 的交互性是指数据分析人员可逐条输入命令,为数据生成渐趋完整的图表表示,这种模式很适合用 Python 这种互动性强的开发工具进行图表开发。此外,用这个库实现的图表可以以图像格式(如 PNG、SVG)输出,方便其他应用、文档和网页使用。

从逻辑上看,matplotlib 绘制的图表可被逻辑性地分为三层,这三层从底向上分别为容器层、辅助显示层、图表层。

12.1.1 容器层

容器层主要由 Figure(画布)、Axes(绘图区)两种对象组成。

Figure 在绘图的过程中充当画布的角色,可以理解成人们需要一张画布才能开始绘图,可以通过 matplotlib.pyplot.figure()函数创建画布并设置画布的大小和分辨率等。

Axes 在绘图的过程中相当于画布上的绘图区角色,注意其与 Axis 的区别,Axis 是坐标轴(包含大小限制、刻度和刻度标签)。

一个 Figure(画布)可以包含多个 Axes(绘图区),但是一个 Axes(绘图区)只能属于一个 Figure(画布)。一个 Axes(绘图区)可以包含多个 Axis(坐标轴),包含 2 个坐标轴的为 2D 坐标系,包含 3 个坐标轴的为 3D 坐标系 。

　　绘图的一般步骤:先创建一个 Figure 画布对象,然后在画布中创建绘图区,最后在绘图区中绘制具体的图表。

【例 12-1】 创建一个画布,并在画布中创建 4 个绘图区。

```
import matplotlib.pyplot as plt
fig =plt.figure()                                    #创建 Figure 对象,即创建画布
#创建绘图区,前两个参数 22 确定画布的划分,22 会将整个画布划分成 2 * 2 个方格
#第三个参数 1(取值范围是[1,2 * 2])表示在第 1 个方格创建绘图区,并用 ax1 表示
ax1 =fig.add_subplot(221)
#设置绘图区的名称、X 轴和 Y 轴的取值范围及标签
ax1.set(xlim=[1, 4], ylim=[-2, 2], title='One Axes', ylabel='Y-Axis', xlabel=
'X-Axis')
ax2 =fig.add_subplot(222)
ax3 =fig.add_subplot(223)
ax4 =fig.add_subplot(224)
plt.show()                                           #显示绘制的图如图 12-1 所示
```

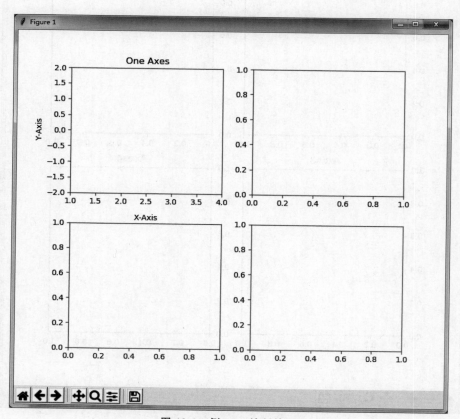

图 12-1　例 12-1 绘制的图

fig.add_subplot()只能一次向画布 fig 添加一个绘图区，下面的方式可一次性创建所有绘图区（Axes）。

【例 12-2】 一次性创建所有绘图区（Axes）。

```python
import matplotlib.pyplot as plt
fig, axes =plt.subplots(nrows=2, ncols=2)
#fig 表示画布,axes 表示 4 个绘图区的二维数组
axes[0,0].set(title='Axes1')
axes[0,1].set(title='Axes2')
axes[1,0].set(title='Axes3')
axes[1,1].set(title='Axes4')
plt.show()                                  #显示绘制的图如图 12-2 所示
```

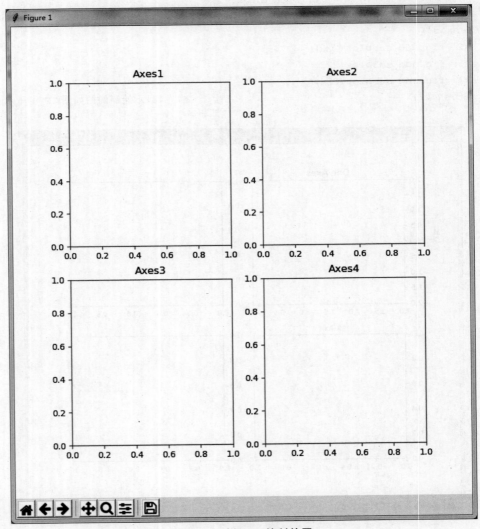

图 12-2　例 12-2 绘制的图

12.1.2　辅助显示层

辅助显示层指的是 Axes(绘图区)坐标系的内容,具体包括坐标系的外观 (facecolor)、边框线(spines)、坐标轴(axis)、坐标轴名称(axis label)、坐标轴刻度(tick)、坐标轴刻度标签(tick label)、网格线(grid)、图例(legend)、标题(title)等内容。通过该层的设置可使图表显示更加直观,更加容易被用户理解。

使用 matplotlib 库创建图表的标准流程如下。

(1) 创建 Figure 对象。

(2) 在 Figure 对象中创建一个或者多个绘图区 Axes 对象。

(3) 调用 Axies 对象的方法创建各种类型的图表对象。

每个图表对象都有多个属性控制其显示效果,这些属性如下。

① alpha:透明度,值在 0~1,0 为完全透明,1 为完全不透明。

② animated:布尔值,在绘制动画效果时使用。

③ axes:图表对象所在的 Axes 对象,可能为 None。

④ contains:判断指定点是否在对象上的函数。

⑤ figure:所在的 Figure 对象,可能为 None。

⑥ label:文本标签。

⑦ transform:控制偏移旋转。

⑧ visible:是否可见。

⑨ zorder:控制绘图顺序。

一个图对象可通过 get_ * ()和 set_ * ()函数进行属性的读写。

```
>>> import matplotlib.pyplot as plt
>>> fig =plt.figure()                          #创建一个画布
>>> fig.set_alpha(0.5)                          #设置画布的透明度属性值
>>> fig.get_alpha()                             #返回画布的透明度属性值
0.5
```

Figure 对象的背景是一个矩形对象,用 Figure.patch 属性表示。当调用 Figure 对象的 add_axes()或者 add_subplot()方法向 Figure 对象中添加坐标系(也称坐标轴、绘图区)时,这些轴都将添加到 Figure.axes 属性中。

Figure 对象的主要属性如下。

① dpi:画布像素。

② edgecolor:画布边缘颜色。

③ facecolor:画布背景颜色。

④ figsize:画布尺寸 [长,宽]。

⑤ titlesize:画布标题大小。

⑥ titleweight:画布标题粗细。

⑦ axes：Axes 对象列表。

⑧ patch：作为背景的矩形对象。

⑨ images：用来显示图片。

⑩ legends：图例对象列表。

⑪ texts：Text 对象列表，用来显示文字。

Axes（绘图区）对象的主要属性如下。

① edgecolor：轴边缘颜色。

② facecolor：轴背景色。

③ labelcolor：轴标题颜色。

④ grid：是否显示网格，取值 False 时不显示网格，取值 True 时显示网格。

⑤ titlecolor：图表标题颜色。

⑥ titlelocation：图表标题位置，取值 left 时在左边，取值 right 时在右边，取值 center 时在中间。

⑦ titlesize：图表标题字体大小。

⑧ titleweight：图表标题字体粗细，normal 为正常粗细，bold 为粗体，light 为细体。

⑨ patch：作为 Axes 背景的 Patch 对象，可以是 Rectangle 或者 Circle。

⑩ legends：图例对象列表。

⑪ xaxis：X 轴对象。

⑫ yaxis：Y 轴对象。

【例 12-3】 通过 Axes 对象的 set_*()函数设置 Axes 对象的属性的值。

```
import matplotlib.pyplot as plt
x =[0,1,2,3,4]
y =[2,-1,-2,3,1]
fig, axes =plt.subplots(nrows=1, ncols=2)
#fig 表示画布,axes 表示两个绘图区的一维数组
axes[0].set(title='Axes1')
axes[1].set(title='Axes2')
vert_bars =axes[0].bar(x, y, color='grey', align='center')
                                    #在绘图区绘制垂直方向条形图
horiz_bars =axes[1].barh(x, y, color='white', align='center')
                                    #在绘图区绘制水平方向条形图

#在水平或者垂直方向上画线
axes[0].axhline(0, color='grey', linewidth=2)
axes[1].axvline(0, color='grey', linewidth=2)
axes[1].set_facecolor("grey")       #设置绘图区的背景色 facecolor 为 grey
plt.show()                          #显示绘制的图如图 12-3 所示
```

12.1.3 图表层

图表层指绘图区对象调用它的 plot( )方法、scatter( )方法、bar( )方法、histogram( )方

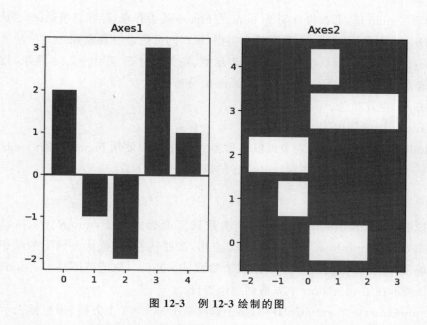

图 12-3　例 12-3 绘制的图

法、pie( )方法等根据数据在绘图区绘制出的具体图表。

matplotlib 三层之间的逻辑关系概括如下。

（1）Figure(画布)位于最底层。

（2）Axes(绘图区)建立在 Figure 之上。

（3）坐标轴(Axis)、图例(Legend)等辅助显示层以及图表层都是建立在 Axes 之上。

matplotlib 的
pyplot 子库

12.2　matplotlib 的 pyplot 子库

使用 matplotlib 库绘图，主要使用 matplotlib 库的 pyplot 子库绘图。pyplot 子库提供了和 MATLAB 类似的绘图 API，方便用户快速绘制 2D 图表，并设置图表的各种细节。pyplot 子库是命令行式函数的集合，通过 pyplot 子库的函数可操作或改动 Figure 对象，例如创建 Figure 对象的绘图区域，在绘图区域上画线，为绘图添加标签等。pyplot 还具有状态特性，它能跟踪当前绘图区的状态，调用函数时，函数只对当前绘图区起作用。在绘图结构中，pyplot 子库下的 figure( )函数用来创建画布，subplot( )函数用来在画布中创建绘图区。

figure( )函数的语法格式如下。

```
pyplot.figure(num=None, figsize=None, dpi=None, facecolor=None, edgecolor=None)
```

参数说明如下。

num：整数或者字符串，默认值是 None，表示 Figure 对象的 id。如果没有指定 num，那么会创建新的 Figure，id(也就是数量)会递增，这个 id 存在 Figure 对象的成员变量 number

中；如果指定了 num 值，那么检查 id 为 num 的 Figure 是否存在，存在直接返回，否则创建 id
为 num 的 figure 对象，如果 num 是字符串类型，窗口的标题会设置成 num。

figsize：整数元组，默认值是 None。表示宽、高的英寸（1 英寸＝2.54 厘米）数。

dpi：整数，默认值为 None。表示 Figure 的分辨率。

facecolor：背景颜色。

edgecolor：边缘颜色。

matplotlib 中，一个 Figure 对象可以包含多个子图，可以使用 Figure 对象的 subplot()方
法来在 Figure 对象中创建绘图区，subplot 的语法格式如下。

```
pyplot.subplot(numRows, numCols, plotNum)
```

参数说明：numRows、numCols 两个参数确定面板的划分，numRows、numCols 会
将整个画布划分成 numRows * numCols 个方格，按照从左到右、从上到下的顺序对每个
方格进行编号，左上方格的编号为 1；第三个参数 plotNum（取值范围是[1，numRows *
numCols]）表示在第 plotNum 个方格创建绘图区。

如果 numRows＝2，numCols＝3，整个画布被分成 2×3 个方格，用坐标表示为

```
(1, 1), (1, 2), (1, 3)
(2, 1), (2, 2), (2, 3)
```

若 plotNum＝3，则表示 subplot()函数将在方格(1，3)内创建绘图区。

绘制线形图

12.2.1 绘制线形图

pyplot 使用 plot()函数绘制线形图，其绘图步骤如下。

1. 调用 figure()函数创建一个绘图窗口（也称绘图对象或绘图画布）

```
>>>import matplotlib.pyplot as plt      #导入 pyplot 子库
>>>plt.figure(figsize=(8, 4))           #创建一个绘图窗口,指定绘图窗口的宽度和高度
```

figsize 参数：指定绘图对象的宽度和高度，单位为英寸。

可以不创建绘图对象直接调用 pyplot 的 plot()函数直接绘图，matplotlib 会自动创
建一个绘图对象。

如果同时绘制多幅图表的话，可以给 figure()函数传递一个整数参数指定图表的序
号，如果所指定序号的绘图对象已经存在，将不创建新的对象，而只是让它成为当前绘图
对象。

2. 调用 plot()函数绘制线形图

```
>>>plt.plot([1, 2, 3, 4], 'ko--')       #在绘图窗口中进行绘图
```

plt.plot()只有一个输入列表或数组时，参数被当作 y 轴，x 轴以索引自动生成。此
处设置 y 的坐标为[1，2，3，4]，则 x 的坐标默认为[0，1，2，3]，两轴的长度相同，x 轴

默认从 0 开始。'ko－－'为控制曲线的格式字符串,其中,k 表示线的颜色是黑色,o 表示数据点用实心圈标记,－－表示线的形状类似于破折线。

3. 设置绘图区的属性

```
>>>plt.ylabel("y-axis")          #给绘图区的 y 轴添加标签 y-axis
>>>plt.xlabel("x-axis")          #给绘图区的 x 轴添加标签 x-axis
>>>plt.title("hello")            #给绘图区添加标题 hello
>>>plt.show()                    #显示绘制的图如图 12-4 所示
```

在图 12-4 所示的绘图窗口中,窗口中间部分是绘制的图,窗口底部是工具栏。

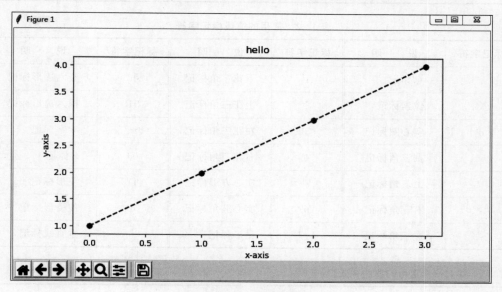

图 12-4　绘制的图

plt.plot()函数的语法格式如下。

plt.plot(x, y, format_string, **kwargs)

参数说明如下。

x:x 轴数据,可为列表或数组。

y:y 轴数据,可为列表或数组。

format_string:为控制曲线的格式字符串,由曲线颜色字符、曲线样式字符和曲线标记字符组成。

常用的曲线颜色字符如表 12-1 所示。

常用的曲线标记字符如表 12-2 所示。

常用的曲线样式字符如表 12-3 所示。

pyplot 常用的文本显示函数如表 12-4 所示。

表 12-1　常用的曲线颜色字符

线条颜色字符	说　　明	线条颜色字符	说　　明
'b'	蓝色	'm'	洋红色
'g'	绿色	'y'	黄色
'r'	红色	'k'	黑色
'c'	青绿色	'w'	白色
'#008000'	RGB 某颜色	'0.8'	灰度值字符串

表 12-2　常用的曲线标记字符

标记字符	说　　明	标记字符	说　　明	标记字符	说　　明
'.'	点标记	'1'	下花三角标记	'h'	竖六边形标记
','	像素标记	'2'	上花三角标记	'H'	横六边形标记
'o'	实心圈标记	'3'	左花三角标记	'+'	十字标记
'v'	倒三角标记	'4'	右花三角标记	'x'	x 标记
'^'	上三角标记	's'	实心方形标记	'D'	菱形标记
'>'	右三角标记	'p'	实心五角标记	'd'	瘦菱形标记
'<'	左三角标记	'*'	星形标记	'|'	垂直线标记

表 12-3　常用的曲线样式字符

曲线样式字符	说　　明
'—'	实线
'— —'	破折线
'—.'	点画线
':'	虚线
""	无线条

表 12-4　pyplot 常用的文本显示函数

函　　数	说　　明
xlabel()	给 x 坐标轴加上轴文本标签
ylabel()	给 y 坐标轴加上轴文本标签
title()	给图表加上标题文本标签
text(x,y,str)	在图表的某一位置加上文本
annotate()	在图表中加上带箭头的注解

设定坐标范围：

```
plt.axis([xmin, xmax, ymin, ymax])              #设定 x 轴和 y 轴的取值范围
plt.xlim(xmin, xmax) 和 plt.ylim(ymin, ymax)    #用来调整 x 轴和 y 轴的取值范围
```

pyplot 默认不支持中文显示，要想显示中文有以下 2 种方法。

第 1 种方法：通过修改全局的字体进行实现，即通过 matplotlib 的 rcParams 修改字体实现。rcParams 的常用属性如表 12-5 所示。

表 12-5　rcParams 的常用属性

属　　性	说　　明
'font.family'	用于设置字体类型
'font.style'	用于设置字体风格（正常'normal'或斜体'italic'）
'font.size'	用于设置字体的大小，整数字号或者'large'、'x-small'

常用的中文字体类型如表 12-6 所示。

表 12-6　常用的中文字体类型

中文字体	说　　明	中文字体	说　　明
'SimHei'	中文黑体	'FangSong'	中文仿宋
'KaiTi'	中文楷体	'YouYuan'	中文幼圆
'LiSu'	中文隶书	'STSong'	华文宋体

【例 12-4】　使用 rcParams 实现中文字体显示。

```
import numpy as np
import matplotlib.pyplot as plt
import matplotlib
matplotlib.rcParams['font.family'] ='KaiTi'                #设置中文字体显示格式为楷体
#创建一个 8×6 点的画布,并设置分辨率为 80
plt.figure(figsize=(8, 6), dpi=80)
#在画布的第 1 行第 1 列的第一个位置生成一个绘图区
plt.subplot(1, 1, 1)
#得到曲线的一组坐标点(x,y)坐标
X =np.linspace(-np.pi, np.pi, 256, endpoint=True)
C, S =np.cos(X), np.sin(X)
#绘制余弦曲线,使用蓝色的、连续的、宽度为 1 的线条
plt.plot(X, C, color='blue', linewidth=1, linestyle='-',label='余弦曲线')
#绘制正弦曲线,使用红色的、连续的、宽度为 2 的线条
plt.plot(X, S, color='red', linewidth=2.0, linestyle='-',label='正弦曲线')
#设置横轴的上下限
plt.xlim(-5.0, 5.0)
#设置横轴的刻度
plt.xticks([-np.pi, -np.pi/2, 0, np.pi/2, np.pi],
          [r'$-\pi$', r'$-\pi/2$', r'$0$', r'$+\pi/2$', r'$+\pi$'])
#设置纵轴的刻度
plt.yticks([-1, 0, +1],[r'$-1$', r'$0$', r'$+1$'])
#设置横、纵坐标的名称以及对应字体格式
font ={'family' : 'FangSong',
'weight' : 'normal',
'size' : 15,
```

```
}
#设置横轴标签
plt.xlabel('弧度', font)
#设置纵轴标签
plt.ylabel('函数值', font)
#设置图表标题
plt.title('正弦、余弦曲线', font)
plt.legend(loc='upper left')                #显示图例
#以分辨率80来保存图片
plt.savefig('demo.png', dpi=80)
plt.show()                                 #在屏幕上显示绘制的图如图12-5所示
```

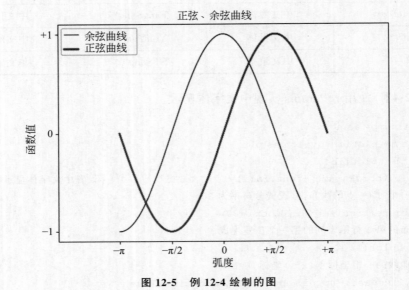

图 12-5　例 12-4 绘制的图

　　第 2 种方法：在有中文输出的地方，增加一个属性 fontproperties（仅修饰需要的地方，其他地方的字体不会跟随改变）。

　　【例 12-5】　在有中文输出的地方，使用属性 fontproperties 显示中文字体，在图中添加带箭头的注解。

```
import matplotlib.pyplot as plt
import numpy as np
a =np.arange(0.0, 5.0, 0.02)
plt.plot(a, np.sin(2 * np.pi * a), 'k--')
#fontproperties 也可用 fontname 代替
plt.ylabel('纵轴：振幅', fontproperties='Kaiti', fontsize=20)
plt.xlabel('横轴：时间', fontproperties='Kaiti', fontsize=20)
plt.title(r'正弦波实例: $y=sin(2\pi x)$', fontproperties='Kaiti', fontsize=20)
''' xy=(2.25,1)指定箭头的位置,xytext=(3, 1.5)指定箭头的注解文本的位置,facecolor =
```

'black'指定箭头填充的颜色,shrink=0.1指定箭头的长度,width=1指定箭头的宽度'''
```
plt.annotate(r'$\mu=100$', fontsize=15, xy=(2.25,1), xytext=(3, 1.5),
arrowprops =dict(facecolor='black', shrink=0.1, width=1))
#text()可以在图中的任意位置添加文字,"1,1.5"为文本在图中的坐标
plt.text(1, 1.5, '正弦波曲线', fontproperties='Kaiti',fontsize=20)
                                          #添加文本'正弦波曲线'
plt.axis([0, 5, -2, 2])                   #指定 x 轴和 y 轴的取值范围
plt.grid(True)                            #在绘图区域添加网格线
plt.show()
```

运行上述程序代码,所生成的带箭头的注解图如图 12-6 所示。

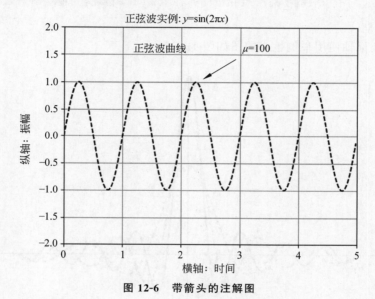

图 12-6　带箭头的注解图

下面演示使用笛卡儿坐标轴显示绘图。具体做法是首先用 gca( )函数获取 Axes 对象,通过这个对象指定每条边的位置:上、下、左、右,可选择组成图表边框的每条边。使用 set_color( )函数,把颜色设置为 none,删除图表边框的"右"边和"上"边。然后,用 set_position( )函数移动剩下的边框,使其穿过原点(0, 0)。

【例 12-6】　笛卡儿坐标轴显示绘图使用举例。

```
import matplotlib.pyplot as plt
import numpy as np
x =np.arange(-2 * np.pi, 2 * np.pi, 0.01)
y1 =np.sin(2 * x)/x
y2 =np.sin(3 * x)/x
y3 =np.sin(4 * x)/x
plt.plot(x, y1, 'k--')
plt.plot(x, y2, 'k-.')
plt.plot(x, y3, 'k')
```

```
plt.xticks([-2*np.pi,-np.pi,0,np.pi,2*np.pi],[r'$-2\pi$',r'$-\pi$',r'$0
$',r'$+\pi$',r'$+2\pi$'])
#设置 y 轴范围及标注刻度值
plt.yticks([-1,0,1,2,3,4],[r'$-1$',r'$0$',r'$1$',r'$2$',r'$3$', r'$4$'])
ax =plt.gca()
ax.spines['right'].set_color('none')              #设置右边框的颜色为'none'
ax.spines['top'].set_color('none')
ax.xaxis.set_ticks_position('bottom')             #将底边框设为 x 轴
ax.spines['bottom'].set_position(('data',0))      #移动底边框
ax.yaxis.set_ticks_position('left')               #将左边框设为 y 轴
ax.spines['left'].set_position(('data',0))        #移动左边框
plt.show()
```

笛卡儿坐标轴使用举例生成的图如图 12-7 所示。

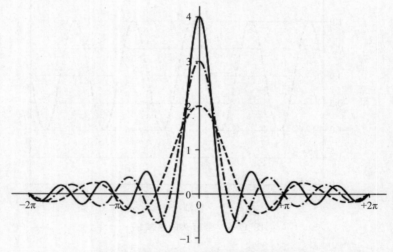

图 12-7　笛卡儿坐标轴使用举例生成的图

12.2.2　绘制直方图

直方图是用一系列等宽不等高的长方形来表示数据,宽度表示数据范围的间隔,高度表示在给定间隔内数据出现的频数,矩形的高度跟落在间隔内的数据数量成正比,变化的高度形态反映了数据的分布情况。

直方图的作用如下。

(1) 显示各种数值出现的相对概率。

(2) 显示数据的中心、散布及形状。

(3) 快速阐明数据的潜在分布。

(4) 为预测过程提供有用的信息。

pyplot 用于绘制直方图的函数为 hist(),它除了绘制直方图外,还以元组形式返回直方图的计算结果。此外,hist()函数还可以实现直方图的计算,即它能够接收一系列样本

个体和期望的间隔数量作为参数,会把样本范围分成多个区间(间隔),然后计算每个间隔所包含的样本个体的数量,即运算结果除了以图表形式表示外,还能以元组形式返回。

```
import matplotlib.pyplot as plt
import numpy as np
pop = np.random.randint(0,100,100)          #生成 0～100 的 100 个随机整数
plt.hist(pop, bins=20)                        #设定间隔数为 20,默认是 10
plt.show()
```

生成的直方图如图 12-8 所示。

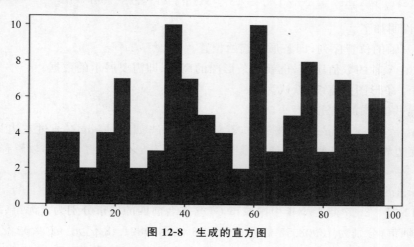

图 12-8　生成的直方图

plt.hist()函数的语法格式如下。

```
plt.hist(x, bins=10, range=None, normed=False, cumulative=False, bottom=
None, histtype='bar', align='mid', orientation='vertical', color=None, label=
None, stacked=False)
```

参数说明如下。

x:指定要绘制直方图的数据。

bins:指定直方图条形的个数。

range:指定直方图数据的上下界,默认包含绘图数据的最大值和最小值。

normed:是否将直方图的频数转换成频率。

cumulative:是否需要计算累计频数或频率。

histtype:指定直方图的类型,默认为 bar,此外还有 step。

align:设置条形边界值的对齐方式,默认为 mid,此外还有 left 和 right。

orientation:设置直方图的摆放方向,默认为垂直方向,还有水平方向的 horizontal。

color:设置直方图的填充色。

label:设置直方图的标签,可通过 pyplot 的 legend()函数展示其图例。

stacked:当有多个数据时,是否需要将直方图呈堆叠摆放,默认为水平摆放。

绘制条形图

12.2.3 绘制条形图

1. 垂直方向条形图

使用 pyplot 的 bar() 函数绘制的垂直方向条形图跟直方图类似，只不过 x 轴表示的不是数值而是类别。

bar() 函数的语法格式如下。

```
bar(left, height, width=0.8, color, align, orientation)
```

参数说明如下。

left：x 轴的位置序列，即条形的起始位置。

height：y 轴的数值序列，也就是条形图的高度，即需要展示的数据。

width：条形图的宽度，默认为 0.8。

color：条形图的填充颜色。

align：{'center','edge'}，可选参数，默认为'center'，如果是'edge'，通过左边界（条形图垂直）和底边界（条形图水平）来使条形图对齐；如果是'center'，将 left 参数解释为条形图中心坐标。

orientation：{'vertical', 'horizontal'}，垂直还是水平，默认为垂直。

【例 12-7】 2017 年上半年中国城市 GDP 排名前四的城市分别为上海市、北京市、广州市和深圳市，分别为 13908.57 亿元、12406.8 亿元、9891.48 亿元、9709.02 亿元。对于这样一组数据，可使用垂直方向条形图来展示各自的 GDP 水平。

```
import matplotlib
import matplotlib.pyplot as plt
xvalues =[0,1,2,3]                                    #条形图在 x 轴上的起始位置
GDP =[13908.57,12406.8,9891.48,9709.02]
#设置图的中文显示方式
matplotlib.rcParams['font.family']='FangSong'         #设置字体为 FangSong
matplotlib.rcParams['font.size']=15                   #设置字体的大小
plt.bar(range(4), GDP, align ='center', color='black')   #绘图
plt.ylabel( 'GDP')                                    #添加 y 轴标签
plt.title( 'GDP——Top4 的城市')                        #添加标题
plt.xticks(range( 4), [ '上海市', '北京市', '广州市', '深圳市'])
                                                      #设置 x 轴刻度标签
plt.ylim([9000, 15000])                               #设置 Y 轴的刻度范围
#为每个条形图添加数值标签
for x,y in enumerate(GDP):
    plt.text(x, y+100, '%s'%round(y, 1), ha='center')    #ha='center'表示居中对齐
plt.show()                                            #显示绘制的图表
```

上述程序代码运行的结果如图 12-9 所示（图中的数字进行了四舍五入）。

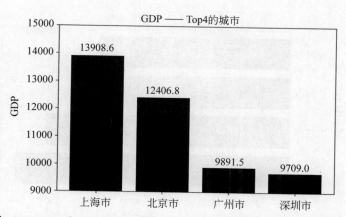

图 12-9　2017 年上半年中国城市 GDP 排名前四的城市的 GDP 条形图

2. 水平方向条形图

绘制水平方向的条形图用 barh( )函数实现。bar( )函数的参数和关键字参数对该函数依然有效。需要注意的是,用 barh( )函数绘制水平条形图时,两条轴的用途跟垂直条形图刚好相反,类别分布在 y 轴上,数值显示在 x 轴。

【例 12-8】　2017 年上半年中国城市 GDP 排名前四的城市分别为上海市、北京市、广州市和深圳市,分别为 13908.57 亿元、12406.8 亿元、9891.48 亿元、9709.02 亿元。对于这样一组数据,可使用水平方向条形图来展示各自的 GDP 水平。

```
import matplotlib
import matplotlib.pyplot as plt
import numpy as np
matplotlib.rcParams['font.family'] ='FangSong'      #设置字体为 FangSong
matplotlib.rcParams['font.size'] =15                #设置字体的大小
label =['上海市', '北京市', '广州市', '深圳市']
GDP =[13908.57, 12406.8, 9891.48, 9709.02]
index =np.arange(len(GDP))
plt.barh(index, GDP, color='black')
plt.yticks(index, label)                            #设置 y 轴刻度标签
plt.xlabel( 'GDP')                                  #添加 x 轴标签
plt.ylabel('Top4 城市')
plt.title( 'GDP——Top4 的城市')                       #添加标题
plt.grid(axis='x')
plt.show()                                          #显示绘制的图表
```

上述代码运行的结果如图 12-10 所示。

3. 多序列垂直方向条形图

多序列垂直方向条形图的生成步骤:定义 x 轴的类别索引值,把每个类别占据的空

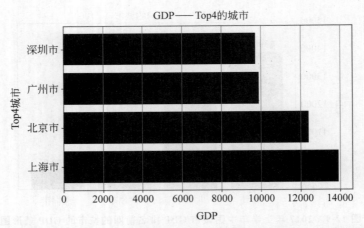

图 12-10　2017 年上半年中国城市 GDP 排名前四的城市的 GDP 条形图

间分为拟显示的多个部分。

【例 12-9】　绘制多序列垂直方向条形图。

```
import matplotlib
import matplotlib.pyplot as plt
import numpy as np
matplotlib.rcParams['font.family']='FangSong'      #设置字体为 FangSong
matplotlib.rcParams['font.size']=15                #设置字体的大小
index=np.arange(5)                                 #拟生成 5 个类别
label=['类别 1','类别 2','类别 3','类别 4','类别 5']
values1=[5,8,4,6,9]
values2=[6,7,4.5,5,8]
values3=[5,6,5,8,7]
bw=0.3                                             #指定条形的宽度
plt.axis([0,5.2,0,10])                             #指定 x 轴和 y 轴的取值范围
plt.bar(index+bw,values1,bw,color='y')      #index+bw 表示条形在 x 轴上的起始位置
plt.bar(index+2*bw,values2,bw,color='b')
plt.bar(index+3*bw,values3,bw,color='r')
plt.xticks(index+2*bw,label)                       #设置 x 轴刻度标签
plt.show()
```

上述程序代码运行的结果如图 12-11 所示。

4. 多序列水平方向条形图

多序列水平方向条形图的生成方法与多序列垂直方向条形图的生成方法类似，用 barh()函数替换 bar()函数，用 yticks()函数替换 xticks()函数，交换 axis()函数的参数中两条轴的取值范围。

【例 12-10】　绘制多序列水平方向条形图。

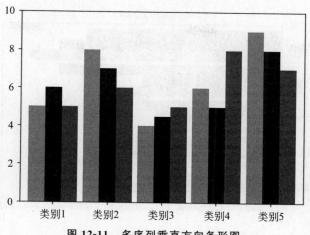

图 12-11　多序列垂直方向条形图

```
import matplotlib
import matplotlib.pyplot as plt
import numpy as np
matplotlib.rcParams['font.family']='FangSong'    #设置字体为 FangSong
matplotlib.rcParams['font.size']=15              #设置字体的大小
index=np.arange(5)                               #拟生成 5 个类别
label=['类别 1','类别 2','类别 3','类别 4','类别 5']
values1=[5,8,4,6,9]
values2=[6,7,4.5,5,8]
values3=[5,6,5,8,7]
bw=0.3                                           #指定条形的宽度
plt.axis([0,10,0,5.2,])                          #指定 x 轴和 y 轴的取值范围
plt.barh(index+bw,values1,bw,color='y')   #index+bw 表示条形在 x 轴上的起始位置
plt.barh(index+2*bw,values2,bw,color='b')
plt.barh(index+3*bw,values3,bw,color='r')
plt.yticks(index+2*bw,label)                     #设置 y 轴刻度标签
plt.title('多序列水平方向条形图')                 #添加标题
plt.show()
```

上述程序代码运行的结果如图 12-12 所示。

12.2.4　绘制饼图

饼图显示一个数据系列中各项的大小与各项总和的比例。pyplot 使用 pie()来绘制饼图，其语法格式如下：

```
pie(sizes, explode=None, labels=None, colors=None, autopct=None, pctdistance=
0.6,shadow=False, labeldistance=1.1, startangle=None, radius=None)
```

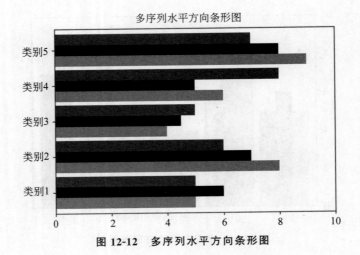

图 12-12　多序列水平方向条形图

参数说明如下。

sizes：饼图中每一块的比例，如果 sum(sizes) > 1 会使用 sum(sizes)归一化。

explode：指定饼图中每块离开中心的距离。

labels：为饼图添加标签说明，类似于图例说明。

colors：指定饼图的填充色。

autopct：设置饼图内每块百分比显示样式，可以使用 format 字符串或者格式化函数'%width. precisionf％％'指定饼图内百分比的数字显示宽度和小数的位数。

pctdistance：每块的百分比标签离圆心的距离。

shadow：是否有阴影。

labeldistance：每块旁边的文本标签的位置离饼的中心点有多远，1.1 指 1.1 倍半径的位置。

startangle：起始绘制角度，默认图是从 x 轴正方向逆时针画起，如设定＝90 则从 y 轴正方向逆时针画起。

radius：设置饼图的半径大小。

【例 12-11】　绘制"三山六水一分田"的地球山、水、田占比的饼图。

```
from matplotlib import pyplot as plt
import matplotlib
matplotlib.rcParams['font.family'] = 'FangSong'      #显示字体为 FangSong
matplotlib.rcParams['font.size'] = '12'              #设置字体大小
plt.figure(figsize=(7,7))            #创建一个绘图对象(窗口),指定绘图对象的宽度和高度
#定义饼图每块旁边的标签
labels = ('六分水','三分山','一分田')
#定义饼图中每块的大小
sizes = (6,3,1)
colors =['red','yellowgreen','lightskyblue']
explode = (0,0,0.05) #0.05 表示'一分田'那一块离开中心的距离
plt.pie(sizes,explode=explode,labels=labels,colors=colors, labeldistance =
```

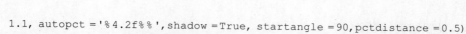

```
1.1, autopct ='%4.2f%%', shadow =True, startangle =90, pctdistance =0.5)
# labeldistance, 文本的位置离饼的中心点有多远, 1.1 指 1.1 倍半径的位置
# autopct, 圆里面的文本格式, %4.2f%% 表示数字显示的宽度有 4 位, 小数点后有 2 位
# shadow, 饼是否有阴影, 取 False 没有阴影, 取 True 有阴影
# startangle, 饼图的起始绘制角度, 一般选择从 90°开始
# pctdistance, 百分比的 text 离圆心的距离, 0.5 指 0.5 倍半径的位置
plt.legend(loc="best")                    #为饼图添加图例, loc="best"用来设置图例的位置
plt.show()
```

上述程序代码运行的结果如图 12-13 所示。

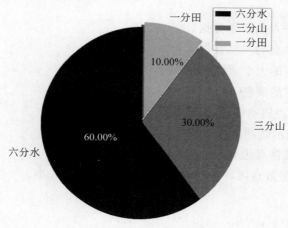

图 12-13 绘制的饼图

pyplot 子库下设置图例的 legend() 函数的语法格式如下。

```
legend(loc, fontsize, frameon, edgecolor, facecolor, title)
```

参数说明如下。

loc: 图例在窗口中的位置, 可以是表示位置的元组或位置字符串, 如 pyplot.legend (loc='lower left'), 常用的位置字符串如表 12-7 所示。

表 12-7 常用的位置字符串

0 : 'best'	4 : 'lower right'	8 : 'lower center'
1 : 'upper right'	5 : 'right'	9 : 'upper center'
2 : 'upper left'	6 : 'center left'	10 : 'center'
3 : 'lower left'	7 : 'center right'	

fontsize: 设置图例字体大小。

frameon: 设置图例边框, frameon= False 时去掉图例边框。

edgecolor: 设置图例边框颜色。

facecolor: 设置图例背景颜色, 若无边框, 参数无效。

title：设置图例标题。

12.2.5　绘制散点图

散点图又称散点分布图，是以一个变量为横坐标，另一变量为纵坐标，利用散点（坐标点）的分布形态反映变量统计关系的一种图表。pyplot 下绘制散点图的 scatter() 函数的语法格式如下。

```
scatter(x, y, s=20, c=None, marker='o', alpha=None, edgecolors=None)
```

参数说明如下。

x：指定散点图中点的 x 轴数据。

y：指定散点图中点的 y 轴数据。

s：指定散点图点的大小，默认为 20。

c：指定散点图点的颜色，默认为蓝色。

marker：指定散点图点的形状，默认为圆形。

alpha：设置散点的透明度。

edgecolors：设置散点边界线的颜色。

【例 12-12】　绘制散点图，图中的每个散点呈现不同的大小。

```
import numpy as np
import matplotlib.pyplot as plt
N = 50
x = np.random.rand(N)                          #生成 50 个位于[0,1)区间的数的数组
y = np.random.rand(N)
#生成点的大小,半径范围为 0～15
area = np.pi * (15 * np.random.rand(N)) ** 2
colors = np.random.rand(N)                     #生成 50 个位于[0,1)区间的数来表示颜色
plt.scatter(x, y, s=area,c=colors)             #s 的值表示每个点的大小
plt.show()
```

上述程序代码运行的结果如图 12-14 所示，注意每次运行的结果都不一样。

12.2.6　绘制极坐标图

极坐标是指在平面内取一个定点 O，叫作极点，引一条射线 Ox，叫作极轴，再选定一个长度单位和角度的正方向（通常取逆时针方向）。对于平面内任何一点 M，用 ρ 表示线段 OM 的长度，θ 表示从 Ox 到 OM 的角度，ρ 叫作点 M 的极径，θ 叫作点 M 的极角，有序数对 (ρ, θ) 就叫作点 M 的极坐标。

matplotlib 的 pyplot 子库提供了绘制极坐标图的方法，在调用 subplot() 创建子图时通过设置 projection='polar'，便可创建一个极坐标子图，然后调用 plot() 在极坐标子图中绘图。

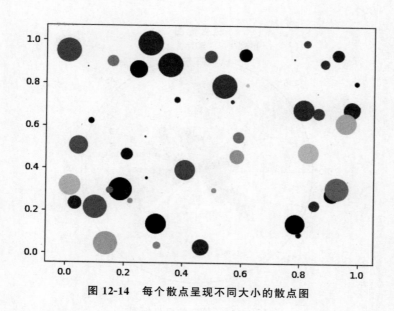

图 12-14　每个散点呈现不同大小的散点图

【例 12-13】　绘制极坐标图。

```
import matplotlib.pyplot as plt
import numpy as np
theta=np.linspace(0,2 * np.pi,20,endpoint=False)    #20个角度数据,均分2 * np.pi角度
radii=10 * np.random.rand(20)                        #20个随机极径数据
width=np.pi/4 * np.random.rand(20)                   #20个随机极区宽度
ax=plt.subplot(111,projection='polar')               #创建一个极坐标子图
#指定绘制极坐标图的起始角度、长度、扇形角度以及距离圆心 0 的距离
bars=ax.bar(theta,radii,width=width,bottom=0.0)
#使用自定义颜色和不透明度
for r,bar in zip(radii,bars):
    bar.set_facecolor(plt.cm.viridis(r/10.0))
    bar.set_alpha(0.6)
plt.title('极坐标图', fontproperties='KaiTi', fontsize=15)
plt.show()
```

上述程序代码运行的结果如图 12-15 所示。

12.2.7　绘制雷达图

雷达图(Radar Chart)又叫作蜘蛛网图,适用于显示 3 个或更多维度的变量。雷达图是以在同一点开始的轴上显示的 3 个或更多个变量的二维图表的形式来显示多元数据的方法,其中轴的相对位置和角度通常是无意义的。

雷达图主要应用于企业经营状况——收益性、生产性、流动性、安全性和成长性的评价。

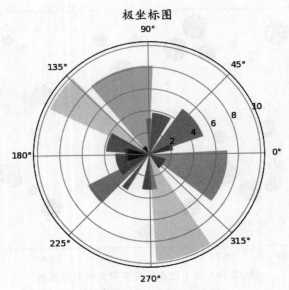

图 12-15 绘制的极坐标图

【例 12-14】 绘制雷达图。

```
import numpy as np
import matplotlib.pyplot as plt
import matplotlib
matplotlib.rcParams['font.family'] = 'FangSong'  #中文字体显示为 FangSong
lables = np.array(['C语言','Python','Java','Scala','C++','C#'])
scores = np.array([8, 8.5, 8, 6, 8, 9])
scoresLenth = scores.size                              #scores 中数据个数
angles = np.linspace(0, 2 * np.pi, scoresLenth, endpoint=False)    #分割圆周
scores = np.concatenate((scores, [scores[0]]))         #scores 数据闭合
angles = np.concatenate((angles, [angles[0]]))         #angles 数据闭合
#fig = plt.figure(facecolor="white")
#plt.subplot(111, polar=True)
plt.polar(angles, scores, 'bo-', color ='r', linewidth =1)   #画极坐标系
plt.fill(angles, scores, facecolor ='grey', alpha =0.25)       #填充颜色
plt.thetagrids(angles * 180/np.pi, lables)             #为每个数据点添加标签
plt.ylim(0, 10)                                         #设置纵轴的上下限
plt.title('编程能力值雷达图')
plt.savefig('编程能力值雷达图.JPG')                      #保存绘制的图表
plt.show()                                              #显示绘制的雷达图如图 12-16 所示
```

12.2.8 绘制箱形图

箱形图又称为盒式图、盒状图或箱线图，是一种用作显示一组数据分散情况的统计

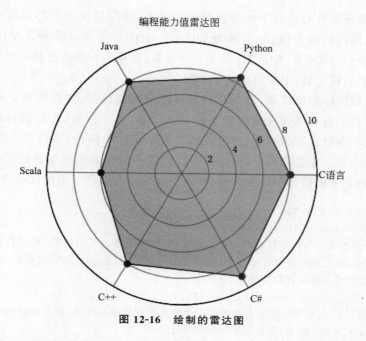

图 12-16　绘制的雷达图

图,因形状如箱子而得名。一个箱形图举例如图 12-17 所示,其中应用到了分位数的概念。箱形图的绘制方法是:先找出一组数据的中位数、上四分位数、下四分位数、上限、下限;然后,连接两个四分位数画出箱子;中位数在箱子中间。

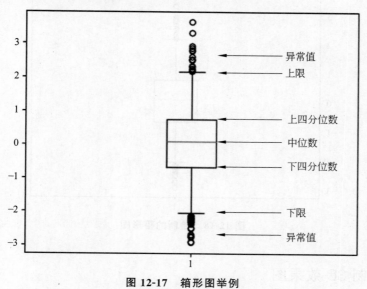

图 12-17　箱形图举例

　　箱形图提供了识别异常值的一个标准:异常值通常被定义为小于 $QL-1.5IQR$ 或大于 $QU+1.5IQR$ 的值。QL 称为下四分位数,表示全部观察值中有 1/4 的数据取值比它小;QU 称为上四分位数,表示全部观察值中有 1/4 的数据取值比它大;IQR 称为四分位数间距,是上四分位数 QU 与下四分位数 QL 之差,其间包含了全部观察值的一半。上限是非异常范围内的最大值(如定义为 QU＋1.5IQR),下限是非异常范围内的最小值(如定义为 QL－1.5IQR)。中位数,即 1/2 分位数,计算的方法就是将一组数据按从小到大的顺序,取中间这个数,中位数在箱子中间。

　　箱形图依据实际数据绘制,没有对数据做任何限制性要求(如服从某种特定的分布形式),它只是真实直观地表现数据分布的本来面貌;另一方面,箱形图判断异常值的标准以四分位数和四分位距为基础,四分位数具有一定的鲁棒性,多达 25％的数据可以变得任意远而不会很大地扰动四分位数,所以异常值不会影响箱形图的数据形状。由此可见,箱形图识别异常值的结果比较客观,在识别异常值方面有一定的优越性。

```
>>> import numpy as np
>>> import matplotlib.pyplot as plt
'''生成一组正态分布的随机数,数量为 1000,loc 为概率分布的均值,对应着整个分布的中心
center;scale 为概率分布的标准差,对应于分布的宽度,scale 越大越矮胖,scale 越小越瘦
高;size 为生成的随机数的数量'''
>>> data =np.random.normal(size =(1000, ), loc =0, scale=1)
'''whis 默认是 1.5,通过调整它的数值来设置异常值显示的数量,如果想显示尽可能多的异常
值,whis 设置为较小的值,否则设置为较大的值'''
>>> plt.boxplot(data, sym ="o", whis =1) #绘制箱形图,sym 设置异常值点的形状
>>> plt.show()                               #显示绘制的箱形图如图 12-18 所示。
```

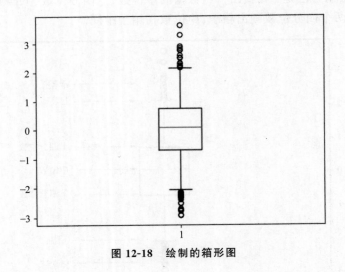

图 12-18　绘制的箱形图

12.2.9　绘制 3D 效果图

　　3D 效果图在数据分析、数据建模等领域中都有着广泛的应用。在 Python 中,主要使用 mpl_toolkits.mplot3d 模块下的 Axes3D 类进行三维坐标轴对象的创建来实现的。

　　创建三维坐标轴对象 Axes3D 主要有两种方式:一种是利用关键字 projection＝'3d'来实现;另一种则是通过从 mpl_toolkits.mplot3d 导入对象 Axes3D 来实现,目的都是生

成三维坐标轴对象 Axes3D。

1. 绘制三维曲线图

【例 12-15】 绘制三维曲线图。

```
from mpl_toolkits.mplot3d import Axes3D
import matplotlib
import numpy as np
import matplotlib.pyplot as plt
plt.rcParams['font.sans-serif'] =['Microsoft YaHei']    #定义全局字体
fig =plt.figure()
ax =fig.add_subplot(111, projection='3d')
theta =np.linspace(-4 * np.pi, 4 * np.pi, 100)
z =np.linspace(-2, 2, 100)
r =1
x =r * np.cos(theta)
y =r * np.sin(theta)
ax.plot(x, y, z, label='三维曲线')                         #绘制三维曲线
ax.legend()
plt.show()                                              #显示绘制的三维曲线如图 12-19 所示
```

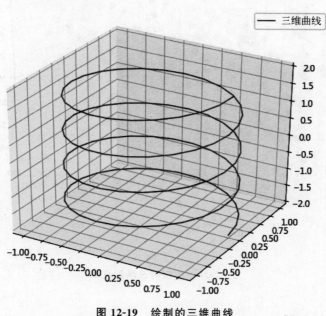

图 12-19   绘制的三维曲线

2. 绘制三维散点图

【例 12-16】 绘制三维散点图。

```
from mpl_toolkits.mplot3d import Axes3D
import random
import matplotlib.pyplot as plt
fig = plt.figure()
ax = Axes3D(fig)
x = list(range(0, 300))
y = list(range(0, 300))
z = list(range(0, 300))
random.shuffle(x)
random.shuffle(y)
random.shuffle(z)
#点为红色实心五角形,s=70 指定标记大小
ax.scatter(x, y, z, c ='r',s=70,marker='p')
ax.set_xlabel('X')
ax.set_ylabel('Y')
ax.set_zlabel('Z')
plt.show()                                    #显示绘制的三维散点图如图 12-20 所示
```

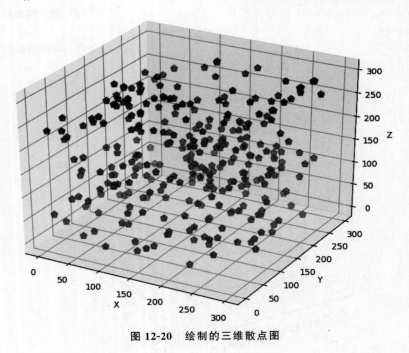

图 12-20　绘制的三维散点图

3. 绘制三维柱状图

【例 12-17】　绘制三维柱状图。

```
from mpl_toolkits.mplot3d import Axes3D
import matplotlib.pyplot as plt
```

```
import numpy as np
#设置 X 轴刻度值
xedges =np.arange(10,80, step=10)
#设置 Y 轴刻度值
yedges =np.arange(10,80, step=10)
#设置 X、Y 对应点的值
z =np.random.rand(6,6)
#生成图表对象
fig =plt.figure()
#生成子图对象,类型为 3d
ax =fig.add_subplot(111,projection='3d')
#设置作图点的坐标
xpos, ypos =np.meshgrid(xedges[:-1]-2.5 , yedges[:-1]-2.5 )    #网格化坐标
xpos =xpos.flatten()           #将多维数组转换为一维数组,X 坐标
ypos =ypos.flatten()           #Y 坐标
zpos =np.zeros_like(xpos)      #输出为形状和 xpos 一致的矩阵,其元素全部为 0,Z 坐标
#设置柱形图大小
dx =5 * np.ones_like(zpos)     #返回一个用 1 填充的跟 zpos 形状和类型一致的数组
dy =5 * np.ones_like(zpos)
dz =z.flatten()
#设置坐标轴标签
ax.set_xlabel('X')
ax.set_ylabel('Y')
ax.set_zlabel('Z')
#color 柱条的颜色
ax.bar3d(xpos, ypos, zpos, dx, dy, dz,color='b',zsort='average')
plt.show()                     #显示绘制的三维柱状图如图 12-21 所示
```

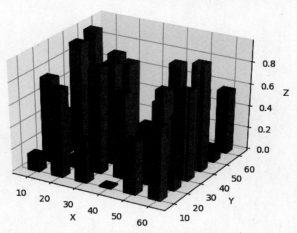

图 12-21　绘制的三维柱状图

习　　题

1. 简述 pyplot 子库的功能。

2. 绘制 0～2π 的正弦曲线图。

3. 如何绘制包含多个子图的图表？

4. 如何在图表中显示中文？

5. 一个班的及格、中、良好、优秀的学生人数分别为 20、26、30、24，据此绘制饼图，并设置图例。

6. 2017 年上半年中国城市 GDP 排名前四的城市分别为上海市、北京市、广州市和深圳市，分别为 13908.57 亿元、12406.8 亿元、9891.48 亿元、9709.02 亿元。对于这样一组数据，使用线形图来展示各自的 GDP 水平。

参 考 文 献

［1］ 梁勇. Python 语言程序设计［M］. 李娜，译. 北京：机械工业出版社，2016.

［2］ 董付国. Python 可以这样学［M］. 北京：清华大学出版社，2017.

［3］ 江红，余青松. Python 程序设计与算法基础教程［M］. 北京：清华大学出版社，2017.

［4］ 严蔚敏，李冬梅，吴伟民. 数据结构（C 语言版）［M］. 北京：人民邮电出版社，2015.

图书资源支持

感谢您一直以来对清华版图书的支持和爱护。为了配合本书的使用，本书提供配套的资源，有需求的读者请扫描下方的"书圈"微信公众号二维码，在图书专区下载，也可以拨打电话或发送电子邮件咨询。

如果您在使用本书的过程中遇到了什么问题，或者有相关图书出版计划，也请您发邮件告诉我们，以便我们更好地为您服务。

我们的联系方式：

地　　址：北京市海淀区双清路学研大厦 A 座 714

邮　　编：100084

电　　话：010-83470236　　010-83470237

客服邮箱：2301891038@qq.com

QQ：2301891038（请写明您的单位和姓名）

资源下载：关注公众号"书圈"下载配套资源。

资源下载、样书申请

书 圈

获取最新书目

观看课程直播